普通高等教育"十一五"部委级规划教材（本科）

染整助剂化学

陈国强　王祥荣　编著

中国纺织出版社

内 容 提 要

本书主要介绍了表面活性剂、生物酶和高分子化合物等纺织品染整助剂主要原料的结构、种类以及它们的应用性能；重点介绍了表面活性剂的作用机理和影响因素；按纺织品染整加工的工序依次介绍了各类前处理助剂、染色助剂、印花助剂及后整理助剂的结构与性能。本书内容深入浅出、系统全面，注重理论与实例的结合。

本书可作为应用化学、轻化工程等相关专业的本科生教材，也可作为精细化工、印染加工、纺织工程等专业技术人员的自学参考书。

图书在版编目(CIP)数据

染整助剂化学/陈国强，王祥荣编著. —北京：中国纺织出版社，2009.11（2024.9 重印 ）

普通高等教育"十一五"部委级规划教材. 本科
ISBN 978－7－5064－5988－4

Ⅰ.染…　Ⅱ.①陈…②王…　Ⅲ.染整-印染助剂-高等学校-教材　Ⅳ. TS190. 2

中国版本图书馆 CIP 数据核字（2009）第 176040 号

策划编辑：秦丹红　朱萍萍　责任编辑：范雨昕　责任校对：陈　红
责任设计：李　然　责任印制：周文雁

中国纺织出版社出版发行
地址：北京市朝阳区百子湾东里 A407 号楼　邮政编码：100124
销售电话：010—67004422　传真：010—87155801
http://www.c-textilep.com
中国纺织出版社天猫旗舰店
官方微博 http://weibo.com/2119887771
北京虎彩文化传播有限公司印刷　各地新华书店经销
2024 年 9 月第 10 次印刷
开本：787×1092　1/16　印张：12.75
字数：272 千字　定价：36.00 元

凡购本书，如有缺页、倒页、脱页，由本社图书营销中心调换全面推进素质教育,着力培养基础扎实、知识面宽、能力强、素质高的人才,已成为当今本科教育的主题。教材建设作为教学的重要组成部分,如何适应新形势下我国教学改革要求,与时俱进,编写出高质量的教材,在人才培养中发挥作用,成为院校和出版人共同努力的目标。2005年1月,教育部颁发了教高[2005]1号文件"教育部关于印发《关于进一步加强高等学校本科教学工作的若干意见》"(以下简称《意见》),明确指出我国本科教学工作要着眼于国家现代化建设和人的全面发展需要,着力提高大学生的学习能力、实践能力和创新能力。《意见》提出要推进课程改革,不断优化学科专业结构,加强新设置专业建设和管理,把拓宽专业口径与灵活设置专业方向有机结合。要继续推进课程体系、教学内容、教学方法和手段的改革,构建新的课程结构,加大选修课程开设比例,积极推进弹性学习制度建设。要切实改变课堂讲授所占学时过多的状况,为学生提供更多的自主学习的时间和空间。大力加强实践教学,切实提高大学生的实践能力。区别不同学科对实践教学的要求,合理制定实践教学方案,完善实践教学体系。《意见》强调要加强教材建设,大力锤炼精品教材,并把精品教材作为教材选用的主要目标。对发展迅速和应用性强的课程,要不断更新教材内容,积极开发新教材,并使高质量的新版教材成为教材选用的主体。

随着《意见》出台,教育部组织制定了普通高等教育"十一五"国家级教材规划,并于2006年8月10日正式下发了教材规划,确定了9716种"十一五"国家级教材规划选题,我社共有103种教材被纳入国家级教材规划。在此基础上,中国纺织服装教育学会与我社共同组织各院校制定出"十一五"部委级教材规划。为在"十一五"期间切实做好国家级及部委级本科教材的出版工作,我社主动进行了教材创新型模式的深入策划,力求使教材出版与教学改革和课程建设发展相适应,充分体现教材的适用性、科学性、系统性和新颖性,使教材内容具有以下三个特点:

(1)围绕一个核心——育人目标。根据教育规律和课程设置特点,从提高学生分析问题、解决问题的能力入手,教材附有课程设置指导,并于章后附有复习指导及形式多样的思考题等,提高教材的可读性,增加学生学习兴趣和自学能力,提升学生科技素养和人文素养。

(2)突出一个环节——实践环节。教材出版突出应用性学科的特点,注重理论与生产实践的结合,有针对性地设置教材内容,增加实践、实验内容。

(3)实现一个立体——多媒体教材资源包。充分利用现代教育技术手段,将授课知识点制作成教学课件，以直观的形式、丰富的表达充分展现教学内容。

　　教材出版是教育发展中的重要组成部分，为出版高质量的教材，出版社严格甄选作者，组织专家评审，并对出版全过程进行过程跟踪，及时了解教材编写进度、编写质量，力求做到作者权威，编辑专业，审读严格，精品出版。我们愿与院校一起，共同探讨、完善教材出版，不断推出精品教材，以适应我国高等教育的发展要求。

中国纺织出版社

教材出版中心

染整助剂在纺织品加工中的地位越来越受到人们的重视,纺织印染企业为了提高印染产品的质量、赋予纺织品特殊的功能,提高产品的档次和附加值,需要越来越多高品质的纺织染整助剂,纺织染整助剂已成为纺织印染工业发展中十分重要的一个方面。工业发达国家的纺织染整助剂产量与纤维产量之比为 15:100,我国纺织染整助剂的质量、产量和消耗量还处于较低的水平,提高纺织染整助剂的开发和应用水平十分必要。作为轻化工程(染整)的本科毕业生通过学习染整助剂化学,结合染料化学和染整工艺原理的相关知识,将有利于掌握染整助剂的作用机理、结构与性能的关系,获得开发和使用染整助剂的基本理论和技能,为提高我国染整助剂的研究和应用水平作贡献。

本书第一章为绪论;在各类染整助剂中,表面活性剂产品占了较大的比例,因此第二章主要介绍表面活性剂的相关内容,包括各类表面活性剂的结构、性质及用途,表面活性剂的应用性能及其影响因素;第三章、第四章分别介绍了生物酶和高分子化合物两类染整助剂中常用的原料;第五章～第七章按照助剂在纺织品印染加工中的作用,分别介绍了前处理助剂、染色助剂、印花助剂及后整理助剂的作用原理、种类、结构与性能的关系等。

本书是在苏州大学编写的轻化工程(染整)专业《纺织助剂化学》课程讲义的基础上,进行了较大幅度的修改而成的。

在本书编写过程中,轻化工程教研室的各位老师和研究室的研究生给予了热情的帮助,在此一并表示衷心地感谢。

鉴于编者水平有限,书中不足乃至疏漏之处在所难免,敬请广大读者和专家不吝批评指正,我们将不胜感激。

编 者
2009 年 6 月于苏州

👉 课程设置指导

课程名称 染整助剂化学

适用专业 轻化工程、精细化工、应用化学

总 学 时 32~48

课程性质 相关专业的必修课或选修课

课程目的

(1) 掌握表面活性剂、生物酶、高分子化合物等纺织染整助剂的种类、结构与性能的关系、在染整加工中的作用机理。

(2) 了解各类纺织染整助剂的结构、组成、作用机理以及一些制备方法。

课程教学的基本要求

1.课堂教学

根据不同专业,书中的教学内容可进行适当的取舍,适当改变教学学时数。课堂教学可下载使用本书配套的网络课件并作适当修改。理论教学要强调基本概念,注重助剂的作用机理以及结构与性能的关系。可适当引入具体实例进行启发式教学。

2.作业

按照授课内容选择每章后的思考题作为作业,以便巩固所学的知识。

3.综述报告

在授课的中后期,可以制备某种染整助剂为题,指导学生查阅参考文献,进行综述报告的撰写。

4.考核

本课程的考核可由平时成绩(占15%,作业与课堂表现)、综述报告(占10%)以及考试(占75%)三部分组成。期终考试采用闭卷笔试方式,题型可包括名词解释、填空题、选择题、问答题和综合论述题等。

教学学时分配

章　节	内　容	学时分配
第一章	绪论	1~2
第二章	表面活性剂	18~20
第三章	生物酶	2~4
第四章	高分子化合物	3~5
第五章	染整前处理助剂	2~4
第六章	染色印花助剂	3~6
第七章	后整理助剂	3~7

第一章　绪论 ……………………………………………………………………… 1

第一节　纺织品染整助剂及加工概述 ………………………………………… 1

　　一、纺织品前处理及助剂 ………………………………………………… 1

　　二、纺织品的染色、印花及助剂 ………………………………………… 2

　　三、纺织品后整理及助剂 ………………………………………………… 3

第二节　染整助剂的发展趋势 ………………………………………………… 3

复习指导 ………………………………………………………………………… 4

思考题 …………………………………………………………………………… 5

第二章　表面活性剂 ……………………………………………………………… 6

第一节　表面活性剂的相关概念 ……………………………………………… 6

　　一、表面张力与表面自由能 ……………………………………………… 6

　　二、表面活性与表面活性剂 ……………………………………………… 8

　　三、表面活性剂的结构与分类 …………………………………………… 9

第二节　常用表面活性剂 ……………………………………………………… 11

　　一、离子型表面活性剂 …………………………………………………… 11

　　二、非离子型表面活性剂 ………………………………………………… 21

　　三、特殊种类表面活性剂 ………………………………………………… 28

第三节　表面活性剂的基本性能 ……………………………………………… 33

　　一、表面活性剂的界面吸附 ……………………………………………… 33

　　二、表面活性剂水溶液的性质 …………………………………………… 36

　　三、表面活性剂的亲水亲油平衡值 ……………………………………… 42

　　四、表面活性剂的溶解性 ………………………………………………… 44

　　五、表面活性剂表面活性的影响因素 …………………………………… 46

　　六、表面活性剂的生物降解性 …………………………………………… 48

第四节　表面活性剂的应用性能 ……………………………………………… 50

　　一、表面活性剂的润湿和渗透作用 ……………………………………… 50

　　二、表面活性剂的乳化和分散作用 ……………………………………… 56

　　三、表面活性剂的起泡作用 ……………………………………………… 63

　　四、表面活性剂的洗涤作用 ……………………………………………… 66

五、添加剂对表面活性剂溶液性能的影响 ……………………………… 70

复习指导 ……………………………………………………………………… 77

思考题 ……………………………………………………………………… 78

第三章　生物酶 ……………………………………………………………… 80

第一节　概述 ……………………………………………………………… 80

　一、酶的本质 ……………………………………………………… 80

　二、酶的命名和种类 ……………………………………………… 81

第二节　酶的催化特性及酶的活力 ……………………………………… 82

　一、酶的催化特性 ………………………………………………… 82

　二、酶的活力 ……………………………………………………… 84

第三节　酶的生产及常用生物酶 ………………………………………… 84

　一、酶的生产 ……………………………………………………… 84

　二、纺织品加工中常用的生物酶 ………………………………… 86

复习指导 ……………………………………………………………………… 89

思考题 ……………………………………………………………………… 89

第四章　高分子化合物 ……………………………………………………… 90

第一节　概述 ……………………………………………………………… 90

　一、高分子化合物的分类 ………………………………………… 90

　二、高分子化合物的结构 ………………………………………… 91

　三、高分子化合物的制备 ………………………………………… 92

　四、高分子化合物的溶解性能和溶液特性 ……………………… 93

第二节　天然高分子及其改性物 ………………………………………… 94

　一、淀粉改性物 …………………………………………………… 94

　二、纤维素醚 ……………………………………………………… 97

　三、海藻酸钠及其衍生物 ………………………………………… 99

　四、壳聚糖及其衍生物 …………………………………………… 100

第三节　合成高分子化合物 ……………………………………………… 104

　一、丙烯酸及其酯类聚合物 ……………………………………… 104

　二、聚氨酯 ………………………………………………………… 106

　三、有机硅类化合物 ……………………………………………… 111

　四、聚乙烯吡咯烷酮 ……………………………………………… 115

复习指导 ……………………………………………………………………… 117

思考题 ……………………………………………………………………… 117

第五章　染整前处理助剂 ⋯⋯⋯⋯⋯⋯⋯⋯⋯⋯⋯⋯⋯⋯ 118
第一节　精练助剂 ⋯⋯⋯⋯⋯⋯⋯⋯⋯⋯⋯⋯⋯⋯⋯⋯ 118
　　一、纤维素纤维及其混纺织物的精练助剂 ⋯⋯⋯⋯⋯ 118
　　二、真丝织物的精练助剂 ⋯⋯⋯⋯⋯⋯⋯⋯⋯⋯⋯ 121
第二节　双氧水漂白稳定剂 ⋯⋯⋯⋯⋯⋯⋯⋯⋯⋯⋯⋯ 121
　　一、双氧水漂白稳定剂的作用机理 ⋯⋯⋯⋯⋯⋯⋯ 121
　　二、双氧水漂白稳定剂的结构及种类 ⋯⋯⋯⋯⋯⋯ 122
第三节　其他前处理助剂 ⋯⋯⋯⋯⋯⋯⋯⋯⋯⋯⋯⋯⋯ 126
　　一、退浆助剂 ⋯⋯⋯⋯⋯⋯⋯⋯⋯⋯⋯⋯⋯⋯⋯ 126
　　二、涤纶碱减量促进剂 ⋯⋯⋯⋯⋯⋯⋯⋯⋯⋯⋯⋯ 127
复习指导 ⋯⋯⋯⋯⋯⋯⋯⋯⋯⋯⋯⋯⋯⋯⋯⋯⋯⋯⋯⋯ 130
思考题 ⋯⋯⋯⋯⋯⋯⋯⋯⋯⋯⋯⋯⋯⋯⋯⋯⋯⋯⋯⋯⋯ 130

第六章　染色印花助剂 ⋯⋯⋯⋯⋯⋯⋯⋯⋯⋯⋯⋯⋯⋯ 131
第一节　匀染剂 ⋯⋯⋯⋯⋯⋯⋯⋯⋯⋯⋯⋯⋯⋯⋯⋯⋯ 131
　　一、匀染剂的作用机理 ⋯⋯⋯⋯⋯⋯⋯⋯⋯⋯⋯⋯ 131
　　二、常用匀染剂的组成 ⋯⋯⋯⋯⋯⋯⋯⋯⋯⋯⋯⋯ 132
第二节　固色剂 ⋯⋯⋯⋯⋯⋯⋯⋯⋯⋯⋯⋯⋯⋯⋯⋯⋯ 136
　　一、固色剂的作用机理 ⋯⋯⋯⋯⋯⋯⋯⋯⋯⋯⋯⋯ 136
　　二、常用的固色剂 ⋯⋯⋯⋯⋯⋯⋯⋯⋯⋯⋯⋯⋯⋯ 137
第三节　涂料印花助剂 ⋯⋯⋯⋯⋯⋯⋯⋯⋯⋯⋯⋯⋯⋯ 140
　　一、涂料印花黏合剂 ⋯⋯⋯⋯⋯⋯⋯⋯⋯⋯⋯⋯⋯ 140
　　二、涂料印花增稠剂 ⋯⋯⋯⋯⋯⋯⋯⋯⋯⋯⋯⋯⋯ 142
　　三、涂料印花交联剂 ⋯⋯⋯⋯⋯⋯⋯⋯⋯⋯⋯⋯⋯ 145
第四节　其他染色印花助剂 ⋯⋯⋯⋯⋯⋯⋯⋯⋯⋯⋯⋯ 146
　　一、消泡剂 ⋯⋯⋯⋯⋯⋯⋯⋯⋯⋯⋯⋯⋯⋯⋯⋯⋯ 146
　　二、染色增深剂 ⋯⋯⋯⋯⋯⋯⋯⋯⋯⋯⋯⋯⋯⋯⋯ 148
　　三、印花糊料 ⋯⋯⋯⋯⋯⋯⋯⋯⋯⋯⋯⋯⋯⋯⋯⋯ 150
复习指导 ⋯⋯⋯⋯⋯⋯⋯⋯⋯⋯⋯⋯⋯⋯⋯⋯⋯⋯⋯⋯ 153
思考题 ⋯⋯⋯⋯⋯⋯⋯⋯⋯⋯⋯⋯⋯⋯⋯⋯⋯⋯⋯⋯⋯ 153

第七章　后整理助剂 ⋯⋯⋯⋯⋯⋯⋯⋯⋯⋯⋯⋯⋯⋯⋯ 154
第一节　抗皱整理剂 ⋯⋯⋯⋯⋯⋯⋯⋯⋯⋯⋯⋯⋯⋯⋯ 154
　　一、抗皱整理机理 ⋯⋯⋯⋯⋯⋯⋯⋯⋯⋯⋯⋯⋯⋯ 154
　　二、抗皱整理剂的种类 ⋯⋯⋯⋯⋯⋯⋯⋯⋯⋯⋯⋯ 154

目录

第二节　柔软整理剂 ……………………………………………… 157
　一、柔软整理的原理 …………………………………………… 157
　二、表面活性剂类柔软剂 ……………………………………… 158
　三、有机硅类柔软剂 …………………………………………… 161
　四、聚乙烯乳液柔软剂 ………………………………………… 164
第三节　阻燃整理剂 ……………………………………………… 166
　一、阻燃整理的原理 …………………………………………… 166
　二、阻燃整理剂的种类 ………………………………………… 167
第四节　防水防油整理剂 ………………………………………… 172
　一、防水防油整理的基本原理 ………………………………… 172
　二、防水防油整理剂的种类 …………………………………… 173
　三、涂层整理剂 ………………………………………………… 177
第五节　抗静电整理剂 …………………………………………… 179
　一、暂时性抗静电剂 …………………………………………… 179
　二、抗静电多功能整理剂 ……………………………………… 181
第六节　抗菌整理剂 ……………………………………………… 182
　一、抗菌整理的原理 …………………………………………… 182
　二、抗菌整理剂的种类 ………………………………………… 183
第七节　抗紫外线整理剂 ………………………………………… 187
　一、有机类抗紫外线整理剂 …………………………………… 187
　二、无机抗紫外线整理剂 ……………………………………… 189
复习指导 …………………………………………………………… 189
思考题 ……………………………………………………………… 189

参考文献 …………………………………………………………… 191

第一章　绪论

第一节　纺织品染整助剂及加工概述

染整助剂是指用于纺织品染整加工过程中,可以提高加工效率和加工质量或赋予纺织品某种特殊功能的化学品。纺织品的染整加工是将由各种纤维经过纺纱、织造等工序得到的初级纺织产品(坯布)进行整饰、美化,使之符合服用、家用、装饰、产业用等各种用途的最终纺织产品。

可用于作为纺织品原料的纤维种类较多,按其长度,可分为短纤维和长丝;按其来源可分为天然纤维和化学纤维,见下表。

纺织纤维分类表

纤　维　类　别		纤　维　品　种
天然纤维	纤维素纤维	棉纤维、麻纤维、竹原纤维
	蛋白质纤维	蚕丝、羊毛、兔毛、驼毛
化学纤维	再生纤维	再生纤维素纤维	黏胶纤维、铜氨纤维、Lyocell 纤维、Modal 纤维、竹浆纤维
		醋酯纤维	二醋酯纤维、三醋酯纤维
		再生蛋白质纤维	大豆纤维、蚕蛹纤维、丝素纤维、牛奶纤维
	合成纤维	碳链纤维	腈纶、维纶、乙纶、丙纶
		杂链纤维	涤纶、锦纶、聚乳酸纤维、PTT 纤维

纺织品的染整加工过程一般包括前处理、染色、印花、后整理等工序。为了能较好地了解染整助剂的作用机理和分类,下面将纺织品的染整加工工序及其所用的助剂进行简单介绍。

一、纺织品前处理及助剂

纺织品前处理的目的是去除坯布上所含的杂质,使纺织品具有良好的渗透性、洁白的色泽、柔软的手感、发挥纤维所特有的品质,为进一步进行染色、印花及后整理加工提供合格的半制品。坯布上所含的杂质主要包括天然纤维伴生的天然杂质,如棉纤维中的棉蜡、果胶物质、含氮物质、色素等;以及在纺丝和织造加工施加的油剂、浆料、平滑剂等。

1. 棉及其混纺织物的前处理

棉及其混纺织物的前处理主要包括原布准备、烧毛、退浆、煮练、漂白、丝光等工序。其中退浆主要是去除织造过程中在经纱上施加的浆料,棉织物一般所用的浆料有淀粉浆、改性淀粉浆或聚乙烯醇混合浆。退浆方法主要有酶退浆、碱退浆、酸退浆、氧化剂退浆等,退浆后必须及时将分解的浆料从织物上洗除,防止浆料重新附着在织物上,退浆过程中添加一些具有渗透、洗涤功能的助剂将提高退浆效果。

煮练主要是去除棉织物上的天然杂质以及进一步去除残存的浆料,提高织物的吸水性。棉织物煮练以烧碱为主要试剂,添加一些具有渗透、洗涤、乳化效果的助剂以提高煮练效果。

漂白主要是去除棉纤维上的天然色素,赋予织物稳定的白度,棉织物漂白的方法主要有氧漂、氯漂和亚漂,所用的漂白剂分别为过氧化氢(双氧水)、次氯酸钠和亚氯酸钠,目前以采用双氧水漂白为主。在双氧水漂白过程中一般需要添加渗透剂和双氧水稳定剂。

丝光是在张力条件下,用浓碱溶液处理棉织物,使棉纤维的超分子结构和形态结构发生变化,从而获得丝一般的光泽,同时提高织物的尺寸稳定性和染色性能。在丝光过程中,为了提高丝光的效率,一般需要添加渗透剂。

2. 蚕丝织物的前处理

蚕丝织物的前处理一般称为精练,目的是要去除织物上的杂质,包括蚕丝本身固有的丝胶、油蜡、色素等物质以及生丝在前道加工施加的泡丝剂等外加杂质。由于蚕丝坯绸所含的丝胶量较大,另外其他杂质主要附着在丝胶上,所以蚕丝的精练效果主要针对丝胶的去除效果而定的,一般又称为脱胶。丝织物的精练根据所用助剂和条件的不同,主要可分为皂碱法、酶法、复合精练剂法、酸精练法等。在各种精练方法中均需要添加一定量的助剂。

3. 羊毛及其织物的前处理

原毛在纺纱前必须去除原毛中的大量杂质,包括羊毛脂、羊汗等天然杂质和草屑、草籽、泥土等附加杂质。一般通过洗毛、碳化等工序,洗毛主要有皂碱法、合成洗涤剂法和溶剂法等;碳化是采用强酸将纤维素类的杂草脱水碳化或水解而去除。毛织物在纺纱、织造过程中需要施加和毛油、平滑剂、浆料等物质,因此,毛织物染色印花加工前还需要经过洗呢,通过洗涤剂的润湿、洗涤、乳化等作用将杂质去除。

4. 再生纤维素纤维织物的前处理

黏胶纤维、竹浆纤维等再生纤维素纤维织物的前处理主要有烧毛、退浆、漂白的工序,加工方法与棉织物类似,但由于黏胶纤维对化学试剂的稳定性较差,一般采用的条件相对缓和。所用助剂主要为退浆助剂、精练助剂等。

5. 合成纤维织物的前处理

以涤纶为主的合成纤维织物的前处理,主要是去除纺丝过程中所施加的油剂和织造时所施加的浆料,一般采用碱和洗涤剂通过水解、乳化、分散等作用加以去除。所用助剂主要为退浆剂、精练助剂等。

二、纺织品的染色、印花及助剂

1. 纺织品的染色及助剂

纺织品的染色是借助染料与纤维发生物理或化学的结合,或用化学的方法在纤维上生成有色物质,而使整个纺织品成为有色物质的过程。各类纤维制品的染色都有各自适用的染料和适当的工艺条件。在染色过程中,除了染料以外,为了提高染色效率、获得均匀符合要求的染色织物,还必须添加各类染色助剂,主要包括匀染剂、分散剂、消泡剂。为了提高染色织物的色牢度,染色后的织物往往采用固色剂进行固色处理。

2. 纺织品的印花及助剂

纺织品的印花是在纺织品上通过特定的机械和化学方法,局部施加染料或涂料,从而获得有色图案的加工过程。印花加工通常包括图案设计、花网制作、色浆配制、印花、蒸化、水洗处理等工序,为了在织物上获得轮廓清晰的图案,印花色浆中除了染料或涂料作为着色剂外,还必须添加增稠剂。由于涂料对纤维没有亲和力,所以涂料印花色浆中还要添加黏合剂和交联剂,将涂料离子固定在织物上以获得一定的牢度。为了提高牢度,水洗过程需要添加一定量的洗涤剂,印花织物也需要进行固色处理。

三、纺织品后整理及助剂

纺织品后整理是指通过物理、化学或物理化学加工,改善织物的外观和内在质量,从而提高服用性能或赋予纺织品特殊的功能。机械整理是通过湿、热、压力、拉力等作用来达到整理的目的。而化学整理是采用具有一定功能的化学品,在一定条件下与纤维发生化学反应,从而赋予纺织品特殊的功能。这些化学品根据其提供给纺织品的功能可分为不同功能的整理剂。主要有柔软整理剂、抗皱整理剂、抗静电剂、亲水整理剂、阻燃整理剂、防水整理剂、抗菌整理剂、抗紫外线整理剂等。

第二节　染整助剂的发展趋势

近年来,由于纤维工业的不断发展以及生态纺织品标准的要求越加严格,促使染整助剂有了较大的发展。但我国染整助剂的总体研究开发水平还不高,助剂产量与纤维产量之比远远低于世界水平,生产和应用规模不大、产品质量不稳定现象十分普遍;专一性和功能性都不能满足需要,离清洁生产和生态纺织品标准的要求还有一段距离。今后染整助剂的发展有以下几方面的趋势。

1. 开发环保型纺织印染助剂

随着生活水平的提高,人们对绿色纺织品和环境生态保护的要求越来越高。因此,环保型助剂已成为助剂行业今后研究开发的主攻方向。环保型助剂除了应具有行业所要求的牢度和应用性能外,还必须满足一些特定的质量指标,如有好的安全性、生物可降解性、可去除性,毒性要小,重金属离子及甲醛含量不能超过限定值,不能含有环境激素等。

2. 开发适应新型纺织纤维和新型染整技术的助剂

近年来,新型纺织纤维,如超细纤维、异形纤维、Lyocell 纤维、Modal 纤维、PTT 纤维、聚乳酸纤维、大豆纤维以及各种复合纤维、功能性纤维被不断开发与应用,就需要一系列新的染整加工技术的开发,同时对印染助剂也提出了新的要求,需要开发一系列适应各种新纤维、新工艺的专用助剂。另外,为了适应环境保护、节约能源等的要求,相继开发与应用了低温等离子技术、喷墨印花技术、冷轧堆三合一前处理技术、过热蒸汽连续染色技术等,这也要求相应的助剂与之匹配。

3. 加强染整助剂基础产品和原料的开发

在染整助剂的加工过程中,表面活性剂、高分子化合物、有机中间体是染整助剂的主要成分或主要原料。这些基础产品和原料的开发对新型染整助剂的开发具有促进作用。表面活性剂在染整助剂中应用十分广泛,近年来,烷基酚聚氧乙烯醚等一些使用效果较好的表面活性剂因安全性问题已被禁用,开发出安全性和生物降解性好、对人体和环境友好的新型表面活性剂的需求就愈加迫切。另外,一些新型表面活性剂,如 Gemini 表面活性剂、含氟表面活性剂、有机硅表面活性剂、高分子表面活性剂的开发和应用将提升染整助剂的整体水平。高分子化合物也是染整助剂中使用较广泛的成分,为了减小对环境的影响,从溶剂型高分子的应用向水性高分子的转变应是染整助剂用高分子的一个发展方向,一些新型结构的高分子化合物的开发也十分重要。

4. 推进生物酶制剂的研究和应用

生物酶制剂具有高效、专一的催化特点,酶的种类十分广泛,可用于染整加工的各个工序,将其代替传统化学材料用于染整加工,可以达到减少对原材料、能源和水的消耗,提高生产效率,降低生产成本的目的,促进印染行业的清洁生产。而且酶是天然产物,可以完全被生物降解,对环境没有任何危害。酶制剂在染整加工中的开发和利用,对推动行业进步具有十分重大的意义。

5. 新技术在助剂开发中的应用

染整助剂的开发和应用涉及的技术领域十分广泛,充分利用其他学科的新理论和新技术将有利于染整助剂的开发,可将计算机技术、表面及胶体化学、高分子化学及物理、精细有机化学等学科的最新发展应用于染整助剂的研究和生产。如微乳液制备技术、无皂乳液聚合、核壳乳液聚合、溶胶—凝胶技术、高效催化技术、纳米技术等在新型染整助剂的开发中均有广泛的应用。复配增效技术一直是印染助剂开发的重要手段,例如,阴离子、非离子表面活性剂及各种添加剂的复配,可得到性能优良的精练助剂,又如氨基有机硅柔软剂和聚氨酯预聚体的复配,可得到既有柔软性、滑爽性,又有回弹性、丰满度和吸水性的高档后整理剂。随着科学的发展,人们对复配技术进行深入地研究,使其形成了专门的理论体系,将使染整助剂的制备朝着科学复配方向发展,使助剂组成更加合理,协同效应更加显著。

复习指导

1. 内容概览

本章介绍了纺织品印染加工各工序及所用助剂,分析印染助剂的发展趋势。

2. 学习要求

(1)了解印染助剂的基本概念及纺织品印染加工中所用助剂的种类。

（2）了解染整助剂的开发方向和发展趋势。

👉 思考题

1.何谓染整助剂？按照纺织品染整加工的工序，总结染整助剂的种类。

2.分析染整助剂的发展趋势。

第二章 表面活性剂

第一节 表面活性剂的相关概念

一、表面张力与表面自由能

1. 表面张力

物质相与相之间的分界面称为界面,一般是指两相接触的约几个分子厚度的过渡区。物质有气、液、固三相,因此可组合成气/液、液/液、气/固、液/固和固/固五种界面。一般,又把其中一相为气体的界面称为表面,包括气/液、气/固两种表面。

表面层分子与内部分子相比,它们所处的环境不同。处在界面层的分子,一方面受到体相内相同物质分子的作用;另一方面受到性质不同的另一相中物质分子的作用,其作用力未必能相互抵消,因此,界面层会显示出一些独特的性质。物质表面层的分子与内部分子具有不同的能量。以气/液两相界面的情况为例,液体表面分子和内部分子所受的力不同。如图 2-1 所示,在液体内部的分子,周围邻近分子对它的引力是相等的,所受的合力为零。而表面层上的分子则不同,其受液体内部分子对它的引力大于外部气体分子对它的引力,所受的合力不等于零。表面层分子受到向内的拉力,使液体表面有自动收缩的趋势,即液体表面仿佛存在一层紧绷的液膜,在膜内处处存在的使膜紧绷的力即为表面张力。

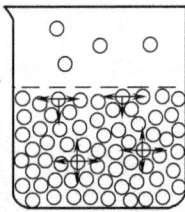

图 2-1 气/液两相界面

表面张力在日常生活中处处存在,如图 2-2(a)所示,由于以线圈为边界的两侧表面张力大小相等方向相反,所以线圈呈任意形状可在液膜上移动。如果刺破线圈中央的液膜,线圈内侧张力消失,外侧表面张力立即将线圈绷成一个圆形[图 2-2(b)],便可清楚地显示出表面张力的存在。

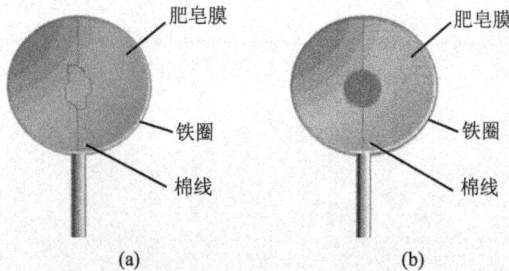

图 2-2 表面张力示意图

对于表面张力的大小可以由以下的实验得出。如图2-3所示，将含有一个活动边框的金属线框架放在肥皂液中，然后取出，由于金属框上肥皂膜的表面张力的作用，可滑动的边会被向上拉，直至顶部。欲制止液膜的自动收缩，必须施加一大小适当的外力 F 于活动边。若活动边的重力以及活动边与框架之间的摩擦力可以忽略不计，当外力 F 与总的表面张力大小相等方向相反，金属丝不再滑动。则有：

$$F=2\gamma l \qquad\qquad (2-1)$$

式中：l 是滑动边的长度，因膜有两个面，所以边界总长度为 $2l$；比例系数 γ 是液体的表面张力，其意义为垂直通过液体表面上任一单位长度，与液面相切的收缩表面的力，是液体的基本性质之一。一定成分的液体在一定温度、压力下有一定的 γ 值，通常以 mN/m 为单位。

常见纯液体的表面张力列于表2-1。

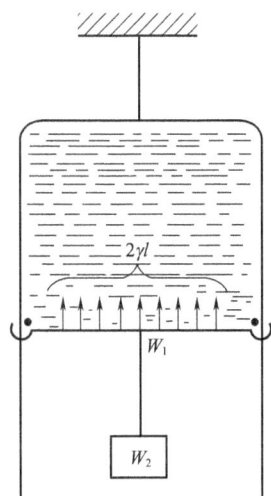

图2-3 液体表面张力实验

表2-1 常见纯液体的表面张力

液 体	表面张力(20℃)/mN·m^{-1}	液 体	表面张力(20℃)/mN·m^{-1}
汞	485.0	硝基甲烷	36.82
水	72.80	橄榄油	35.80
四溴乙烷	49.67	液体石蜡	33.10
硝基苯	43.38	油酸	32.50
苯	28.86	四氯化碳	26.66
甲苯	28.40	正辛烷	21.77
正辛醇	27.53	正己烷	18.43
氯仿	27.13	乙醚	17.10

2. 表面自由能

表面张力也可以从能量的角度来研究，由于表面层分子的受力情况与本体中不同，因此如果要把分子从内部移到界面，或可逆的增加表面积，就必须克服系统内部分子之间的作用力，对系统做功。在图2-3的体系中，如果增加一个无限小的力于滑动边，使其向下移动 dx 的距离，对体系所做的可逆功为：

$$\delta W=Fdx=2l\gamma dx=\gamma dA \qquad\qquad (2-2)$$

式中：$dA=2ldx$，是体系表面积的改变量。

在恒温恒压下，外界所消耗的功将储存于表面，成为表面分子所具有的一种额外的势能。此功即等于体系吉布斯自由能的增加：

$$\Delta G = \gamma dA \qquad (2-3)$$

由此可得：

$$\gamma = \frac{\Delta G}{dA} \qquad (2-4)$$

这就是说，γ 为恒温恒压下，增加单位表面积时体系吉布斯自由能的增量，或单位表面上的分子比体相内部同量分子所具有的自由能过剩值，称为表面过剩自由能，简称表面自由能。常用单位为 mJ/m^2。

液体表面张力和表面自由能是分别采用力学和热力学方法研究液体表面性质时所用的物理量，它们代表的物理概念有所不同。表面张力是表面层分子间实际存在的收缩表面的力。采用表面张力的概念，以力学平衡的方法解决流体界面的问题，具有直观方便的优点。表面自由能是形成一个单位的新表面时体系自由能的增加。采用表面自由能的概念，便于用热力学原理和方法处理界面问题。由 $1J=1N \cdot m$ 可知，表面张力与表面自由能是同量纲、同数值的。

3. 弯曲液面附加压力

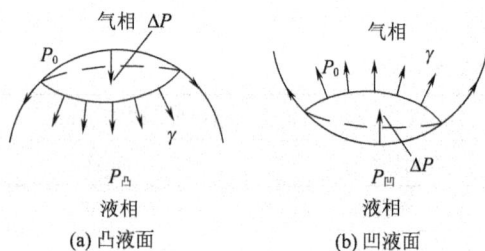

图 2-4　弯曲表面的压力差

在一杯水界面层处，界面内外两侧的压力是平衡、相等的。但弯曲界面内外两侧的压力就不相同，有压力差。由于表面张力的方向是相切于表面并垂直于作用线，向着缩小表面的方向，这样使得液体表面产生向着液体内部的附加压力 ΔP，如图 2-4 所示。

平衡时，凸面下的液体压力 $P_凸$ 应是气相压力 P_0 与 ΔP 之和，即：

$$P_凸 = \Delta P + P_0 \qquad (2-5)$$

对凹形液面下，液体的压力 $P_凹$、P_0 和附加压力 ΔP 的关系为：

$$P_凹 = \Delta P - P_0 \qquad (2-6)$$

弯曲液面上的附加压力与液体的表面张力和液面的曲率半径有关，若曲面的主曲率半径为 R_1 和 R_2，则曲面两侧的压力差为：

$$\Delta P = \gamma \left(\frac{1}{R_1} + \frac{1}{R_2} \right) \qquad (2-7)$$

式（2-7）通常称为 Laplace 公式。

根据规定，凸面的曲率半径取正值，凹面的曲率半径取负值。凸面的附加压力指向液体，凹面的附加压力指向气体，即附加压力总是指向球面的球心。

二、表面活性与表面活性剂

溶质加到溶剂中可以使溶剂的表面张力发生变化，有些溶质可以使表面张力增大，有些则使表面张力减小。各种溶质的浓度对溶剂（最常用的是水）表面张力的影响可分为三种类型，如图2-5所示。

第1类曲线，是溶液的表面张力随溶液浓度的增加而略有上升。这类溶液的溶质有：无机盐、酸和碱等，以及含多个羟基的有机化合物（如蔗糖）。无机盐类电解质之所以能增加水的表面张力，是由于无机盐在水中电离成离子，带电离子与极性水分子发生强力的作用，使水离子化。这类溶质的加入，使溶液体相内部粒子的相互作用比纯水的还要强。

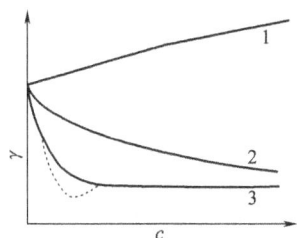

图2-5　溶质对溶剂表面张力的影响

第2类曲线，是溶质的加入会使水的表面张力下降，随着浓度的增加，表面张力有所下降，但不是呈线性关系。属于这种类型的溶质有：短链的有机脂肪酸、醇、醛、酯、胺及其衍生物等。

第3类曲线，是加入少量溶质就能显著地降低水的表面张力。在很小的范围内，溶液的表面张力急剧下降，然后γ—c曲线很快趋于水平，即再增加溶液的浓度，溶液的表面张力变化不大（曲线中虚线部分的最低点是由于杂质的存在而造成的）。

就降低表面张力的特性而言，把能使溶剂表面张力降低的性质称为表面活性。而具有表面活性的物质称为表面活性物质，即上述中的第2类和第3类物质是表面活性物质。需要注意的是：对某一种溶剂来说具有表面活性的物质，可能对另一种溶剂并没有表面活性。不具有表面活性的物质称为非表面活性物质。

其中，第3类物质加入很少量就能大大降低溶剂的表面张力，并且这类物质也能明显地降低界面张力，这类物质有别于一般的表面活性物质，称为表面活性剂。此外，表面活性剂还具有润湿、乳化、增溶、起泡等性能，这主要是因为其能改变体系的界面状态。因此，将表面活性剂定义为：加入很少量时就能大大降低溶剂的表面张力（或界面张力），并能改变体系界面状态的物质。

三、表面活性剂的结构与分类

1. 表面活性剂的结构

表面活性剂的分子结构有别于其他有机化合物，其结构是：任何一种表面活性剂分子都是由两种不同性质的基团所组成，一种是非极性的易溶于油的疏水（亲油）基；另一种是极性的易溶于水的亲水基，两种基团分别处于分子的两端形成不对称结构。因此，表面活性剂是一种两亲分子，具有既亲油又亲水的两亲性质。图2-6为表面活性剂的结构示意图。

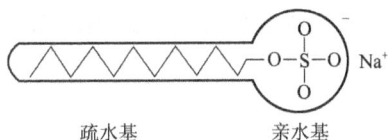

图2-6　烷基硫酸盐表面活性剂分子结构示意图

分子中亲水基部分可溶于水，而疏水基部分不溶于水，易从水中逃离。由于这种特殊结构，使这类化合物的分子在溶液（通常是水溶液）中能定向地吸附于两相界面上，从而降低了水的表（界）面张力，改变界面状态。

可用于构成表面活性剂的疏水基和亲水基的种类很多。疏水基主要为烃类,来自油脂化学制品或石油化学制品。烃类有饱和烃和不饱和烃,饱和烃包括直链烷烃、支链烷烃和环烷烃,其碳原子数大都在 $8\sim20$ 范围内;不饱和烃包括含有双键或叁键的脂肪烃及芳香烃,有弱亲水基作用。其他疏水基还有脂肪醇、烷基酚、碳氟链、硅氧烷结构等。亲水基有离子型和非离子型两大类。离子型亲水基在水溶液中能离解为带电荷的表面活性离子和反离子;非离子型亲水基仅具有极性而不能在水中离解。其中代表性的基团列于表 2-2。

表 2-2 主要的亲水基团和疏水基团

疏 水 基		亲 水 基	
烷基	R—	羧酸盐	—COO⁻
烷基苯基	R—C₆H₄—	磺酸盐	—SO₃⁻
烷基酚基	R—C₆H₄O—	硫酸盐	—OSO₃⁻
脂肪醇基	R—O—	磷酸酯盐	—P(O)O₂⁻
脂肪酰氨基	RCONH—	胺盐	—NH₃⁺
脂肪酸酯基	RCOOCH₂—	季铵盐	—N⁺(CH₃)₃
烷基萘	（萘结构）—R	甜菜碱	—N⁺(CH₃)₂CH₂COO⁻
聚氧丙烯基	$\begin{array}{c}CH_3\\\mid\\-(CHCH_2O)_n-\end{array}$	氨基酸	—NH(CH₂)₂COOH
有机硅类	硅烷、聚硅氧烷	聚氧乙烯	—(CH₂CH₂O)_n—
碳氟链	CF₃(CF₂)_n—	多元醇	—OH

2. 表面活性剂的分类

如前所述,可用于构成表面活性剂的亲油基和亲水基的种类很多,由它们组合而成的表面活性剂种类繁多,用途广泛。如何合理地将表面活性剂进行分类是一个比较重要的问题。目前普遍采用的是按结构来分类。表面活性剂的结构由两部分构成,其中,疏水基为具有一定链长的烃类,种类不多,差别较小;而亲水基则种类繁多,差别较大。表面活性剂性质的差异除与疏水基的大小、形状有关外,主要还与亲水基的性质有关,而且亲水基的性质变化远远大于疏水基。因此,表面活性剂的分类以亲水基的结构性质为依据,以表面活性剂在水中能否电离出离子或电离出何种离子进行分类,见表 2-3。

表 2-3 表面活性剂的分类

种 类		常见表面活性剂品种
离子型表面活性剂	阴离子表面活性剂	羧酸盐、磺酸盐、硫酸酯盐、磷酸酯盐
	阳离子表面活性剂	胺盐、季铵盐
	两性表面活性剂	甜菜碱、咪唑啉、氨基酸

种　类	常见表面活性剂品种
非离子型表面活性剂	聚氧乙烯醚、多元醇、聚醚、烷基多苷

	种　类	常见表面活性剂品种
特种表面活性剂	含氟表面活性剂	全氟羧酸盐、全氟磺酸盐
	含硅表面活性剂	硅氧烷聚氧乙烯醚
	Gemini 表面活性剂	双脂肪酰基乙二胺二丙酸钠
	高分子表面活性剂	木质素磺酸盐、聚乙烯吡咯烷酮

第二节　常用表面活性剂

一、离子型表面活性剂

1. 阴离子表面活性剂

（1）羧酸盐类表面活性剂。羧酸盐类表面活性剂就是亲水基为羧基（—COO$^-$）的一类表面活性剂。肥皂是最早使用的羧酸盐类表面活性剂。肥皂一直是以天然动、植物油脂经加碱皂化而制成的。由天然油脂制得的肥皂其疏水基的链长从 $C_4 \sim C_{24}$，有饱和的，有不饱和的。因此，其产品是各种不同疏水基的羧酸盐的混合物。反应式如下：

$$\begin{array}{l} CH_2-OOCR \\ | \\ CH-OOCR' \\ | \\ CH_2-OOCR'' \end{array} + 3\,NaOH \longrightarrow \begin{array}{l} RCOONa \\ \\ R'COONa \\ \\ R''COONa \end{array} + \begin{array}{l} CH_2-OH \\ | \\ CH-OH \\ | \\ CH_2-OH \end{array}$$

肥皂具有起泡、润湿、乳化、洗涤等作用，并能显著降低水的表面张力。肥皂在软水中的去污能力很强，特别对棉织物，与合成洗涤剂相比，肥皂具有优异的携污能力。在纺织印染加工中可作为棉织物煮练助剂、真丝织物精练助剂、羊毛织物染前洗呢剂以及织物染色印花后的皂洗剂。

肥皂的最大缺点是不耐硬水，并且在 pH 值小于 7 的水溶液中，易生成不溶性的自由酸而失去表面活性。由此，羧酸盐类表面活性剂不宜在酸性溶液、硬水等条件下使用。

为了改进肥皂的不足，人们对肥皂的结构进行了改进，开发出一些新的羧酸盐类表面活性剂。醇醚羧酸盐是在脂肪酸盐结构中嵌入了聚氧乙烯基的表面活性剂，基本结构为：

$$RO(CH_2CH_2O)_nCH_2COONa$$

由于在结构中引入了聚氧乙烯基，这类表面活性剂兼有非离子和阴离子表面活性剂的特征，可以通过改变产品的疏水基碳链长度、聚氧乙烯基个数和溶液的 pH 值来改变其应用特性。在纺织工业中，醇醚羧酸盐可用作碱性精练剂、润湿剂、净洗剂、钙皂分散剂、染色助剂、抗静电剂、乳化剂等。

另一类脂肪酸盐的改性产品是 N-油酰多缩氨基酸钠，俗称雷米邦 A，是油酰氯化物与蛋

11

白质水解物的缩合物,在疏水基与亲水基之间通过酰氨基连接,其结构式为:

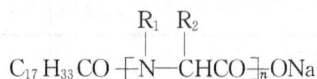

$$C_{17}H_{33}CO\underset{n}{-N-CHCO-}ONa$$

（上标 R_1 R_2）

雷米邦 A 在硬水或碱性溶液中很稳定,有很好的钙皂分散能力。可与热水以任何比例混合,在弱酸性(pH 6～7)溶液中稳定,具良好的保护胶体及乳化性能,去污能力极好。在印染工业中,雷米邦 A,主要用于丝绸精练剂、直接染料匀染剂、丝绸羊毛洗涤剂、纤维保护剂、柔软剂、润湿剂、净洗剂,其又是制革皮毛行业的脱脂剂、加脂助剂等,有着广泛的应用价值。

（2）磺酸盐类表面活性剂。以磺酸基($-SO_3^-$)为亲水基的表面活性剂,由于磺酸基以 S—C 键直接与疏水基相连,化学性能十分稳定。这类表面活性剂品种较多,是表面活性剂中产量最大、应用最广的一类。

①烷基苯磺酸盐。烷基苯磺酸盐曾是磺酸盐类中最为重要的一类表面活性剂。其疏水基为烷基苯,亲水基为磺酸盐。结构式如下:

$$R-\!\!\!\langle\ \rangle\!\!\!-SO_3Na$$

烷基苯磺酸盐可由烷基苯经磺化得到,合成所用原料主要来源于石油,烷基苯可通过卤代烷与苯缩合而成,也可通过烯烃与苯缩合制得。常用的磺化试剂有:浓硫酸、发烟硫酸、三氧化硫等。合成反应式如下:

$$R-\!\!\!\langle\ \rangle +H_2SO_4 \longrightarrow R-\!\!\!\langle\ \rangle\!\!\!-SO_3H+H_2O$$

$$R-\!\!\!\langle\ \rangle +H_2SO_4\cdot SO_3 \longrightarrow R-\!\!\!\langle\ \rangle\!\!\!-SO_3H+H_2SO_4$$

$$R-\!\!\!\langle\ \rangle +SO_3 \longrightarrow R-\!\!\!\langle\ \rangle\!\!\!-SO_3H$$

烷基苯磺酸盐是印染加工用洗涤剂的主要表面活性成分,广泛用于配制精练剂、洗毛剂、匀染剂、皂洗剂等。根据疏水链的情况,烷基苯磺酸盐分为直链烷基苯磺酸盐(LAS)和支链烷基苯磺酸盐(ABS),由于生物降解性较差,高度支化的 ABS 早已被 LAS 所取代。近年来随着环保要求的提高,直链烷基苯磺酸盐的使用也受到限制。

②烷基磺酸盐。常用的烷基磺酸盐为仲烷基磺酸盐,工业用的烷基磺酸盐为 C_{14}～C_{16} 的混合物。结构式如下:

$$R-\underset{SO_3Na}{CH-CH_3}$$

烷基磺酸盐的合成工艺主要有磺氯化工艺和磺氧化工艺,现在主要采用磺氧化法:即正构烷烃同二氧化硫和氧反应。反应可用紫外线、γ 射线、臭氧或过氧化物来引发。反应式如下:

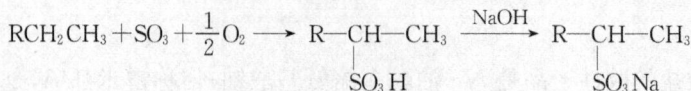

$$RCH_2CH_3+SO_3+\frac{1}{2}O_2 \longrightarrow R-\underset{SO_3H}{CH-CH_3} \xrightarrow{NaOH} R-\underset{SO_3Na}{CH-CH_3}$$

仲烷基磺酸盐(SAS)有很好的水溶性,表面活性和烷基苯磺酸钠接近,在硬水中具有良好的润湿、乳化、分散和去污能力。SAS 的毒性和对皮肤的刺激性低于 LAS,生物降解性好。纺织印染加工中,SAS 可用作洗涤剂、渗透剂、煮练剂和乳化剂。由于烷基苯磺酸盐的限制使用,SAS 的用量逐渐增加。

③萘磺酸盐及萘磺酸缩合物。烷基萘磺酸盐是疏水基为烷基萘,亲水基为磺酸盐的一类表面活性剂。目前在印染加工中应用较多的烷基萘磺酸盐类品种主要有拉开粉 BX,其结构为二异丁基萘磺酸钠。

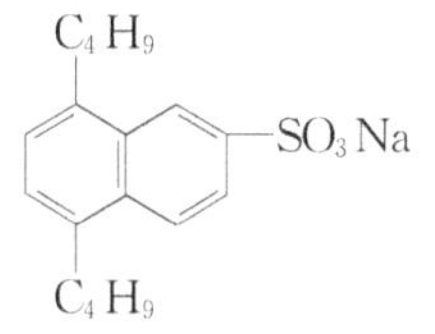

拉开粉 BX 具有很好的润湿、扩散和乳化能力。在纺织印染行业中常用作润湿剂、渗透剂、匀染剂;也用于制革、造纸、农药等工业中;还能用作油漆和油墨工业的分散剂,合成橡胶工业的乳化剂。

萘磺酸盐经甲醛缩合后的产物(萘磺酸盐甲醛缩合物)表面活性大大下降,但却是一类重要的分散剂。常用品种有 NNO、MF、CNF 等,常作为不溶性染料的分散剂、填充剂和染色助剂;也可用作皮革工业的助鞣剂、橡胶工业乳胶的絮凝剂、建筑工业水泥的减水剂。

萘磺酸缩合物的合成主要有两个过程:芳环上的磺化及芳烃磺酸和甲醛的缩合。分散剂 NNO 可由精萘与发烟硫酸磺化后再与甲醛缩合,得到亚甲基双萘磺酸,然后用碱中和而制得。反应式如下:

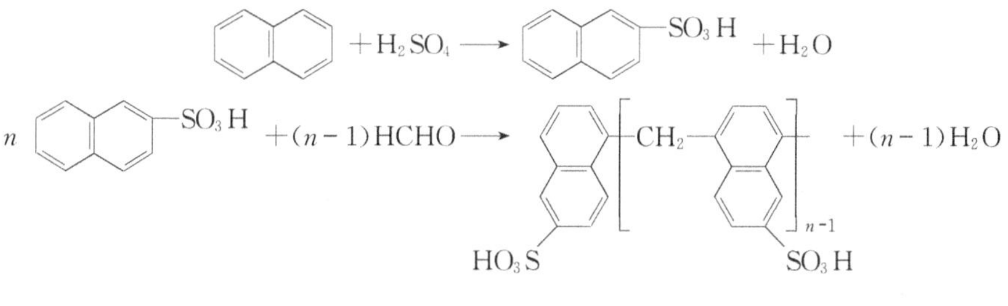

④α-烯烃磺酸盐。α-烯烃磺酸盐(AOS)是由石油裂解产生的 $C_{15} \sim C_{18}$ 的 α-烯烃经磺化、水解、中和等反应制得的一种阴离子表面活性剂。反应产物是不同化学组成的一种复杂混合物,主要成分如下:

碳链烯基磺酸盐	$R-CH=CH(CH_2)_n SO_3 Na$	$64\% \sim 72\%$
羟基烷基磺酸盐	$R-CH(OH)(CH_2)_n SO_3 Na$	$21\% \sim 26\%$
二磺酸盐	$R-CH=CHCH(SO_3 Na)(CH_2)_n SO_3 Na$	$7\% \sim 11\%$

AOS 在较宽的碳数范围内具有较高的表面活性,AOS($C_{15} \sim C_{18}$)的去污力优于 LAS。AOS 对皮肤刺激性小,生物降解速度和最终生物降解度均明显高于 LAS,随着环境要求的日益严格,使 AOS 得到了迅速的发展和广泛的应用。AOS 不仅洗涤力优异,并且不会损伤纤维,洗

涤时可使纤维变得柔软,可用于羊毛和羽毛的净洗剂。在纺织印染工业中,AOS 主要用于配制精练剂、洗涤剂、渗透剂等。

⑤琥珀酸酯磺酸盐。琥珀酸酯磺酸盐系列表面活性剂,是由亚硫酸钠或亚硫酸氢钠,对顺丁烯二酸酐与各种羟基化合物缩合而得的琥珀酸酯双键进行加成反应制得的阴离子型表面活性剂,广泛用于印染加工中的渗透剂 OT,是由仲辛醇和顺丁烯二酸酐在酸性催化剂存在下反应生成顺丁烯二酸双酯,然后以亚硫酸氢钠进行磺化处理而制得,合成反应式如下:

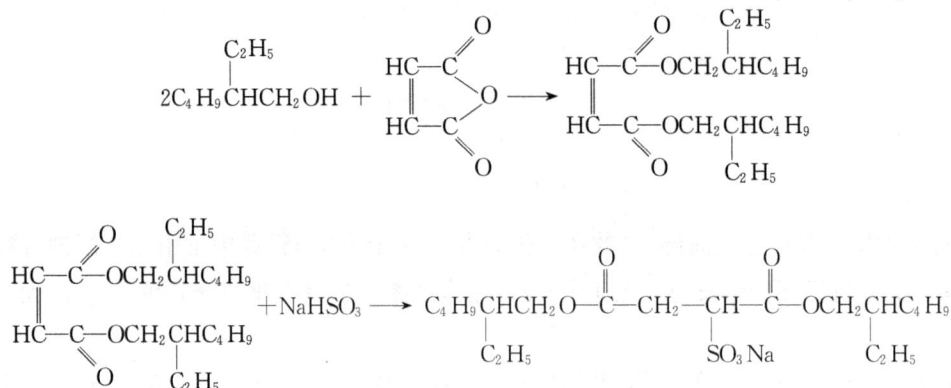

$$2C_4H_9CHCH_2OH \ (\overset{C_2H_5}{|}) + \begin{matrix} HC-C\overset{O}{\parallel} \\ \ \ \ \ \ O \\ HC-C\underset{O}{\parallel} \end{matrix} \longrightarrow \begin{matrix} HC-C-OCH_2CHC_4H_9 \ (\overset{O}{\parallel})(\overset{C_2H_5}{|}) \\ HC-C-OCH_2CHC_4H_9 \ (\underset{O}{\parallel})(\underset{C_2H_5}{|}) \end{matrix}$$

$$\begin{matrix} HC-C-OCH_2CHC_4H_9 \ (\overset{O}{\parallel})(\overset{C_2H_5}{|}) \\ HC-C-OCH_2CHC_4H_9 \ (\underset{O}{\parallel})(\underset{C_2H_5}{|}) \end{matrix} + NaHSO_3 \longrightarrow C_4H_9CHCH_2O-C-CH_2-CH-C-OCH_2CHC_4H_9 \ (\overset{O}{\parallel})(\overset{O}{\parallel})$$

渗透剂 OT 具有优良的渗透性能,常用于织物的前处理加工中,处理棉、麻、黏胶及其混纺织物,处理后的织物可不经精练直接进行漂白或染色,可改善因死棉造成的染疵。

⑥烷基酰胺磺酸盐。酰胺磺酸盐是磺酸基通过酰氨基与疏水基相连的表面活性剂。用于纺织工业的典型产品是油酰基-N-甲基牛磺酸钠,俗称胰加漂 T。胰加漂 T 易溶于水,呈中性,水溶液具有优良的润湿、扩散、洗涤作用。在酸、碱、硬水、金属盐、氧化剂等溶液中都比较稳定,具有优异的去污、渗透、乳化、钙皂扩散能力。胰加漂 T 常用作羊毛制品的净洗剂,洗涤后纤维手感柔软、滑爽,有光泽,洁净。还可用作直接染料、酸性染料的匀染剂和染色后的皂洗润湿剂。

胰加漂 T 是由油酰氯与 N-甲基牛磺酸钠反应制得,反应式如下:

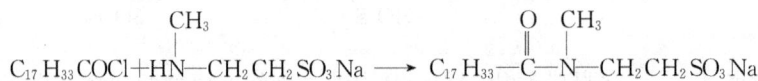

$$C_{17}H_{33}COCl + HN-CH_2CH_2SO_3Na \ (\overset{CH_3}{|}) \longrightarrow C_{17}H_{33}-C-N-CH_2CH_2SO_3Na \ (\overset{O}{\parallel})(\overset{CH_3}{|})$$

⑦木质素磺酸盐。木质素磺酸盐属于高分子表面活性剂,是亚硫酸盐法制浆的副产品或其他制浆废液的磺化反应产物。一般认为它是含有愈创木酚基丙基、紫丁香基丙基和对羟苯基丙基多聚物的磺酸盐。相对分子质量由 200～10000 不等,最普通的木质素磺酸盐平均分子量约为 4000,最多的可含有 8 个磺酸基和 16 个甲氧基。其基本结构如下:

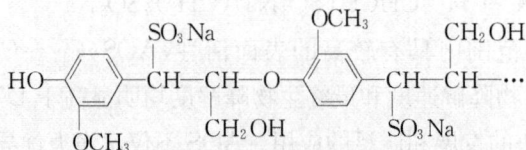

木质素磺酸盐具有较好的水溶性,可溶于各种不同 pH 值的水溶液中。木质素磺酸盐主要性能体现在具有良好的吸附和分散作用。因此,主要用作固体分散剂、O/W 型乳状液的乳化剂,在印染加工中,可作为不溶性染料的分散剂。也可用于制造以水为分散介质的染料、农药和水泥的悬浮液。

(3)硫酸酯盐类表面活性剂。亲水基为硫酸酯基($-OSO_3Na$)的表面活性剂中最主要的是脂肪醇经硫酸酯化后得到的脂肪醇硫酸酯盐。此外,还有硫酸化烯烃、硫酸化油脂。

①脂肪醇硫酸盐。高级脂肪醇经硫酸酯化,然后中和可制得脂肪醇硫酸酯盐。常用硫酸化试剂有三氧化硫、氯磺酸、氨基磺酸、发烟硫酸。

采用三氧化硫进行硫酸化是制备脂肪醇硫酸酯盐最主要的方法,产品具有较高的得率,产品含盐量低,色泽较浅。合成反应式如下:

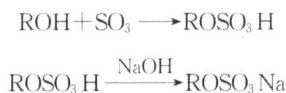

$$ROH + SO_3 \longrightarrow ROSO_3H$$

$$ROSO_3H \xrightarrow{NaOH} ROSO_3Na$$

脂肪醇硫酸盐具有优良的润湿性能、乳化性能、去污力及发泡能力,生物降解性良好。纺织印染助剂加工中用于复配精练剂、匀染剂等。

为了提高脂肪醇硫酸盐的耐硬水等性能,还可以采用脂肪醇聚氧乙烯醚进行硫酸酯化,得到脂肪醇聚氧乙烯醚硫酸盐,这类表面活性剂比相应的脂肪醇硫酸盐具有较高的溶解度,并随嵌入的聚氧乙烯基个数的增加而增加,但不改变其去污力。其代表产物是含有 3 个聚氧乙烯基的醇醚硫酸酯盐(AES),结构式如下:

$$RO(CH_2CH_2O)_3SO_3Na$$

②仲烷基硫酸盐。硫酸酯基与疏水链上仲碳原子相连的烷基硫酸盐称为仲烷基硫酸盐,结构通式如下:

$$\underset{\underset{OSO_3Na}{|}}{R-CH-R'}$$

仲烷基硫酸盐的合成途径有两种,一是由脂肪仲醇经硫酸化制得,可采用三氧化硫∶空气为 1∶15(体积比)的混合气体对脂肪仲醇进行硫酸化;另一种合成途径是用石蜡裂解得到的烯烃与硫酸进行加成反应,得到仲烷基硫酸酯盐,此类产品又称硫酸化烯烃。合成反应式如下:

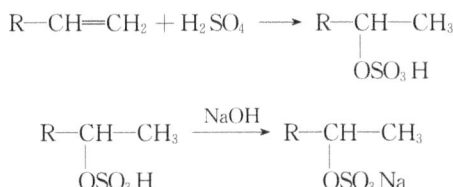

$$R-CH=CH_2 + H_2SO_4 \longrightarrow \underset{\underset{OSO_3H}{|}}{R-CH-CH_3}$$

$$\underset{\underset{OSO_3H}{|}}{R-CH-CH_3} \xrightarrow{NaOH} \underset{\underset{OSO_3Na}{|}}{R-CH-CH_3}$$

仲烷基硫酸盐极易溶于水,具有良好的泡沫性能和去污力。常用于洗涤剂配方中。

③硫酸化油和硫酸化酯。天然不饱和油脂或不饱和蜡经硫酸化,再中和所得到的产物通称

为硫酸化油。硫酸化油是较早用于纺织助剂的一类表面活性剂,其代表产品是由蓖麻油经硫酸化后的产物,称为土耳其红油,可作为染色助剂、纤维整理剂、乳化剂和特殊洗涤剂。合成反应式如下:

$$
\begin{array}{ll}
CH_3(CH_2)_5CHCH_2CH=CH(CH_2)_7COOCH_2 \\
\quad\quad\quad OH \\
CH_3(CH_2)_5CHCH_2CH=CH(CH_2)_7COOCH \\
\quad\quad\quad OH \\
CH_3(CH_2)_5CHCH_2CH=CH(CH_2)_7COOCH_2 \\
\quad\quad\quad OH
\end{array}
\xrightarrow[\text{②NaOH}]{\text{①H}_2\text{SO}_4}
\begin{array}{ll}
CH_3(CH_2)_5CHCH_2CH=CH(CH_2)_7COOCH_2 \\
\quad\quad\quad OH \\
CH_3(CH_2)_5CHCH_2CH=CH(CH_2)_7COOCH \\
\quad\quad\quad OH \\
CH_3(CH_2)_5CHCH_2CH=CH(CH_2)_7COOCH_2 \\
\quad\quad\quad OSO_3Na
\end{array}
$$

低度硫酸化蓖麻油

不饱和脂肪酸低碳醇酯经硫酸化,再经中和后的产物称为硫酸化酯。常用产品有油酸丁酯、蓖麻酸丁酯的硫酸化产物。合成反应式如下:

$$
CH_3(CH_2)_7CH=CH(CH_2)_7COOC_4H_9 \xrightarrow[\text{②NaOH}]{\text{①H}_2\text{SO}_4} CH_3(CH_2)_7CHCH_2(CH_2)_7COOC_4H_9
$$
$$
\quad\quad\quad\quad\quad\quad\quad\quad\quad\quad\quad\quad\quad\quad\quad\quad\quad\quad\quad\quad\quad OSO_3Na
$$

这类产品结合 SO_3 的量与脂肪总量的比比红油高,为 $15\% \sim 20\%$,性能较硫酸化油好。产品具有良好的渗透性、乳化性和分散性,早期用作低泡印染助剂,也可用于皮革、造纸等加工中。

(4)磷酸酯盐类表面活性剂。烷基磷酸酯盐类表面活性剂均有单酯型和双酯型两类。结构式如下:

单酯型   双酯型

结构式中,M 为反离子,可以是 K^+、Na^+、二乙醇胺、三乙醇胺等。

磷酸酯盐类表面活性剂的溶解度随着疏水基链长的增加而降低,聚氧乙烯醚基的引入可增加其水溶性,单酯的溶解度大于双酯。单烷基磷酸酯盐的表面张力比双酯高,并随烷基碳原子数的增加而下降。双酯的去污力大于单酯。为了提高磷酸酯盐类表面活性剂的溶解度和应用性能,人们还在其结构中引入聚氧乙烯醚基,制备烷基聚氧乙烯醚磷酸酯盐,结构式如下:

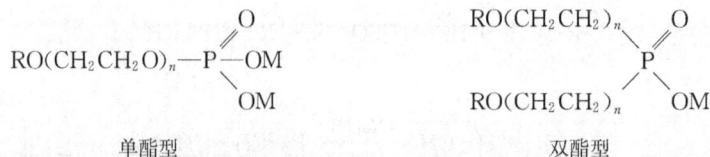

单酯型   双酯型

磷酸酯盐类表面活性剂具有较好的生物降解性,良好的抗静电性。用于合成纤维的纺丝油剂组分、织物抗静电剂,具有良好的乳化、去污和防锈性能。烷基磷酸酯盐和烷基聚氧乙烯醚磷酸酯盐能大大提高棉织物煮练液的渗透、乳化、分散及净洗性能,被广泛应用于前处理助剂配方中。由于其耐碱渗透性较好,也被用于冷轧堆前处理的高效渗透剂中。

磷酸酯盐由脂肪醇和脂肪醇聚氧乙烯醚经磷酸化,再中和后制得。常用的磷酸化试剂有:五氧化二磷、焦磷酸、三氯化磷、三氯氧磷。

脂肪醇和五氧化二磷反应制备烷基磷酸酯盐是工业生产中最为常见的方法。合成反应式如下:

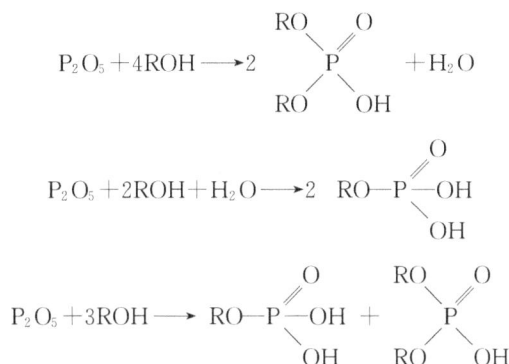

$$P_2O_5 + 4ROH \longrightarrow 2 \begin{array}{c} RO \quad O \\ \diagdown P \diagup \\ RO \quad OH \end{array} + H_2O$$

$$P_2O_5 + 2ROH + H_2O \longrightarrow 2 \ RO-\overset{\overset{\displaystyle O}{\|}}{\underset{\underset{\displaystyle OH}{|}}{P}}-OH$$

$$P_2O_5 + 3ROH \longrightarrow RO-\overset{\overset{\displaystyle O}{\|}}{\underset{\underset{\displaystyle OH}{|}}{P}}-OH + \begin{array}{c} RO \quad O \\ \diagdown P \diagup \\ RO \quad OH \end{array}$$

反应产物主要为单酯和双酯的混合物。反应物配比、原料的含水量、反应温度等对产品的组成有较大的影响。

2. 阳离子表面活性剂

阳离子表面活性剂是疏水基通过共价键与带正电荷的亲水基相连的表面活性剂。染整加工用阳离子表面活性剂的正电荷一般都是由含氮原子的基团携带,含氮阳离子表面活性剂主要分为长链烷基的胺盐和季铵盐。阳离子表面活性剂的产量不足表面活性剂总产量的 10%,但阳离子表面活性剂的亲水基带正电荷,而大多数纺织纤维表面在水中都是带负电荷的,阳离子表面活性剂的亲水基可与之形成较强烈的吸附作用,吸附的阳离子表面活性剂分子改变了被吸附表面的分子组成和表面性质,从而赋予阳离子表面活性剂许多特殊的性能。在纺织印染行业中,阳离子表面活性剂被用作织物柔软剂、防水剂,还经常被用作纤维和塑料的抗静电剂、染色固色剂、金属缓蚀剂、絮凝剂和浮选剂等。阳离子表面活性剂具有良好的杀菌、杀藻、防霉能力,因此还被用作织物的杀菌、防霉等卫生整理剂。

(1)脂肪胺盐。脂肪胺可分为伯胺、仲胺和叔胺。脂肪胺在水溶液中呈碱性,在酸性条件下,形成可溶于水的胺盐,而体现一定的表面活性。长链脂肪胺除本身成盐作为阳离子表面活性剂外,大部分用于合成季铵盐表面活性剂。

脂肪胺与酸反应(盐酸、乙酸、硫酸等)成盐,即为脂肪胺盐表面活性剂。

$$RNH_2 + CH_3COOH \longrightarrow RN^+H_3CH_3COO^-$$

脂肪胺盐能溶于水,具有优良的表面活性,少量的胺盐能显著降低水溶液的表面张力,十二烷基胺乙酸盐浓度为 0.01mol/dm^3 时,表面张力为 30mN/m。

脂肪胺盐表面活性剂可在酸性条件下使用,可作为乳化剂、分散剂、润湿剂、矿物浮选剂等。但在碱性条件下,将转化为游离胺而从溶液中析出,失去表面活性。

(2)烷基季铵盐。由脂肪叔胺与烷基化试剂反应制备的烷基季铵盐阳离子表面活性剂是结构最简单,应用最广泛的阳离子表面活性剂,有较多的品种被用于纺织品染整加工中。表2-4列举了常用的烷基季铵盐阳离子表面活性剂及其用途。

表2-4 常用的直接连接型阳离子表面活性剂

名　　称	结　　构	用　　途
阳离子表面活性剂 1231	$\left[\text{C}_{12}\text{H}_{25}-\overset{\overset{\displaystyle CH_3}{\mid}}{\underset{\underset{\displaystyle CH_3}{\mid}}{N}}-CH_3 \right]^+ \ Br^-$	抗静电、杀菌、碱减量促进剂
阳离子表面活性剂 1631	$\left[\text{C}_{16}\text{H}_{33}-\overset{\overset{\displaystyle CH_3}{\mid}}{\underset{\underset{\displaystyle CH_3}{\mid}}{N}}-CH_3 \right]^+ \ Br^-$	柔软、杀菌
阳离子表面活性剂 1227	$\left[\text{C}_{12}\text{H}_{25}-\overset{\overset{\displaystyle CH_3}{\mid}}{\underset{\underset{\displaystyle CH_3}{\mid}}{N}}-CH_2-C_6H_5 \right]^+ \ Cl^-$	缓染、碱减量促进剂
缓染剂 DC	$\left[\text{C}_{18}\text{H}_{37}-\overset{\overset{\displaystyle CH_3}{\mid}}{\underset{\underset{\displaystyle CH_3}{\mid}}{N}}-CH_2-C_6H_5 \right]^+ \ Cl^-$	柔软、缓染
抗静电剂 SN	$\left[\text{C}_{18}\text{H}_{37}-\overset{\overset{\displaystyle CH_3}{\mid}}{\underset{\underset{\displaystyle CH_3}{\mid}}{N}}-CH_2CH_2OH \right]^+ \ NO_3^-$	抗静电、碱减量促进剂
抗静电剂 TM	$\left[\text{CH}_3-\overset{\overset{\displaystyle CH_2CH_2OH}{\mid}}{\underset{\underset{\displaystyle CH_2CH_2OH}{\mid}}{N}}-CH_2CH_2OH \right]^+ \ CH_3SO_4^-$	化学纤维抗静电
柔软剂 DOD	$\left[\overset{\overset{\displaystyle C_{18}H_{37}}{\mid}}{\underset{\underset{\displaystyle C_{18}H_{37}}{\mid}}{N}}\overset{\displaystyle CH_3}{\underset{\displaystyle CH_3}{}} \right]^+ \ Br^-$	柔软、抗静电

烷基季铵盐一般具有良好的水溶性,随着碳氢链长度的增加,水溶性下降。烃链碳原子数低于14的易溶于水,高于则难溶于水。单长链烷基季铵盐能溶于极性有机溶剂,而不溶于非极性溶剂。双链长烷基季铵盐几乎不溶于水,而溶于非极性有机溶剂。若烷基结构中含有不饱和基团,则水溶性增加。

大部分烷基季铵盐表面活性剂是由叔胺与烷基化试剂反应制备的。以阳离子表面活性剂1227为例,反应式如下:

$$C_{12}H_{25}-\overset{\overset{\displaystyle CH_3}{|}}{\underset{\underset{\displaystyle CH_3}{|}}{N}} + \langle\rangle-CH_2Cl \longrightarrow \left[C_{12}H_{25}-\overset{\overset{\displaystyle CH_3}{|}}{\underset{\underset{\displaystyle CH_3}{|}}{N}}-CH_2-\langle\rangle\right]^+ Cl^-$$

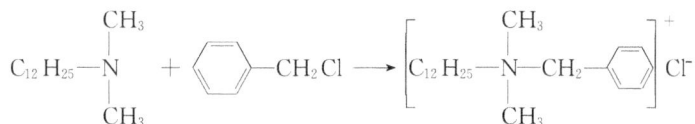

因为叔胺 N 原子上的未共用孤对电子具有较强的亲核能力,故季铵化反应为亲核取代反应。胺的碱性、烷基化试剂的结构、溶剂等对反应都有影响。碱性较强的胺类亲核能力较强,季铵化反应较容易进行。常用的烷基化试剂有氯甲烷、硫酸二甲酯、硫酸二乙酯、苄基氯、氯乙醇、环氧乙烷、高碳卤代烷等。烷基化试剂的结构对季铵化反应也有较大的影响,不同的烷基化试剂的活泼性顺序如下:

$$ClCH_2COOH > ClCH_2-\langle\rangle > CH_3Cl > ClCH_2CH_2OH$$

硫酸酯、磷酸酯都是很强的烷基化试剂,这类烷基试剂的反应活性强于卤代烷,反应可在常压下进行。硫酸酯中较常用的是硫酸二甲酯,但其毒性较大。环氧乙烷也是一种活泼的烷基化试剂,在酸性条件下可与叔胺反应形成季铵盐。例如,抗静电剂 SN 就是采用烷基叔胺与环氧乙烷反应制备的。

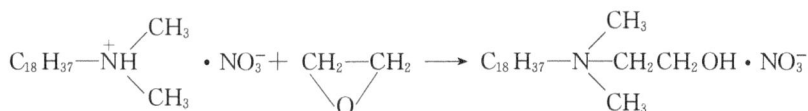

$$C_{18}H_{37}-\overset{+}{\underset{\underset{\displaystyle CH_3}{|}}{\overset{\overset{\displaystyle CH_3}{|}}{N}}H} \cdot NO_3^- + CH_2-CH_2 \longrightarrow C_{18}H_{37}-\overset{\overset{\displaystyle CH_3}{|}}{\underset{\underset{\displaystyle CH_3}{|}}{N}}-CH_2CH_2OH \cdot NO_3^-$$

(3)由低级胺制备的阳离子表面活性剂。由于高碳脂肪胺价格昂贵,人们研究了许多由低碳胺为原料制取阳离子表面活性剂的方法,得到了许多重要的阳离子表面活性剂。

脂肪酰氯和低碳胺的缩合可得到一类亲水基和疏水基通过酰氨基连接的阳离子表面活性剂。例如,N,N-二乙基-2-油酰氨基乙胺,结构式如下:

$$C_{17}H_{33}CONHCH_2CH_2N\overset{\displaystyle CH_2CH_3}{\underset{\displaystyle CH_2CH_3}{<}}$$

将 N,N-二乙基-2-油酰氨基乙胺与不同的酸反应得到不同的胺盐类产品,若其与烷基化试剂反应,则可得到相应的季铵盐表面活性剂。例如,匀染剂 AN,结构式如下:

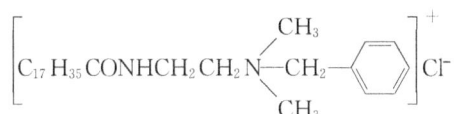

$$\left[C_{17}H_{35}CONHCH_2CH_2N\overset{\overset{\displaystyle CH_3}{|}}{\underset{\underset{\displaystyle CH_3}{|}}{}}-CH_2-\langle\rangle\right]^+ Cl^-$$

如果脂肪酰氯或脂肪酸与含有羟基的低碳胺反应,则可得到一类亲水基和疏水基通过酯基连接的阳离子表面活性剂。例如,乳化剂 FM,结构式如下:

$$C_{17}H_{35}COOCH_2CH_2N\overset{\displaystyle CH_2CH_2OH}{\underset{\displaystyle CH_2CH_2OH}{<}}$$

分子结构中含有酯基的表面活性剂易于水解,使用范围受到限制,因此,含有酯基的阳离子表面活性剂品种较少。

脂肪酸与二乙烯三胺缩合可得到含有单酰胺和双酰胺结构的阳离子表面活性剂。反应式如下:

$$2C_{17}H_{35}COOH + NH_2CH_2CH_2NHCH_2CH_2NH_2 \longrightarrow C_{17}H_{35}CONHCH_2CH_2NHCH_2CH_2NHOCC_{17}H_{35}$$

根据脂肪酸和多胺配比的不同,决定产物中单酰胺和双酰胺的比例。该产物可进一步反应合成阳离子柔软剂。

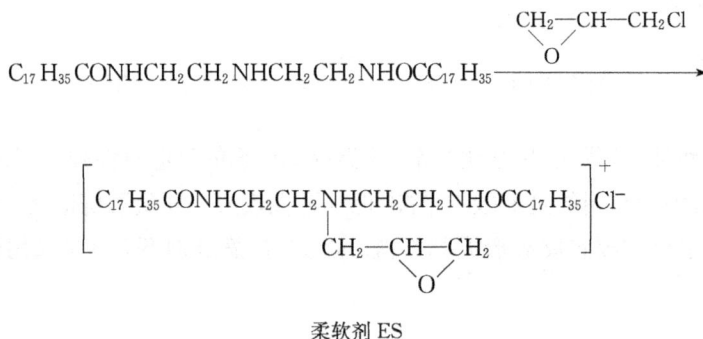

$$C_{17}H_{35}CONHCH_2CH_2NHCH_2CH_2NHOCC_{17}H_{35} \xrightarrow{\underset{O}{CH_2-CH-CH_2Cl}}$$

$$\left[\begin{array}{c} C_{17}H_{35}CONHCH_2CH_2NHCH_2CH_2NHOCC_{17}H_{35} \\ | \\ CH_2-CH-CH_2 \\ \underset{O}{} \end{array} \right]^{+} Cl^{-}$$

柔软剂 ES

脂肪酸及其酯与多元胺经缩合、脱水闭环可得到烷基咪唑啉类阳离子表面活性剂。例如,由脂肪酸与 N-羟乙基乙二胺经缩合成酰胺,然后脱水闭环制得烷基-N-羟乙基咪唑啉。反应式如下:

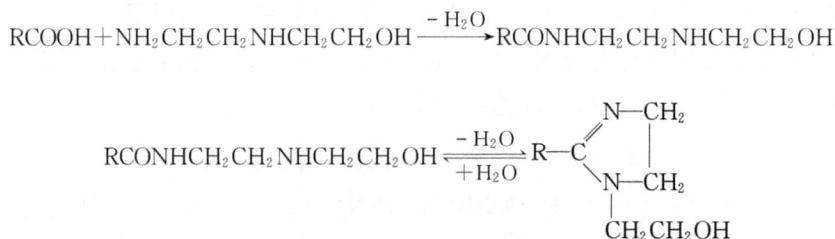

$$RCOOH + NH_2CH_2CH_2NHCH_2CH_2OH \xrightarrow{-H_2O} RCONHCH_2CH_2NHCH_2CH_2OH$$

$$RCONHCH_2CH_2NHCH_2CH_2OH \underset{+H_2O}{\overset{-H_2O}{\rightleftharpoons}} R-C\begin{array}{c} N-CH_2 \\ \diagdown \quad | \\ \diagup \quad | \\ N-CH_2 \\ | \\ CH_2CH_2OH \end{array}$$

烷基-N-羟乙基咪唑啉可进一步季铵化,得到季铵盐表面活性剂。

3. 两性离子表面活性剂

两性离子表面活性剂是在表面活性剂分子中既含有阴离子基又含有阳离子基的表面活性剂。两性表面活性剂与其他表面活性剂相比,具有很多独特的优点:如对硬水稳定性良好,能耐酸碱和各种金属离子,与其他表面活性剂复配有良好的协同效应,与很多染料助剂可以同浴处理;具有优良的柔软和抗静电作用,各类纤维和织物经其处理后手感柔软,穿着舒适;对很多纤维,特别是羊毛纤维染色具有优异的匀染作用;具有良好的去污、发泡和乳化作用,对酸碱有缓冲能力,对纤维还有保护作用;无毒性,对皮肤无刺激作用,生物降解性能好,污染少。

两性表面活性剂按其阳离子结构不同可分成五大类:两性咪唑啉衍生物类;甜菜碱类;氨基酸类;卵磷脂类;大分子类。由于价格较高等原因,在染整助剂中两性离子表面活性剂使用不多,主要是两性咪唑啉衍生物类和甜菜碱类表面活性剂。

(1)咪唑啉型两性离子表面活性剂。工业生产的咪唑啉两性表面活性剂都以 2-烷基-2-咪唑啉为起始剂。其代表产物为 2-烷基-N-羧甲基-N-羟乙基咪唑啉,结构式如下:

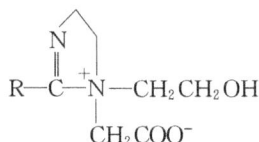

$$R-C\overset{+}{-}N-CH_2CH_2OH$$
$$CH_2COO^-$$

在纺织品加工中,两性咪唑啉衍生物与阴离子和非离子表面活性剂复配后,可作为高效净洗剂用于羊毛、呢绒、丝绸和化纤等各种高档纤维的清洗;也可与阳离子表面活性剂复配或单独使用,作为各类纤维的润滑、柔软和抗静电处理。

咪唑啉型两性表面活性剂的合成一般分两步进行,第一步是脂肪酸和多胺(如 β-羟乙基乙二胺)反应,脱去二分子水生成咪唑啉环。反应式如下:

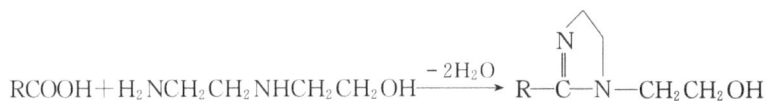

$$RCOOH + H_2NCH_2CH_2NHCH_2CH_2OH \xrightarrow{-2H_2O} R-C-N-CH_2CH_2OH$$

第二步是羧基化反应,常用的阴离子羧基化试剂是氯乙酸钠。生成的咪唑啉环在碱性条件下与羧基化试剂氯乙酸钠反应,得到两性表面活性剂。反应式如下:

$$R-C-N-CH_2CH_2OH + ClCH_2COONa \xrightarrow{NaOH} R-C\overset{+}{-}N-CH_2CH_2OH + NaCl$$
$$CH_2COO^-$$

(2)甜菜碱型两性表面活性剂。甜菜碱是从甜菜中提取的天然含氮化合物,学名为三甲基乙酸铵。习惯上把结构上类似于甜菜碱的两性表面活性剂称为甜菜碱型两性表面活性剂。

甜菜碱型两性表面活性剂的特点为化学稳定性好,能耐硬水、氧化剂、还原剂和一般浓度的电解质,对酸碱度适应性较广,能与很多染料和印染助剂配伍。印染加工中可用作还原、直接和酸性染料染色时的匀染剂,还可用作抗静电剂、柔软剂和钙皂分散剂,也用于织物精练、净洗剂,起稳泡和增稠作用。这类表面活性剂也是目前纺织印染加工中用量较多的表面活性剂。

甜菜碱型两性表面活性剂根据引入的阴离子结构,可分为羧基甜菜碱型、磺基甜菜碱型等。羧基甜菜碱可以采用烷基二甲基叔胺和氯乙酸钠反应制得,十二烷基二甲基甜菜碱(商品名为BS-12)的合成反应式如下:

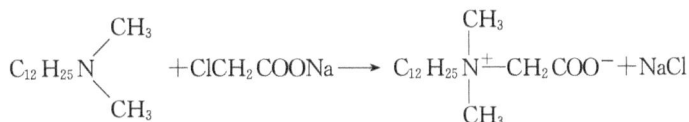

$$
\begin{array}{c}
CH_3 \\
| \\
C_{12}H_{25}-N \\
| \\
CH_3
\end{array}
+ ClCH_2COONa \longrightarrow
\begin{array}{c}
CH_3 \\
| \\
C_{12}H_{25}-N^+-CH_2COO^- \\
| \\
CH_3
\end{array}
+ NaCl
$$

二、非离子型表面活性剂

非离子型表面活性剂是分子中含有在水溶液中不解离的醚基、羟基等亲水基的表面活性剂。主要包括聚氧乙烯型、多元醇型、烷基苷型及聚醚型非离子表面活性剂。

绝大部分非离子型表面活性剂是由含活泼氢的疏水性化合物和环氧乙烷等加成聚合的产品。非离子型表面活性剂的历史,也是氧乙烯化反应发展的历史,也与纺织印染助剂密不可分。1930年,Schollf利用由脂肪酸和低分子聚乙二醇酯化而制得的水溶性产品作为还原染料的匀染剂,该产品具有良好的表面活性。由此,在1930年取得了非离子表面活性剂的第一个专利。产品由I.G.公司在20世纪30年代初首先投入生产,当时主要用作纺织助剂。随着精细石油化学工业的兴起,环氧乙烷的大量供应和含活泼氢原子的疏水化合物的工业合成,非离子型表面活性剂得到了迅速的发展。20世纪50年代后期到60年代,对其制造方法、反应机理、基本物性等作了大量的研究工作,为非离子型表面活性剂的发展奠定了基础。

非离子型表面活性剂在水中不呈离子状态,化学稳定性高,适用范围较广。这类表面活性剂具有很高的表面活性,其水溶液表面张力低,临界胶束浓度也低,具有很强的增溶作用、良好的乳化能力和洗涤作用。由于对低泡、非磷和生物降解要求的提高,使非离子型表面活性剂的使用得到迅速的增长。

1. 聚氧乙烯型非离子表面活性剂

聚氧乙烯型非离子表面活性剂是以含有活泼氢原子的疏水基原料与环氧乙烷进行加成反应而制成的。常用的含活泼氢原子的疏水基原料有高级醇、烷基酚、脂肪酸、高级脂肪胺、脂肪酰胺等。聚氧乙烯型非离子表面活性剂的亲水性是由分子中的聚氧乙烯链部分提供的。随着表面活性剂中聚氧乙烯基的增加,形成的氢键数增多,因而亲水性越强。

(1)脂肪醇聚氧乙烯醚。高级脂肪醇与环氧乙烷反应生成脂肪醇聚氧乙烯醚,通过调节疏水基的碳链长度和聚氧乙烯基的个数可以制备完全油溶到完全水溶的各类脂肪醇聚氧乙烯醚表面活性剂。一般而言,加成1~5mol环氧乙烷的产品是油溶性的,加成7~10mol环氧乙烷的产品能在水中分解或溶解。产品的亲水性(一般用HLB值表示,见本章第三节)随着加成的环氧乙烷摩尔数的增加而明显提高。

脂肪醇聚氧乙烯醚的应用性能与分子中聚氧乙烯基的数量有关,一定碳原子的高级脂肪醇在进行适当的氧乙烯化后能体现良好的润湿力、去污力和泡沫性能,适于作为不同的印染助剂。脂肪醇聚氧乙烯醚在染整助剂中的应用十分广泛,可以作为洗涤剂、精练剂、润湿剂、匀染剂、抗静电剂以及制备后整理助剂的乳化剂。随着烷基酚聚氧乙烯醚由于生态问题而被禁用,脂肪醇聚氧乙烯醚的品种和用量大大增加。常见脂肪醇聚氧乙烯醚产品的性能与用途列于表2-5。

表2-5　常见脂肪醇聚氧乙烯醚产品的性能与用途

产　品	HLB值*	性　能　与　用　途
平平加O-20	15~16	易溶于水,对硬水、酸、碱稳定,耐热、耐重金属盐,具有优良的扩散、乳化、净洗、润湿性能。可作为乳化剂、匀染剂、剥色剂、印花半防染剂、增艳剂等
分散剂IW	17~18	易溶于水,对硬水、酸、碱稳定,具有优良的扩散和乳化性能。可作为工业洗涤剂、毛/腈织物染色的强力分散剂等

产　品	HLB 值*	性　能　与　用　途
AEO-3	7～8	易溶于油及极性溶剂中,在水中呈扩散状态,具有良好的乳化性能。可作为乳化剂、化纤油剂组分,生产 AES 的主要原料
AEO-9	12.5～13.5	易溶于水,具有优良的乳化、净洗、润湿性能。可作为羊毛脱脂剂、织物净洗剂、煮练剂组分
JFC	11.5～12.5	易溶于水,具有优良的润湿、渗透性能。可作为渗透剂,用于纺织工业的上浆、退浆、煮练、漂白及后整理

* HLB值是衡量表面活性剂亲油亲水性能的一个相对值,具体参考本章第三节。

脂肪醇聚氧乙烯醚表面活性剂的合成一般认为可分为两个阶段,两个阶段具有不同的反应速度,第一阶段的反应速度较慢,当形成一种加成物后,反应速率迅速增长。反应式如下:

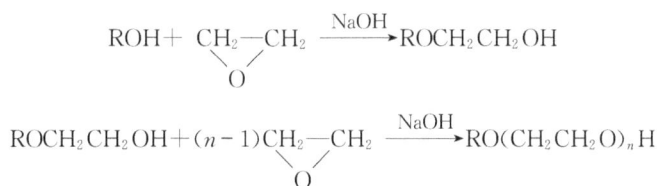

$$ROH + \underset{\underset{O}{\diagdown\diagup}}{CH_2 {-} CH_2} \xrightarrow{NaOH} ROCH_2CH_2OH$$

$$ROCH_2CH_2OH + (n-1)\underset{\underset{O}{\diagdown\diagup}}{CH_2 {-} CH_2} \xrightarrow{NaOH} RO(CH_2CH_2O)_nH$$

(2)烷基酚聚氧乙烯醚。烷基酚聚氧乙烯醚是由烷基酚和环氧乙烷加成得到的。按照烷基链的不同和加成氧乙烯单元的多少,可以得到一系列性能不同的烷基酚聚氧乙烯醚产品。主要为辛基酚和壬基酚与环氧乙烷加成的系列产品。结构通式如下:

$$R{-}\langle\!\!\bigcirc\!\!\rangle{-}O(CH_2CH_2O)_nH$$

烷基酚聚氧乙烯醚具有优良的性能,曾作为渗透剂、净洗剂、匀染剂、乳化剂及精练剂组分被广泛用于染整助剂中。但由于辛基酚聚氧乙烯醚和壬基酚聚氧乙烯醚的生态问题,这类表面活性剂在染整加工中已被禁止使用。

(3)脂肪酸聚氧乙烯酯。脂肪酸与环氧乙烷加成得到脂肪酸聚氧乙烯酯,反应分两步,首先加成 1mol 环氧乙烷,该过程反应速度较慢,然后进一步加成,聚合迅速进行。反应式如下:

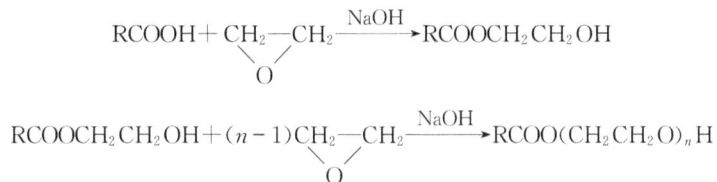

$$RCOOH + \underset{\underset{O}{\diagdown\diagup}}{CH_2 {-} CH_2} \xrightarrow{NaOH} RCOOCH_2CH_2OH$$

$$RCOOCH_2CH_2OH + (n-1)\underset{\underset{O}{\diagdown\diagup}}{CH_2 {-} CH_2} \xrightarrow{NaOH} RCOO(CH_2CH_2O)_nH$$

脂肪酸聚氧乙烯酯属低泡性表面活性剂,表面活性适中,润湿性和去污性均较醇醚和酚醚要差。由于脂肪酸来源丰富,价格较低,使得脂肪酸聚氧乙烯酯应用较广。其最重要的应用是作为乳化剂,在纺织工业中,主要用于纺丝油剂、抗静电剂、柔软剂等,例如,柔软剂 SG 就是硬脂酸聚氧乙烯酯(EO＝6)。

（4）脂肪胺聚氧乙烯醚。高级脂肪胺与环氧乙烷加成反应得到脂肪胺聚氧乙烯醚。长链脂肪伯胺聚氧乙烯醚的制备可分为两个阶段：第一阶段在 100℃、无催化剂的条件下，在伯胺上加成 2mol 的环氧乙烷；第二阶段采用氢氧化钠、醇钠等作为催化剂，在 150℃ 以上进行氧乙烯基的链增长反应。反应式如下。

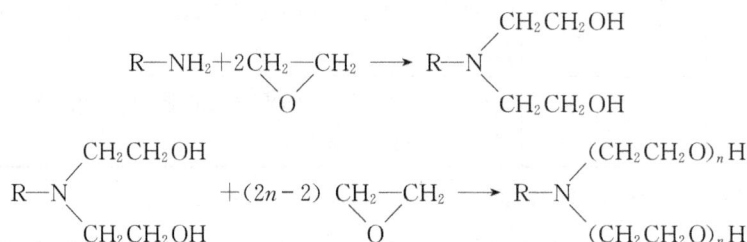

$$R{-}NH_2 + 2CH_2{-}CH_2 \xrightarrow{\quad} R{-}N \begin{matrix} CH_2CH_2OH \\ \\ CH_2CH_2OH \end{matrix}$$

$$R{-}N \begin{matrix} CH_2CH_2OH \\ \\ CH_2CH_2OH \end{matrix} + (2n-2)\ CH_2{-}CH_2 \xrightarrow{\quad} R{-}N \begin{matrix} (CH_2CH_2O)_nH \\ \\ (CH_2CH_2O)_nH \end{matrix}$$

脂肪胺聚氧乙烯醚的特点是在聚氧乙烯基个数较少时，体现一定的阳离子表面活性剂（叔胺盐）的性质，随着聚氧乙烯链的增长，阳离子性逐渐削弱，体现出非离子表面活性剂的性质。脂肪胺聚氧乙烯醚能溶于酸性介质，聚氧乙烯链较长的可以溶于中性和碱性溶液中。这类表面活性剂具有多种用途，可作为乳化剂、起泡剂、腐蚀抑制剂等。在印染加工中，主要作为酸性染料染色的匀染剂、抗静电剂、柔软剂等。

2. 多元醇型非离子表面活性剂

用多元醇和脂肪酸反应生成的酯作疏水基，其余未反应的羟基作亲水基的一类表面活性剂，称为多元醇型表面活性剂。这类表面活性剂从化学结构上看，是多元醇的部分脂肪酸酯及其氧乙烯化产物。

（1）失水山梨醇脂肪酸酯及其氧乙烯化产物。山梨醇与脂肪酸直接反应过程中，既发生分子内失水形成醚键，同时发生酯化反应，得到失水山梨醇的酯。这是一类重要的表面活性剂，其商品名为斯盘（Span）系列。合成反应式如下：

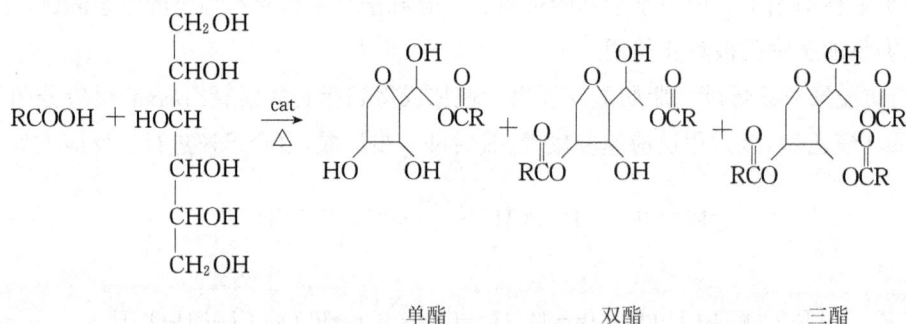

| 单酯 | 双酯 | 三酯 |

反应产物为单酯、双酯和三酯的混合物，可通过改变投料比和反应条件来决定产物的组成。根据采用的脂肪酸不同和酯化深度的不同，可以得到一系列具有不同亲水性的失水山梨醇脂肪酸酯。常见产品列于表 2−6。

失水山梨醇脂肪酸酯是一类低 HLB 值的非离子表面活性剂，一般不溶于水，可溶于矿物油和植物油中，常用于油性乳化剂、增溶剂、消泡剂、柔软剂及纤维平滑剂。

表 2-6 常见 Span 型产品及其 HLB 值

商品名	结构	HLB 值	商品名	结构	HLB 值
Span20	失水山梨醇月桂酸单酯	8.6	Span65	失水山梨醇硬脂酸三酯	2.1
Span40	失水山梨醇棕榈酸单酯	6.7	Span80	失水山梨醇油酸单酯	4.3
Span60	失水山梨醇硬脂酸单酯	4.7	Span85	失水山梨醇油酸三酯	1.8

在氢氧化钾(或氢氧化钠)催化下,失水山梨醇酯分子中的自由羟基与环氧乙烷加成即可制得相应的聚氧乙烯失水山梨醇脂肪酸酯,商品名为吐温(Tween)。使用不同的脂肪酸和控制环氧乙烷的加成数,可制得亲水性范围很广的系列产品。常见产品列于表 2-7。

表 2-7 常见 Tween 型产品及其 HLB 值

商品名	结构组成	HLB 值	商品名	结构组成	HLB 值
Tween 20	Span20＋EO(20)	13~16	Tween 65	Span65＋EO(20)	9.6
Tween 40	Span40＋EO(20)	13~16.6	Tween 80	Span80＋EO(20)	15
Tween 60	Span60＋EO(20)	14.9	Tween 81	Span80＋EO(4)	11
Tween 61	Span60＋EO(4)	10.5	Tween 85	Span85＋EO(20)	10

(2)脂肪酸甘油酯。脂肪酸甘油酯可以由甘油和脂肪酸直接酯化得到,产物为单酯、双酯和三酯的混合物。混合物的组成取决于反应物的相对比例、反应温度、反应时间和催化剂的种类等。

甘油的脂肪酸单酯具有良好的乳化性能,可作为食品工业的乳化剂、消泡剂、色素分散剂等,在纺织工业中,主要作为织物整理剂。双酯和三酯较少应用,所以合成时希望产品中单酯含量要高。油脂和甘油在催化剂存在下的酯化反应是工业上制取单甘酯的主要方法。反应按如下方式进行:

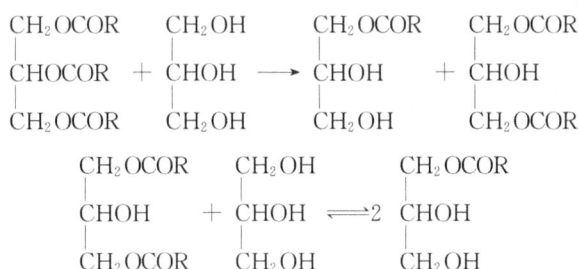

$$
\begin{array}{l}
\mathrm{CH_2OCOR} \\
| \\
\mathrm{CHOCOR} \\
| \\
\mathrm{CH_2OCOR}
\end{array}
+
\begin{array}{l}
\mathrm{CH_2OH} \\
| \\
\mathrm{CHOH} \\
| \\
\mathrm{CH_2OH}
\end{array}
\longrightarrow
\begin{array}{l}
\mathrm{CH_2OCOR} \\
| \\
\mathrm{CHOH} \\
| \\
\mathrm{CH_2OH}
\end{array}
+
\begin{array}{l}
\mathrm{CH_2OCOR} \\
| \\
\mathrm{CHOH} \\
| \\
\mathrm{CH_2OCOR}
\end{array}
$$

$$
\begin{array}{l}
\mathrm{CH_2OCOR} \\
| \\
\mathrm{CHOH} \\
| \\
\mathrm{CH_2OCOR}
\end{array}
+
\begin{array}{l}
\mathrm{CH_2OH} \\
| \\
\mathrm{CHOH} \\
| \\
\mathrm{CH_2OH}
\end{array}
\rightleftharpoons
2
\begin{array}{l}
\mathrm{CH_2OCOR} \\
| \\
\mathrm{CHOH} \\
| \\
\mathrm{CH_2OH}
\end{array}
$$

为了增加甘油单酯的水溶性和表面活性,可以将甘油单酯和环氧乙烷反应,制备脂肪酸单甘油酯的聚氧乙烯醚。反应式如下:

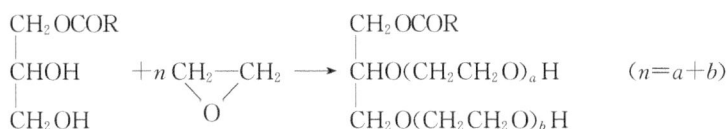

$$
\begin{array}{l}
\mathrm{CH_2OCOR} \\
| \\
\mathrm{CHOH} \\
| \\
\mathrm{CH_2OH}
\end{array}
+ n\,\mathrm{CH_2{-}CH_2}\underset{O}{\diagdown\diagup}
\longrightarrow
\begin{array}{l}
\mathrm{CH_2OCOR} \\
| \\
\mathrm{CHO(CH_2CH_2O)_a H} \\
| \\
\mathrm{CH_2O(CH_2CH_2O)_b H}
\end{array}
\qquad (n=a+b)
$$

脂肪酸单甘油酯聚氧乙烯醚的分散性、乳化力、起泡力和渗透力都很好,可用作乳化剂、增溶剂、稳定剂等。

3. 烷基糖苷型非离子表面活性剂

在质子酸或路易酸的存在下,单糖(一般是葡萄糖)的半缩醛羟基与醇作用,脱去一分子水,生成具有缩醛结构的衍生物,统称为糖苷。烷基糖苷可用如下结构式表示:

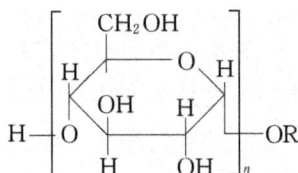

$$\left[\begin{array}{c} CH_2OH \\ \text{(糖环结构)} \\ \end{array}\right]_n OR$$

式中,n 表示糖单元的个数,$n=1$ 时为烷基单糖苷,$n \geqslant 2$ 的糖苷统称为烷基多糖苷(或烷基多苷,APG)。一般来说,烷基链 R 的碳原子数在 $8\sim16$,烷基糖苷的聚合度 n 为 $1.1\sim3$,通常所说的烷基糖苷的聚合度是个平均值,烷基多苷中单苷的含量占 $50\%\sim70\%$,其他的为二苷、三苷、四苷等。因此,烷基多苷的组成十分复杂。

从结构上讲,APG 应属于非离子表面活性剂,但与通常的聚氧乙烯型非离子表面活性剂不同,而有着许多独特的性能,表现为无浊点,水稀释后无凝胶现象。与一般的表面活性剂一样,疏水基烷基链长的增加将降低 APG 的溶解性,而亲水基平均糖单元数的增加则使其溶解度增加。APG 的 HLB 值一般为 $10\sim14$。

烷基多苷表面活性剂能有效地降低表面张力,在酸性溶液中也有优良的溶解性、稳定性和表面活性。具有优良的去污和配伍性能,它既可作为单一表面活性剂使用,也可与其他表面活性剂配合使用。采用 APG 与阴离子、阳离子、非离子表面活性剂复配后均显示协同效应,提高其他表面活性剂的效能。

APG 的原料是淀粉,安全环保,毒性、刺激性低,生物降解性好,对环境污染小。采用 APG 作为主活性物来配制各种洗涤剂以及各种工业用功能性助剂,符合环保型助剂开发的需要,目前已有以烷基多苷为主要成分的环保型精练剂投入工业化生产。

4. 聚醚型非离子表面活性剂

以一个或一个以上活性氢原子的有机化合物为引发剂,用环氧乙烷和环氧丙烷加成聚合而制得的具有表面活性的嵌段共聚物,即为聚醚型非离子表面活性剂。聚醚分子中的聚氧乙烯链为亲水部分,聚氧丙烯链为疏水部分。疏水部分和亲水部分的大小,可通过调节聚氧丙烯和聚氧乙烯的比例加以调节,使用不同的比例和不同的聚合方法,可制备各种具有不同 HLB 值和性质的聚醚型表面活性剂。

根据聚合方式,可将聚醚分为整嵌型、杂嵌型和全杂型三类。其中,以整嵌型应用最为广泛。整嵌型是在引发剂上先加成一种氧化烯烃,形成聚氧烯烃,然后再加成另一种氧化烯烃,在所形成的聚醚分子中,一种聚氧烯烃的整体与另一种聚氧烯烃的整体互连。应用最为广泛的是以丙二醇为引发剂的产品。其结构式可表示如下:

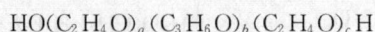

$$HO(C_2H_4O)_a(C_3H_6O)_b(C_2H_4O)_cH$$

　　分子中疏水基部分为聚氧丙烯链，一般 $b \geqslant 15$，即聚氧丙烯的相对分子质量必须大于 900，聚氧乙烯链（$a+c$）部分占化合物总量的 $10\% \sim 90\%$。调节聚氧丙烯的相对分子质量和聚氧乙烯链的百分比可以得到一系列具有不同 HLB 值和不同性质的聚醚产品。以 Pluronic 产品为例，产品种类如图 2-7 所示。

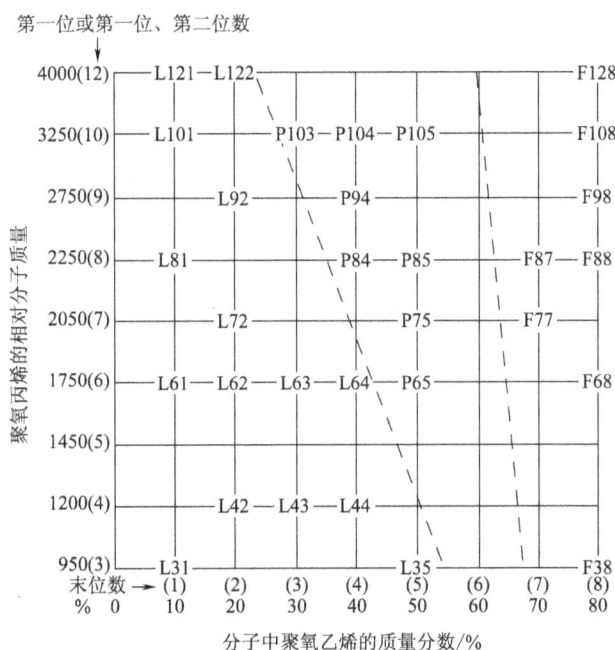

图 2-7　Pluronic 产品网格图

　　在图 2-7 的网格图中，每种产品具有一个代号，前面的字母表示产品在室温下的状态，即液状（L）、浆状（P）、片状（F）三种。字母后面有两位或三位阿拉伯数字，其中最后一位表示分子中聚氧乙烯的百分含量，两位数中的第一位或三位数中的前两位数表示分子中聚氧丙烯相对分子质量所对应的位置的顺序编号。例如，L72 表示产品为液状，分子中聚氧乙烯含量为 20%，疏水基部分聚氧丙烯的相对分子质量为 2050（对应位置的顺序编号为 7）。

　　由图 2-7 可知，聚醚产品的性能变化很有规律性，产品中聚氧乙烯含量越高，在水中的溶解度越大；产品中聚氧丙烯相对分子质量越大，则溶解度越小。产品 HLB 值随着产品中聚氧乙烯含量的增加和聚氧丙烯相对分子质量的减小而增加。分子中聚氧乙烯含量低的产品如 L61 可作为消泡剂，L62、L72、L92 和 P103 是化妆品中使用的润湿剂，L64 具有较好的去污力，F68 的分散性较好。L62、L64 和 L68 常与肥皂等配合使用，制备高效低泡洗涤剂。这类产品一般具有低泡性，但在 P84、F87 区域，其亲水性和疏水性达到平衡，存在一个最大泡沫区域。这类产品无刺激性，毒性随着聚醚相对分子质量的提高而降低。

　　聚醚在很宽的 pH 值范围内稳定，很多品种在低浓度时即有降低表面张力的能力。聚醚对钙皂有良好的分散作用，在浓度很稀时即可防止硬水中钙皂沉淀。聚醚除了可用于低泡洗涤剂，还作为乳化剂、分散剂、原油破乳剂、抗静电剂、润湿剂、匀染剂、胶凝剂广泛用于各工业部门。

三、特殊种类表面活性剂

1.含氟表面活性剂

从分子结构看,碳氟表面活性剂与通常表面活性剂的区别是以碳氟链代替通常的碳氢链作为疏水基。一些碳氟表面活性剂的结构列举如下:

$$C_8F_{17}COONa$$

阴离子型

$$\left[C_7F_{15}CONHC_3H_6\overset{CH_3}{\underset{CH_3}{\overset{|}{\underset{|}{N^+}}}}CH_3 \right]Cl^-$$

阳离子型

$$C_8F_{17}CONHC_3H_6\overset{CH_3}{\underset{CH_3}{\overset{|}{\underset{|}{N^+}}}}CH_2COO^-$$

两性离子型

$$C_8F_{17}CH_2CH_2(OCH_2CH_2)_nOH$$

非离子型

碳氟表面活性剂具有很高的表面活性,由于碳氟链具有极强的疏水作用及较低的分子内聚力,其水溶液具有极低的表面张力,含氟表面活性剂可使水的表面张力降低至 $10\sim15mN/m$。与同碳链长度的碳氢表面活性剂相比,含氟表面活性剂达到饱和吸附的浓度要低得多,临界胶束浓度也小得多。

由于氟的电负性非常高、原子半径小,能形成牢固的F—C键,因此,含氟表面活性剂在强酸、强碱中有优良的化学稳定性;同时它在高温下极稳定,可以在 $300℃$ 以上的高温下使用。含氟表面活性剂具有特别低的表面自由能,使它在有机溶剂中也具有高表面活性。含氟表面活性剂用途广泛,主要用于消防、化工、机械、纺织加工、造纸、颜料和油墨等行业。在纺织印染加工中,主要作为织物防水防油整理剂。

2.含硅表面活性剂

含硅表面活性剂是疏水部分由硅烷基、硅亚甲基或硅氧烷构成的一类表面活性剂,与烃系表面活性剂相似,含硅表面活性剂按亲水基的不同也可分为阴离子、阳离子、非离子和两性离子四种类型。各类含硅表面活性剂的结构举例如下:

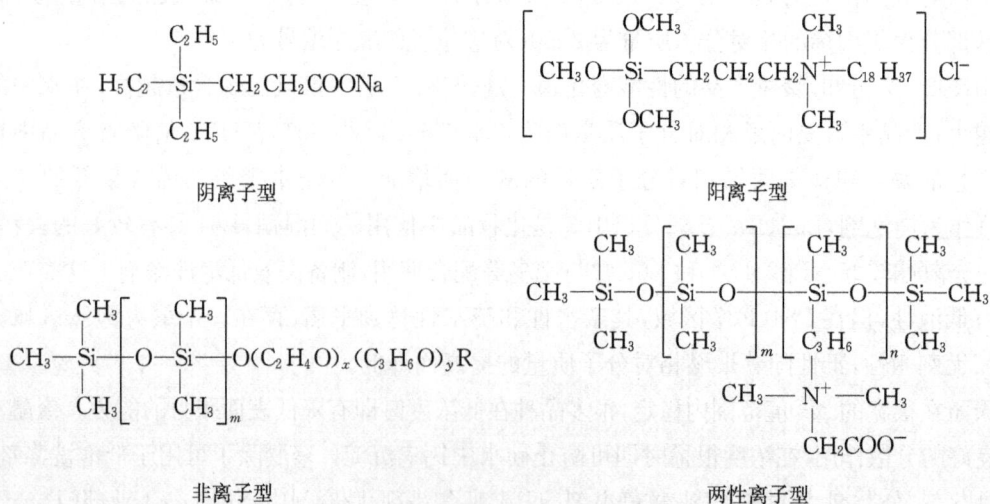

$$H_5C_2\overset{C_2H_5}{\underset{C_2H_5}{\overset{|}{\underset{|}{Si}}}}CH_2CH_2COONa$$

阴离子型

$$\left[CH_3O\overset{OCH_3}{\underset{OCH_3}{\overset{|}{\underset{|}{Si}}}}CH_2CH_2CH_2\overset{CH_3}{\underset{CH_3}{\overset{|}{\underset{|}{N^+}}}}C_{18}H_{37} \right]Cl^-$$

阳离子型

$$CH_3\overset{CH_3}{\underset{CH_3}{\overset{|}{\underset{|}{Si}}}}O\left[\overset{CH_3}{\underset{CH_3}{\overset{|}{\underset{|}{Si}}}}O\right]_m(C_2H_4O)_x(C_3H_6O)_yR$$

非离子型

$$CH_3\overset{CH_3}{\underset{CH_3}{\overset{|}{\underset{|}{Si}}}}O\left[\overset{CH_3}{\underset{CH_3}{\overset{|}{\underset{|}{Si}}}}O\right]_m\left[\overset{CH_3}{\underset{C_3H_6}{\overset{|}{\underset{|}{Si}}}}O\right]_n\overset{CH_3}{\underset{CH_3}{\overset{|}{\underset{|}{Si}}}}CH_3$$

$$CH_3-\overset{}{\underset{CH_2COO^-}{\overset{|}{\underset{|}{N^+}}}}CH_3$$

两性离子型

由于 Si—O 键的键能比 C—C 键的键能大,因此,Si—O 键比 C—C 键稳定,不易断裂。在 Si—O 键中,硅原子与氧原子的相对电负性相差较大,氧原子的电负性对硅原子上连接的烃基有偶极感应影响,可提高硅原子上连接烃基的氧化稳定性,因而含硅表面活性剂具有较高的耐热稳定性。

由于聚硅氧烷的表面张力较低,含硅表面活性剂有可能使水溶液的表面张力降至 $20 \sim 25mN/m$,比碳氢系表面活性剂低。对于一般碳氢系表面活性剂无效的有机液体表面,也能排列单分子膜,使其表面张力下降。在纺织品加工过程中,含硅表面活性剂主要用于提高亲水性,改善润湿性、抗静电性、平滑性及手感,防止粘连(聚氨酯纤维),可作为乳化剂,高温消泡剂,杀菌剂,防水整理剂等。

3. Gemini 表面活性剂

(1)Gemini 表面活性剂的结构。Gemini 表面活性剂是指分子中至少含有两个亲水基(离子或极性基团)和两条疏水链,在其亲水基或靠近亲水基处,由连接基团通过化学键连接在一起,又称为双连或孪连表面活性剂,其结构如图 2-8 所示。

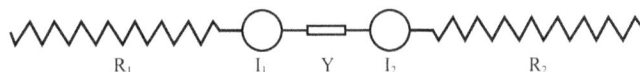

图 2-8 Gemini 表面活性剂结构示意图

其中,R 为疏水基团;I 为亲水基团;Y 为连接基团。从已合成的 Gemini 表面活性剂的分子结构来看,R,I 均可多于 2 个,Y 亦可多于 1 个,分子的整体结构也可以是不对称的(即 $R_1 \neq R_2$,$I_1 \neq I_2$)。组成 Gemini 表面活性剂的亲水基可以是阳离子(如季铵盐),阴离子(如磷酸盐、硫酸盐、磺酸盐和羧酸盐等),两性离子和非离子,这与经典表面活性剂相似。而连接基团则品种繁多,可以是短链(2 个原子)或长链(20 多个原子);刚性链(如二苯乙烯)或柔性链(如多个亚甲基);极性链(如聚醚)或非极性链(如脂肪族、芳香族)等。一些 Gemini 表面活性剂的结构举例如下:

硫酸盐

磺酸盐

羧酸盐

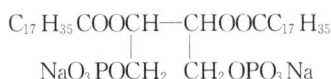

磷酸盐

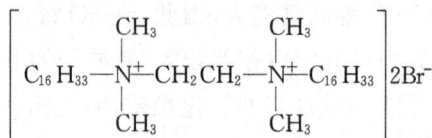

$$\left[\begin{array}{c} CH_3 \\ | \\ C_{16}H_{33}-N^+-CH_2CH_2-N^+-C_{16}H_{33} \\ | \quad\quad\quad\quad\quad | \\ CH_3 \quad\quad\quad\quad CH_3 \end{array} \right] 2Br^-$$

$$\begin{array}{cc} CH_3 & CH_3 \end{array}$$

季铵盐

Gemini 表面活性剂分子可看做是几个经典表面活性剂分子的聚合体。在 Gemini 的分子结构中,两个(或多个)亲水基依靠连接基团通过化学键连接,由此造成两个(或多个)表面活性单体相当紧密的结合。这种结构一方面致使其碳氢链间更容易产生强相互作用,增强了碳氢链的疏水作用,而且使亲水基(尤其是离子型)间的排斥作用因受化学键限制而大大削弱,是 Gemini表面活性剂和单链单头基表面活性剂相比较,具有高表面活性的根本原因。另一方面,两个离子头基间的化学键连接不会破坏表面活性剂的亲水性,从而为高表面活性的 Gemini 表面活性剂的广泛应用提供了基础。

(2)Gemini 表面活性剂的性质。在保持每个亲水基团连接的碳原子数相等的条件下,与单烷烃链和单离子头基组成的普通表面活性剂相比,离子型 Gemini 表面活性剂具有如下性质:

①更易吸附在气/液表面,从而更有效地降低水溶液的表面张力。

②更易聚集生成胶团。

③Gemini 表面活性剂降低水溶液表面张力的倾向远大于聚集生成胶团的倾向,降低水溶液表面张力的效果是相当显著的。

④具有很低的 Krafft 点。

⑤对水溶液表面张力的降低能力和降低效率而言,Gemini 表面活性剂和普通表面活性剂,尤其是和非离子表面活性剂的复配能产生更大的协同效应。

⑥具有良好的钙皂分散性质。

⑦在很多场合是优良的润湿剂。

(3)Gemini 表面活性剂的应用。Gemini 表面活性剂由于其特殊的结构和性能,使其在一些特殊领域得到应用。如在新材料的制备方面,利用电中性的 Gemini 表面活性剂可制备对热及热水超稳定的中孔囊泡状氧化硅材料;Gemini 表面活性剂还被用于生物碱的分离,而经典表面活性剂则不能实现生物碱的完全分离。由于 Gemini 表面活性剂具有优良的表面活性,可代替经典表面活性剂,用于洗涤剂、起泡剂、药物分散剂以及日用化学品中。

Gemini 表面活性剂在染整助剂方面的应用也被进行了研究,有人采用自制阳离子 Gemini 表面活性剂 DC$_{2\sim16}$作为涤纶织物碱减量加工的促进剂和腈纶及阳离子可染改性纤维阳离子染料染色的匀染剂,获得了良好的效果。DC$_{2\sim16}$的结构如下:

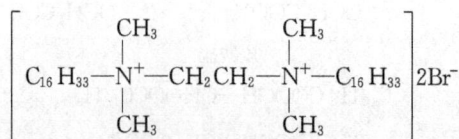

$$\left[\begin{array}{c} CH_3 \quad\quad\quad\quad CH_3 \\ | \quad\quad\quad\quad\quad | \\ C_{16}H_{33}-N^+-CH_2CH_2-N^+-C_{16}H_{33} \\ | \quad\quad\quad\quad\quad | \\ CH_3 \quad\quad\quad\quad CH_3 \end{array} \right] 2Br^-$$

具有以下结构的 Gemini 表面活性剂被报道用于真丝织物的精练助剂,效果优于工业皂。

$$C_{11}H_{23}CO-N-CH_2CH_2COONa$$
$$|$$
$$CH_2$$
$$|$$
$$CH_2$$
$$|$$
$$C_{11}H_{23}CO-N-CH_2CH_2COONa$$

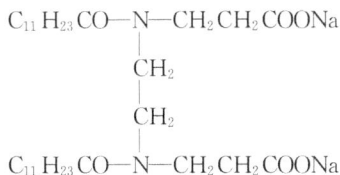

4. 高分子表面活性剂

相对分子质量在数千以上（一般为 $10^3 \sim 10^6$），并具有一定表面活性的物质被称为高分子表面活性剂。高分子表面活性剂一般不形成胶束，降低表面张力的能力、起泡性及润湿性能都较差；但高分子表面活性剂兼具高分子和表面活性剂的双重性能，在保护胶体、分散及絮凝作用等方面有其独特的优势，有些作用是普通表面活性剂不可取代的。在分散体系中，高分子表面活性剂可通过某种作用力附着或吸附在颗粒表面，而其余部分伸展于介质中，这样环绕在颗粒周围，起立体保护作用。

高分子表面活性剂可分为天然高分子表面活性剂和合成高分子表面活性剂。天然高分子表面活性剂是从动植物分离、精制或经过化学改性而制得的水溶性高分子，种类有纤维素类、淀粉类、腐殖酸类、木质素类、聚酚类、植物胶和生物聚合物等。合成高分子表面活性剂可由两亲单体均聚或由亲水单体、亲油单体共聚以及在水溶性较好的大分子物质上引入两亲单体制得，单体种类的选择和组成的变化范围较广。

早期使用的高分子表面活性剂主要是天然高分子化合物及其衍生物，如纤维素醚类化合物常被用于作为乳化时的保护胶体和洗涤时污垢的再沾污防止剂。非离子表面活性剂中的聚醚类（聚氧乙烯聚氧丙烯嵌段共聚物）是最早商品化的合成高分子表面活性剂。之后，高分子表面活性剂被不断开发应用，在纺织印染助剂领域的应用也十分广泛。例如，聚醚类高分子表面活性剂经常被用作低泡洗涤剂、消泡剂、抗静电剂、润湿剂等；聚乙烯醇类等高分子化合物作为乳状液制备的增稠剂和保护胶体广泛应用于乳液型印染助剂的制备中；聚丙烯酸及其共聚物被用于作为螯合分散剂；木质素磺酸盐、酚醛缩合物磺酸盐等被用作不溶性染料的分散剂。

由于高分子表面活性剂的表面活性不是十分明显，在纺织染整助剂的加工中，高分子化合物的应用性能是否涉及表面活性较难分清，在此将不具体提出高分子表面活性剂的产品，木质素磺酸钠、聚醚等均属于高分子表面活性剂，第四章介绍的一些高分子化合物在相对分子质量和结构满足一定条件时，也可作为高分子表面活性剂。以下主要介绍高分子表面活性剂的分子设计和制备途径。

（1）天然高分子化学改性。天然高分子的化学改性是制备高分子表面活性剂的常用方法。一些天然高分子衍生物常体现出一定的表面活性，通过适当的改性还可进一步提高其表面活性。例如，将羧甲基纤维素与十二烷基醇聚氧乙烯醚丙烯酸酯反应，通过羧甲基纤维素分子断链产生大分子自由基，引发十二烷基醇聚氧乙烯醚丙烯酸酯与羧甲基纤维素聚合，可生成带亲水亲油长支链的嵌段共聚物新型高分子表面活性剂。又如木质素磺酸盐的酚羟基可与环氧乙烷、环氧丙烷、卤代烷烃发生烷基化反应，引入不同链长的烷烃，赋予其良好的亲水亲油性，增强其表面活性,用环氧丙烷与木质素磺酸盐反应,生成的聚氧丙烯化木质素磺酸盐水溶液具有更低的表面张力、更好的水溶性和更高的耐盐性。

(2)合成高分子表面活性剂的制备。

①由表面活性单体聚合。高分子表面活性剂可由表面活性单体聚合而制得。表面活性单体一般由可聚合的反应基团(双键、氨基、羟基、环氧基等)、亲水基团(链段)及亲油基团(链段)组成。常用的表面活性单体主要有含乙烯基和烯丙基结构的表面活性单体,典型结构举例如下:

$$CH_2=CHCH_2OCH_2-\underset{\underset{OH}{|}}{CH}-CH_2OOCCH-\underset{\underset{CH_2COOR}{|}}{SO_3NH_4}$$

$$CH_2=CHCH_2OCH_2CH-(CH_2CH_2O)_nSO_3NH_4$$
$$\underset{|}{\overset{|}{CH_2}}$$
$$O-\langle\rangle-R$$

$$CH_2=\underset{\underset{CH_3}{|}}{\overset{\overset{CH_3}{|}}{C}}-COO(CH_2CH_2O)_nC_{12}H_{25}$$

$$CH_2=\underset{\underset{CH_3}{|}}{\overset{\overset{CH_3}{|}}{C}}-COO(CH_2)_n-\underset{\underset{CH_3}{|}}{\overset{\overset{CH_3}{|}}{N^+}}-CH_2CH_2CH_2SO^-$$

表面活性剂单体可通过均聚或共聚反应,制备高分子表面活性剂,如以下反应:

$$m\ CH_2=\underset{\underset{COO(CH_2)_n-\underset{CH_3}{\overset{CH_3}{N^+}}-CH_2CH_2CH_2SO_3^-}{|}}{\overset{\overset{CH_3}{|}}{C}} \longrightarrow \left[CH_2-\underset{\underset{COO(CH_2)_n-\underset{CH_3}{\overset{CH_3}{N^+}}-CH_2CH_2CH_2SO_3^-}{|}}{\overset{\overset{CH_3}{|}}{C}}\right]_m$$

②亲水性单体与疏水性单体共聚。采用亲水性和疏水性单体原料共聚也可以得到含亲水—疏水链段的嵌段高分子表面活性剂。亲水链段如聚氧乙烯、聚乙烯亚胺等,疏水链段如聚氧丙烯、聚苯乙烯和聚硅氧烷等。此类共聚物有良好的乳化性能。聚醚类表面活性剂也可以归在此类中,聚氧丙烯链段为疏水性链段,聚氧乙烯链段为亲水性链段,两者间隔分布于整个分子链上,呈现较高的表面活性。又如以马来酸的聚氧乙烯酯为亲水单体,与具有疏水性碳链的烯烃共聚可制备一种高分子表面活性剂,反应式如下:

$$n\begin{matrix}\underset{}{\overset{COOH}{|}}\\ HC=CH\\ \underset{}{\overset{|}{C=O}}\\ \underset{}{\overset{|}{O}}\\ (CH_2CH_2O)_xH\end{matrix}+n\begin{matrix}H_2C=CH\\ \underset{}{\overset{|}{(CH_2)_y}}\\ \underset{}{\overset{|}{CH_3}}\end{matrix}\longrightarrow\left[\begin{matrix}\overset{COOH}{|}\\ HC-CH-CH_2-CH\\ \underset{}{\overset{|}{C=O}}\quad\quad\underset{}{\overset{|}{(CH_2)_y}}\\ \underset{}{\overset{|}{O}}\quad\quad\quad\underset{}{\overset{|}{CH_3}}\\ (CH_2CH_2O)_xH\end{matrix}\right]_n$$

③现有高分子化学改性。在现有的高分子化合物中引入亲水或疏水基团以修正其亲水—

疏水性,使其达到表面活性剂的结构要求,可使该高分子化合物具有表面活性,得到各类型的高分子表面活性剂。例如,将一定聚合度和醇解度的聚乙烯醇,采用卤代烷或高级醇进行醚化反应,引入一定比例的烷基,可以获得较高的表面活性。结构式如下:

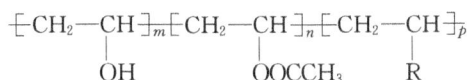

$$\left[CH_2-CH\right]_m\left[CH_2-CH\right]_n\left[CH_2-CH\right]_p$$
$$\quad\ \ OH \qquad\qquad OOCCH_3 \qquad\quad R$$

又如,在聚羟基月桂酸酯分子中引入叔胺制备了阳离子高分子表面活性剂,可作为超分散剂使用。反应式如下:

$$\left[O(CH_2)_{11}\overset{\overset{\textstyle O}{\|}}{C}\right]_n OH + H_2NC_3H_6N(CH_3)_2 \longrightarrow \left[O(CH_2)_{11}\overset{\overset{\textstyle O}{\|}}{C}\right]_n NHC_3H_6N(CH_3)_2$$

第三节　表面活性剂的基本性能

一、表面活性剂的界面吸附

1. 表面活性剂在溶液表面的吸附

(1)表面吸附现象。一定温度和压力下,某种纯液体的表面张力具有一定的值。若在某种纯液体中,加入一种溶质形成溶液,则情况将发生变化。在溶液表面层中含有溶剂和溶质两种不同的分子,它们所受到的指向内部的凝聚力是不同的,如果在表面层中溶质分子比溶剂分子所受到的指向溶液内部的引力要大些,则这种溶质分子的溶入将使溶液的表面张力升高。从能量趋于降低的原则出发,这种溶质分子趋于较多地进入溶液内部而较少地留在表面层中,以求溶液的表面张力尽量小些,从而降低体系的表面能。这样,就产生了溶质分子在表面层中的浓度低于在本体溶液中的浓度的现象。相反如果在表面层中溶质分子比溶剂分子所受到的指向溶液内部的引力要小些,则这种溶质的溶入将使溶液的表面张力减小。而且,溶质分子将倾向于在表面层中相对地浓集,以求更多地降低溶液的表面张力,从而更多地降低溶液的表面能,因此,产生了溶质分子在表面层中的浓度比在本体溶液中的浓度大的现象。一般来说,把溶质分子在表面层中的浓度与在本体溶液中的浓度不同的现象称为溶液的表面吸附现象。而溶质分子在表面层中的浓度大于在本体溶液中的浓度的现象叫做正吸附;溶质分子在表面层中的浓度小于在本体溶液中的浓度的现象叫做负吸附。

表面活性剂由亲水基和疏水基两部分构成。亲水基力图进入溶液内部,而疏水基倾向于逃离水溶液而伸向空气,因此,表面活性剂在溶液表面上易于产生正吸附,降低水溶液的表面张力。

(2)吉布斯吸附公式。吉布斯(Gibbs)于 1878 年用热力学方法导出了反映溶液表面张力随浓度的变化率 $\dfrac{d\gamma}{d\ln c}$ 与表面吸附量之间的关系公式,即吉布斯吸附公式,在二元溶液的情况下可表示为：

$$\varGamma = -\frac{1}{RT} \cdot \frac{\mathrm{d}\gamma}{\mathrm{d}\ln c} \qquad (2-8)$$

式中：$\varGamma$ 为表面吸附量，$\mathrm{mol/cm^2}$；R 为气体常数；T 为绝对温度。

表面吸附量的物理意义是，若从 $1\mathrm{cm^2}$ 溶液表面上及溶液内部各取一部分，其中溶剂的分子数目一样多，则 $\varGamma$ 就是表面部分的溶质比溶液内部多的摩尔数。

Gibbs 公式描述了吸附量、表面张力、溶液的体相浓度三者之间的定量关系。

（3）表面活性剂在溶液表面上的吸附状态。表面活性剂在溶液表面上易于产生正吸附，吸附于溶液表面上的表面活性剂分子可能存在的一些状态可由图 2-9 表示。

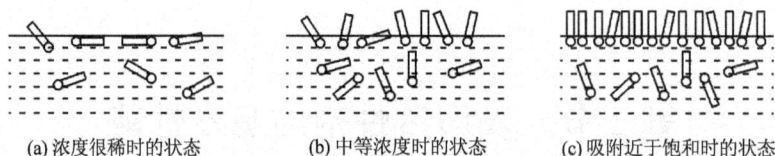

(a) 浓度很稀时的状态　　　　(b) 中等浓度时的状态　　　　(c) 吸附近于饱和时的状态

图 2-9　吸附于溶液表面上的表面活性剂分子可能存在的一些状态

饱和吸附时由于水的极性表面在很大程度上被两亲分子所覆盖，且非极性的疏水基朝外，等于形成一层由疏水链构成的表面层，大大地改变了表面性质。

通过实验计算可以定量地分析表面活性剂在溶液表面的吸附状态，由 Gibbs 公式可以得到以下关系：

$$\varGamma = -\frac{1}{2.303RT} \cdot \frac{\mathrm{d}\gamma}{\mathrm{d}\lg c} \qquad (2-9)$$

可由实验得到表面张力—浓度关系式，在恒定温度下，某一浓度时的 $\mathrm{d}\gamma/\mathrm{d}\lg c$ 可从 $\mathrm{d}\gamma-\lg c$ 曲线斜率求出，由此可计算出表面吸附量。再由表面吸附值可按下式算出表面上每个吸附分子所占的平均面积 $A(\mathrm{cm^2})$。

$$A = \frac{1}{N_0\varGamma}(\mathrm{cm^2}) \qquad (2-10)$$

式中：N_0 为阿弗加德罗常数（6.023×10^{23}）；$\varGamma$ 为表面吸附量（$\mathrm{mol/cm^2}$）。

将计算所得的面积与从分子结构计算出来的分子大小相比较，即可了解表面吸附物质在吸附层中的排列情况。

（4）溶液表面上的吸附速度。在生产实践和科学实验中，经常会遇到与吸附速度有关的问题。例如，溶液对固体表面的润湿作用，溶液的表面张力越低，越容易润湿固体，但如果吸附速度很慢则在一定时间内不能达到应有的吸附量，即不能达到最低表面张力，从而对固体表面的润湿作用也较差。所以衡量表面活性剂溶液对固体的润湿能力，不能仅考虑平衡的表面张力，还要考虑达到平衡表面张力的时间。因此，对于存在界面变化的过程，就应该了解溶液界面吸附速率这一因素的影响,即要了解溶液的表面张力随时间变化的关系。

溶液表面张力之所以存在时间效应,是由于溶液中溶质分子由内部扩散到表面需要一定时间,同时还要考虑表面脱附对吸附速率的影响。此外,分子由溶液内部吸附至表面,有一个定向排列的过程,对于离子型表面活性剂,尚须考虑电荷的相互作用。

图 2-10 给出了琥珀酸二异辛酯磺酸钠水溶液的表面张力与时间的关系。可以看出,溶液浓度越大,则表面张力随时间增加而下降的幅度也越大,而且达到平衡的时间越短。一般认为,吸附速率主要取决于溶质分子自溶液内部到表面的扩散。表面活性剂碳氢链越长,则时间效应越大;碳氢链越短则时间效应越小。

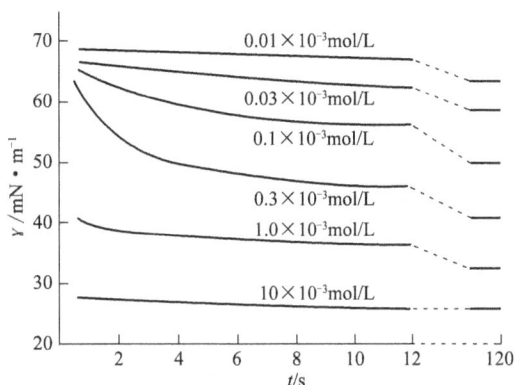

图 2-10　琥珀酸二异辛酯磺酸钠水溶液($\gamma - t$)的关系(37℃)

2. 表面活性剂在固/液界面上的吸附

表面活性剂在固体表面的吸附是指表面活性剂在固/液界面上的浓度比在溶液内部的浓度大。将一定量的固体与一定量已知浓度的溶液一同振摇;当达到平衡后,再测定溶液的浓度,从浓度的改变可计算出每克固体所吸附的溶质的量 n:

$$n = \frac{\Delta n}{m} = \frac{V(c_0 - c)}{m} \tag{2-11}$$

式中:Δn 为溶质在溶液中吸附前后的摩尔数变化,即被吸附的摩尔数;V 为溶液体积;c_0,c 分别为吸附前后的溶液浓度。式(2-11)假设溶剂未被吸附,适用于稀溶液。

固体表面吸附表面活性剂后,可以改变固体质点在液体中的分散性质。例如,表面活性剂在炭黑等极性吸附剂表面吸附时,一般以疏水基靠近固体表面,极性基朝向水中。随着吸附的进行,原来的非极性表面变成亲水的极性表面,炭黑粒子容易分散于水中。固体表面的润湿性质,也由于吸附了表面活性剂而大为改变,当以形成离子交换或离子对的方式吸附于固体表面时,表面活性剂的亲水基吸附于固体表面而疏水基朝向水中,使固体表面的疏水性增强,对水的润湿性下降。当表面活性剂在非极性吸附剂上吸附时,其疏水基接近表面而亲水基朝向水溶液,因而增加了吸附剂表面的亲水性,使水更容易润湿其表面。

在表面活性剂浓度不大的水溶液中,一般认为表面活性剂在固体表面是单个表面活性剂离子或分子的吸附。吸附可能以下述一些方式进行。

(1)形成离子交换吸附:吸附于固体表面的反离子被同电性的表面活性剂离子所取代,如图 2-11 所示。

(2)形成离子对吸附:表面活性剂吸附于具有相反电荷的,未被反离子所占据的固体表面位置,如图 2-12 所示。

图 2-11　形成离子交换吸附示意图　　　　图 2-12　形成离子对吸附示意图

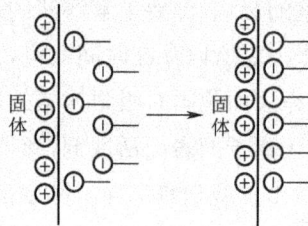

图 2-13　形成氢键吸附示意图

（3）形成氢键吸附：表面活性剂分子或离子与固体表面极性基团形成氢键而吸附，如图 2-13 所示。

（4）电子极化吸附：吸附物分子中含有富电子的芳香环时，与吸附剂表面的强正电性位置相互吸引而发生吸附。

（5）色散力吸附：此种吸附一般总是随着吸附物分子的增大而增强，而且在任何场合皆会发生，即在其他所有吸附类型中皆存在，作为其他吸附的补充。

（6）疏水作用吸附：表面活性剂的疏水基在水介质中易于相互连接形成"疏水键"，在一定条件下，有可能与已吸附在固体表面的其他表面活性剂聚集而吸附。

二、表面活性剂水溶液的性质

1.胶束的形成

经对表面活性剂水溶液性质的研究发现，与水溶液中表面活性剂浓度有关的一些性质，如表面张力、电导率、洗涤性能、渗透压等在某一特定的浓度值（或狭窄的浓度范围内）会发生突变，如图 2-14 所示。一般认为，这是由于表面活性剂在溶液中超过一定浓度时，会从单体缔合成聚集物，即形成胶束。表面活性剂形成胶束时的最低浓度称为临界胶束浓度。最初表面活性剂分子在水中浓度很低，分子周围被水分子包围着，浓度增大时，将有较多的表面活性剂分子相互靠近，相互间的作用增强，从而导致形成胶束。在胶束中每个分子的亲水基朝向水中，疏水基则相互作用而聚集在一起。

胶束的形成机理可以从热力学上得到解释。当表面活性剂以单分子状态溶于水时，由于活性剂分子的疏水基部分对水的亲和力较弱，所以当它们溶解时需要切断水分子间的氢键而做功。通常，物质在水中溶解所做的功是由水与该物质的水合作用来补给的。而表面活性剂的疏水基几乎不发生水合作用，为了使它大部分水合而强制地溶于水，则水和碳氢链表面之间

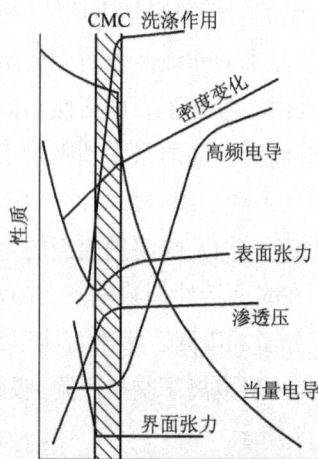

图 2-14　表面活性剂水溶液的性质

的界面能就增大。一般认为,自发过程是向自由能减少的方向进行的。因此,碳氢链呈缠卷状态以减少界面自由能。这样,表面活性剂的疏水基部分具有从水中排斥的趋势,在浓度很低时,表面活性剂以单分子状态吸附在溶液表面,使界面自由能降低,体系得到稳定,当表面定向吸附达到饱和后,从水中排斥就意味着形成聚集物,即形成胶束。

2.胶束的结构

一般认为,在浓度不很大(超过 CMC 不多)的溶液中,胶束大多呈球状。哈特莱(Hantley)曾提出如图 2－15 所示的胶束模型。即疏水基向着胶束中心,亲水基向着溶液一侧定向排列的球形胶束,其大小相应取决于活性剂疏水基的长度。

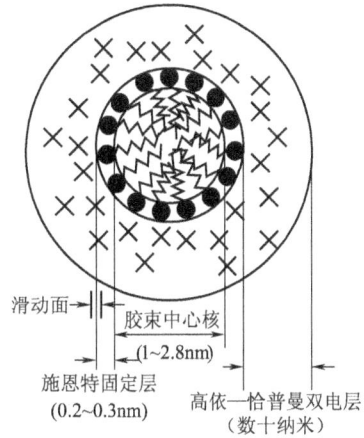

图 2－15　胶束结构模型

●—亲水基离子　〰〰—疏水基　✕—平衡反离子

认为浓度大于 CMC 时胶束聚集数和胶束的大小是一定的,随浓度的增大只增加胶束的个数,而不改变胶束的大小。

在十倍于 CMC 或更大的浓溶液中,胶束一般是非球形的,德拜(Debye)根据光散射法实验结果提出了棒状胶束模型。这种模型使大量的表面活性剂分子的碳氢链与水接触的面积缩小,有更高的热力学稳定性。随着表面活性剂浓度的增加,棒状胶束聚集成束。当浓度高达一定值时,就形成巨大的层状胶束。表面活性剂溶液中不同浓度时各种胶束的模型,如图 2－16 所示。

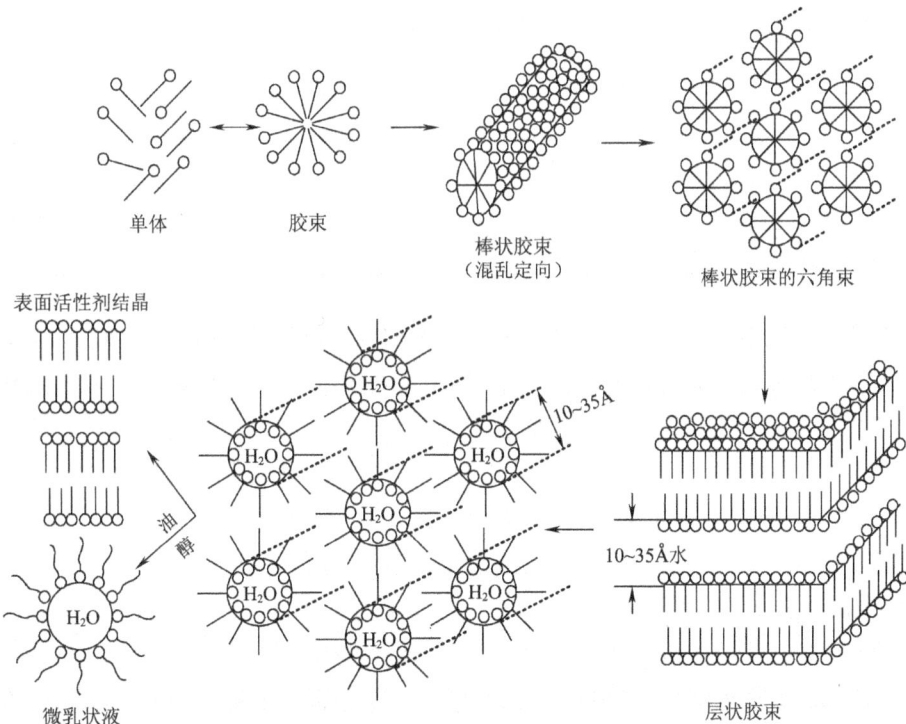

图 2－16　表面活性剂溶液中不同浓度时的胶束结构模型

3.胶束聚集数和临界胶束浓度

（1）胶束聚集数。胶束的大小在5～10nm，小于可见光的波长，所以胶束溶液是透明的。一般胶束的大小以聚集数（N）表示，即缔合一个胶束的表面活性剂分子（或离子）的个数。可以由胶束的相对分子质量除以单个表面活性剂的相对分子质量得出。胶束的相对分子质量可以用光散射法、X射线衍射法、扩散法、渗透压法、超离心法等测定。表2-8列出了一些表面活性剂的胶束聚集数。

表2-8　一些表面活性剂的胶束聚集数

表面活性剂		测定温度/℃	介　　质	聚集数（N）	方　　法
阴离子表面活性剂	$C_8H_{17}SO_4Na$	室温	水	20	光散射
	$C_{10}H_{21}SO_4Na$	室温	水	50	光散射
	$C_{12}H_{25}SO_4Na$	23	水	71	光散射
	$C_{12}H_{25}SO_4Na$	25	0.03mol/L NaCl	100	光泳
	$C_{10}H_{21}SO_3Na$	30	水	40	光散射
	$C_{12}H_{25}SO_3Na$	40	水	54	光散射
	$C_{11}H_{23}COOK$	室温	水	50	光散射
阳离子表面活性剂	$C_{10}H_{21}N(CH_3)_3 \cdot Br$	—	水	36	光散射
	$C_{12}H_{25}N(CH_3)_3 \cdot Br$	—	水	50	光散射
	$C_{14}H_{29}N(CH_3)_3 \cdot Br$	—	水	75	光散射
	$C_{12}H_{25}NH_2 \cdot HCl$	—	水	55	光散射
	$C_{12}H_{25}NH_2 \cdot HCl$	—	0.0157mol/L NaCl	92	光散射
非离子表面活性剂	$C_{12}H_{25}O(C_2H_4O)_6H$	25	水	400	光散射
	$C_{12}H_{25}O(C_2H_4O)_6H$	35	水	1400	光散射
	$C_{12}H_{25}O(C_2H_4O)_6H$	40	水	4000	光散射
	$C_{12}H_{25}O(C_2H_4O)_8H$	25	水	123	光散射
	$C_9H_{19}C_6H_4O(C_2H_4O)_{10}H$	25	水	276	光散射

从表2-8中数据可以看出，离子型表面活性剂的聚集数较小，并且比较接近。非离子表面活性剂由于亲水基之间没有离子电荷排斥作用，其胶束较大，聚集数比离子表面活性剂大得多。表面活性剂在水溶液中的胶束聚集数随疏水基碳氢链增长而增大。特别是非离子表面活性剂，增加的趋势更大。对于聚氧乙烯型非离子表面活性剂，若聚氧乙烯链增加而碳氢链长度不变时，则表面活性剂的胶束聚集数减少。总之，在水溶液中表面活性剂与溶剂（水）之间的不相似性越大，则聚集数越大，即当表面活性剂的亲水性变弱时，聚集数就增大。

（2）临界胶束浓度。临界胶束浓度（CMC），即表面活性剂从单个分子或离子开始聚集，形成胶束时的最低浓度。临界胶束浓度可以作为表面活性剂表面活性的一种量度，因为CMC越小，则表示此种表面活性剂形成胶束所需浓度越低，达到表面饱和吸附的浓度也越低，使溶液的表面张力降至最低值所需的浓度越低，说明该表面活性剂的表面活性越高。此外，临界胶束浓度还是表面活性剂溶液性质发生显著变化的突变点,CMC 越低,说明表面活性剂起到润湿、乳化、增溶、洗涤等作用所需的浓度越低,因此 CMC 是表面活性剂的一个重要物理化学性质。表 2－9 列出了一些常见表面活性剂的临界胶束浓度。

表 2－9　一些常见表面活性剂的临界胶束浓度

表面活性剂		测定温度/℃	CMC/mol·L^{-1}
阴离子表面活性剂	$C_8H_{17}SO_4Na$	40	1.4×10^{-1}
	$C_{10}H_{21}SO_4Na$	40	3.3×10^{-2}
	$C_{12}H_{25}SO_4Na$	40	8.7×10^{-3}
	$C_{12}H_{25}SO_3Na$	40	9.7×10^{-3}
	$p-n-C_{10}H_{21}C_6H_4SO_3Na$	50	3.1×10^{-3}
	$C_{11}H_{23}COONa$	25	2.6×10^{-2}
	$C_{17}H_{33}COOK$	50	1.2×10^{-3}
阳离子表面活性剂	$C_{12}H_{25}N(CH_3)_3 \cdot Br$	25	1.6×10^{-2}
	$C_{12}H_{25}NH_2 \cdot HCl$	30	1.4×10^{-2}
非离子表面活性剂	$C_{12}H_{25}O(C_2H_4O)_6H$	25	4.0×10^{-5}
	$C_{12}H_{25}O(C_2H_4O)_7H$	25	5.0×10^{-5}
	$C_{12}H_{25}O(C_2H_4O)_{14}H$	25	5.5×10^{-5}
	$p-n-C_8H_{17}C_6H_4O(C_2H_4O)_6H$	25	2.1×10^{-4}

4. 胶束的增溶作用

表面活性剂在水溶液中形成胶束后,具有能使不溶或微溶于水的有机化合物的溶解度显著增大的能力,且溶液呈透明状,这种作用称为增溶作用。被增溶的有机物称为被增溶物。如图 2－17 所示,在达到临界胶束浓度以前并没有增溶作用。当浓度在 CMC 以上时才具有增溶作用,且随着浓度的增加,增溶有机物的能力逐渐增强。由此可知,增溶作用与表面活性剂在溶液中形成胶束有密切的关系。

表面活性剂的增溶作用广泛应用于工业生产的各个领域。例如,洗涤过程中表面活性剂对污垢的增溶;乳液聚合中表面活性剂对单体的增溶;石油生产中通过增溶原油提高采收率等。在印染加工中,表面活性剂对不溶性染料的增溶作用可提高染料的溶解性,从而帮助上染。例如,在涤纶的染色过程中,由于分散染料分子中没有水溶性基团,只带有少量的极性基团,在水中的溶

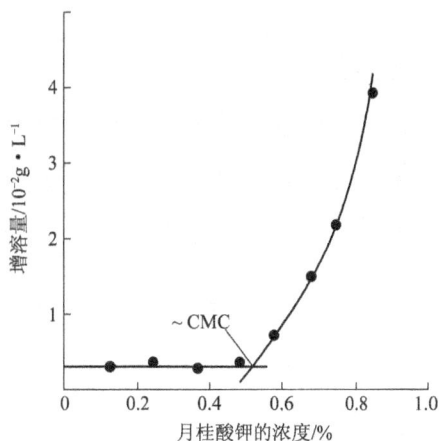

图 2－17　2-硝基二苯胺在月桂酸钾水溶液中的浓度

解度很低,属难溶性染料,其在水中的溶解度、高温分散稳定性将直接影响其匀染性、上染率、提升性等染色性能。为此在染色时常需添加专用的高温分散剂、高温分散匀染剂等助剂,以便改善染色均匀性。而这些染色助剂主要通过对染料的增溶作用来增大染料的溶解度。

(1)增溶作用的方式。已知增溶作用与胶束密切相关,为进一步认识增溶的本质,了解被增溶物与胶束之间的相互作用,需要弄清被增溶物在胶束中的位置和状态。通过 X 射线衍射、紫外光谱、核磁共振谱等方法的研究表明,被增溶物和表面活性剂类型不同,其被增溶的位置和状态也不同。一般认为增溶作用的方式大致有以下四种(图 2-18)。

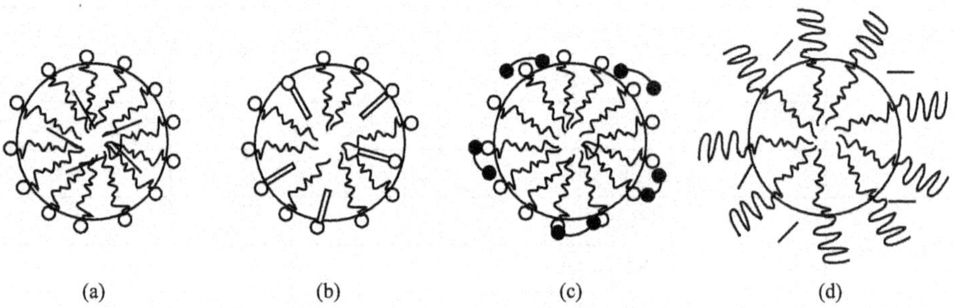

(a)   (b)   (c)   (d)

图 2-18 增溶作用的方式示意图

①在胶束内核的增溶。被增溶物进入胶束内核,就像溶于非极性碳氢化合物中一样,如图 2-18(a)所示。饱和脂肪烃、芳香烃及其他不易极化的化合物一般以这种方式增溶,增溶量随表面活性剂的浓度增大而增大。

②在表面活性剂分子间的增溶。被增溶物分子增溶在表面活性剂分子之间形成"栅栏"结构,即非极性碳氢链插入胶束内部,而极性头则混于表面活性剂极性头之间,通过氢键或偶极子相互联系起来,当有机物的碳链较大时,有可能进入胶束内核中,如图 2-18(b)所示。长链醇、胺、脂肪酸和各种极性染料等极性化合物的增溶属于这种方式。

③在胶束表面的增溶。被增溶的分子吸附于胶束的表面区域,或是胶束"栅栏"的靠近胶束表面的区域,如图 2-18(c)所示。高分子物质、甘油及某些不溶于水的染料的增溶属于这种方式。这种增溶方式的增溶量较小。

④在亲水基之间的增溶。具有聚氧乙烯链的非离子表面活性剂对有机物的增溶与前三种不同,被增溶物包藏于胶束外层的聚氧乙烯亲水链中,如图 2-18(d)所示。例如,苯、苯酚、极性较小的有机物以及一些染料的增溶即属于这种方式。这种方式的增溶量较大。

(2)影响增溶作用的因素。

①表面活性剂的结构。烃类以及长链极性有机物基本上增溶于胶束内部,增溶量一般与胶束的大小有关。在表面活性剂同系物中,随着疏水基碳原子数的增加,胶束聚集数增大,增溶量随之增大。

疏水基具有分支的表面活性剂,其增溶作用比直链表面活性剂小,这是由于疏水基的支链结构阻碍了被增溶物分子插入到胶束内部的缘故。

疏水基为不饱和链的表面活性剂,对直链烷烃和环烷烃的增溶能力较差,对含芳香族或极性化合物的增溶能力较大。

具有相同疏水基的表面活性剂对烃类和极性有机物的增溶能力的大小顺序为:非离子表面活性剂＞阳离子表面活性剂＞阴离子表面活性剂。这主要是由于非离子表面活性剂有较大的胶束聚集数和较小的 CMC。而阳离子表面活性剂比阴离子表面活性剂有较疏松的胶束。非离子表面活性剂加溶作用主要发生于聚氧乙烯链之间,因此,增溶能力还受聚氧乙烯链长的影响,具有相同碳氢链的非离子表面活性剂,其聚氧乙烯链越长,增溶能力越弱。

在表面活性剂中引入第二个离子性亲水基团会对增溶作用产生影响,对烃类物质的增溶作用将减小,而对极性物质的增溶作用则增加。这可能是由于引入第二个离子基团后,表面活性剂亲水性增加,胶束量减小,溶解烃类的能力降低。而胶束分子间的电荷斥力增加,使胶束变得较为疏松,有利于极性分子的插入,增加了增溶量。

②被增溶物的结构。对于脂肪烃和烷基芳烃,增溶量随被增溶物链长的增加而减小,随其不饱和度、环化程度的增加而增加;对于多环芳烃,其增溶量随相对分子质量的增加而减小。

被增溶物的极性对增溶量有较大程度地影响,一般来说,被增溶物的极性越大,碳氢链越短,则增溶量越大。例如,正庚醇比正庚烷的增溶量大 1 倍。

③有机添加剂的影响。在表面活性剂溶液中加入非极性化合物,会使胶束胀大,有利于极性有机物插入胶束"栅栏"中,使极性有机物的增溶量增大;反之,当溶液中加入极性有机物后,同样会使碳氢化合物的增溶量增加,极性有机物的碳氢链越长,极性越低,使碳氢化合物的增溶量增加越多。例如,硫醇、胺和醇对增溶量大小的影响顺序为:$RSH>RNH_2>ROH$。

当体系增溶了一种极性有机物后,会使另一种极性有机物的增溶量降低,这是由于两种化合物争夺胶束"栅栏"位置的缘故。

④电解质的影响。在表面活性剂溶液中加入少量电解质,使离子表面活性剂的 CMC 大为降低,胶束量增加,因而表面活性剂对烃类的增溶能力提高。然而,电解质使胶束分子间的静电斥力减弱,使胶束中表面活性剂分子排列得更加紧密,从而不利于极性有机物分子的插入,因而表面活性剂对极性有机物的增溶能力降低。

对于非离子表面活性剂,无机盐的加入使浊点降低,增溶量增大,并随加入盐浓度的增加而增大。

⑤温度的影响。对于离子表面活性剂,升高温度一般会引起被增溶物增溶量的增加,原因可能是分子热运动使胶束中能发生增溶的空间增大。

对于聚氧乙烯型非离子表面活性剂,温度升高,聚氧乙烯链的水化作用减小,胶束较易形成,胶束聚集数增加,使非极性化合和卤代烷烃等的增溶量增大。对于增溶于胶束聚氧乙烯链外壳中的化合物来说,增溶量随温度上升而出现最大值。当温度升高到一定程度,引起聚氧乙烯基脱水的加剧,促使聚氧乙烯基发生卷缩,减小了增溶作用的空间,于是增溶能力下降。对于碳氢链较短的极性化合物而言,在接近浊点时,这种增溶量的降低更为显著。

三、表面活性剂的亲水亲油平衡值

表面活性剂是由疏水基和亲水基两部分组成的,具有同种类亲水基和疏水基组成的表面活性剂,在性能上可能有很大的不同。为了使表面活性剂具有某种性能或用途,则其亲水基和疏水基之间必须具有一定的平衡,反映平衡的程度,由美国的格里芬(Griffin)于1949年首创,称为亲水亲油平衡值(HLB值)。格里芬把它定义为:表面活性剂分子中亲油和亲水的这两个相反基团的大小和力量的平衡。

表面活性剂的HLB值是一个相对值,现用的HLB值均以石蜡的HLB=0,油酸的HLB=1,油酸钾的HLB=20,十二烷基硫酸钠的HLB=40作为基准。阴、阳离子表面活性剂的HLB值为1~40,非离子表面活性剂的HLB值为1~20。表2-10列出了部分典型表面活性剂的HLB值。

表 2 - 10　一些表面活性剂的 HLB 值

表 面 活 性 剂	HLB 值	表 面 活 性 剂	HLB 值
失水山梨醇三油酸酯(Span85)	1.8	烷基芳基磺酸盐	11.7
失水山梨醇三硬脂酸酯(Span65)	2.1	三乙醇胺油酸盐	12
甘油单硬脂酸酯	3.8	烷基酚聚氧乙烯醚(OP-9)	12.8
失水山梨醇单油酸酯(Span80)	4.3	聚氧乙烯蓖麻油(乳化剂 EL)	13.3
丙二醇单月桂酸酯	4.5	脂肪醇聚氧乙烯醚(AEO—9)	13.5
失水山梨醇单硬脂酸酯(Span60)	4.7	聚氧乙烯失水山梨醇单硬脂酸酯(Tween60)	14.9
二乙二醇单硬脂酸酯	4.7	聚氧乙烯失水山梨醇单油酸酯(Tween80)	15
二乙二醇单月桂酸酯	6.1	聚氧乙烯失水山梨醇单棕榈酸酯(Tween40)	15.6
失水山梨醇单棕榈酸酯(Span40)	6.7	聚氧乙烯失水山梨醇单月桂酸酯(Tween20)	15.7
四乙二醇单月桂酸酯	7.7	平平加 O-20	15~16
失水山梨醇单月桂酸酯(Span20)	8.6	油酸钠	18
聚氧乙烯失水山梨醇三硬脂酸酯(Tween65)	10.5	油酸钾	20
聚氧乙烯失水山梨醇三油酸酯(Tween85)	11	十二烷基硫酸钠	40

测定 HLB 值的实验,不仅时间长而且麻烦。对于非离子表面活性剂,格里芬曾导出计算 HLB 值的公式。对于聚氧乙烯型非离子表面活性剂,HLB 值可用下式计算:

$$HLB = 20 \times \frac{聚氧乙烯基部分的量}{整个表面活性剂分子的量} \qquad (2-12)$$

例如,月桂醇聚氧乙烯醚 $C_{12}H_{25}O(C_2H_4O)_8H$ 的 HLB 值可由下式求出:

$$HLB = 20 \times \frac{44 \times 8}{538} = 13.09$$

戴维斯(Davies)于 1963 年,将 HLB 值作为结构因子的总和来处理,把表面活性剂结构分解为一些基团,每一基团对 HLB 值均有确定的贡献。由已知实验结果,得出各种基团的 HLB值,称为 HLB 基团数。表面活性剂的 HLB 值可由下式得到:

$$HLB = 7 + \sum (亲水基团数) - \sum (亲油基团数) \qquad (2-13)$$

一些基团的 HLB 基团数列于表 2-11 中。

根据戴维斯的方法,已知表面活性剂的化学结构,就可以方便地计算出 HLB 值。例如,十二烷基硫酸钠的 HLB 值可由下式求出:

$$HLB = 38.7 - (0.475 \times 12) + 7 = 40$$

表 2-11 一些基团的 HLB 基团数

亲 水 基	HLB 基团数	疏 水 基	HLB 基团数
—OSO_3Na	38.7	=CH—	0.475
—COOK	21.1	—CH_2—	0.475
—COONa	19.1	$\diagdown$CH—	0.475
—SO_3Na	11	—CH_3	0.475
—N= (叔胺)	9.4	—C_3H_6O—	0.15
—COO— (失水山梨醇环)	6.8	—CF_2—	0.87
—COO— (游离)	2.4	—CF_3	0.87
—COOH	2.1	C_6H_5— (苯环)	1.662
—OH (游离)	1.9		
—O—	1.3		
—OH(失水山梨醇环)	0.5		
—CH_2CH_2O—	0.35		

一般认为,HLB 值具有加和性,因而可以预测一种混合表面活性剂的 HLB 值。混合表面活性剂的 HLB 值可由下式得出:

$$HLB = \frac{W_A \times HLB_A + W_B \times HLB_B}{W_A + W_B} \qquad (2-14)$$

式中:W_A 和 W_B 为混合表面活性剂中组分 A 和 B 的质量;HLB_A 和 HLB_B 分别为表面活性剂A 和 B 单独使用时的 HLB 值。根据大多数表面活性剂 HLB 值数据表明,该方法的偏差一般小于 1~2 个 HLB 单位,并且在大多数情况下,远远小于此数值,因此可用于实际工作中。可根据需要调节 W_A 和 W_B,得到一个具有合适 HLB 值的表面活性剂组合。

根据经验,HLB 值的大致范围与应用性质的关系列于表 2-12。

表 2 - 12　表面活性剂 HLB 值与应用性能的关系

HLB 值范围	表面活性剂应用性能	HLB 值范围	表面活性剂应用性能
1.5~3.0	消泡剂	8.0~18	O/W 型乳化剂
3.0~6.0	W/O 型乳化剂	13~15	净洗剂
7.0~9.0	润湿、渗透剂	15~18	增溶作用

这是早期的一种经验估计。实际上,在具体问题上往往会出现较大的偏离,特别是对于 O/W 型乳化剂,HLB 值范围很大,洗涤和增溶也不限于上述数值范围。应用 HLB 值时,应该同时参考表面活性剂的一些其他性质。

四、表面活性剂的溶解性

表面活性剂多数是在水溶液中使用的,因此,表面活性剂在水中能否溶解以及溶解度大小就成为表面活性剂的基本性质。一般而言,表面活性剂在水中的溶解度有以下规律:在一定温度下,溶解度随疏水基的增大而减小。而表面活性剂的溶解度与温度的关系与一般常见化合物的情形有所不同,而且温度对离子型表面活性剂与非离子型表面活性剂的影响又有很大差别。

1. 离子型表面活性剂的 Krafft 点

离子型表面活性剂溶解度随温度变化的一个共同点是:在温度较低时,表面活性剂的溶解度随温度升高慢慢增大,当温度达到某一定值后,溶解度会急剧上升,这种现象称为 Krafft 现象,相应的温度称为 Krafft 点,即 K_p 值。图 2 - 19 为十六烷基硫酸盐的溶解度随温度的变化曲线。当温度超过 Krafft 点之后,溶解度急剧增加是由于胶束的形成,表面活性剂以胶束形式,而非以单个表面活性剂分子的形式溶解。

离子型表面活性剂的 Krafft 点与疏水基烃链长度密切相关。在同系物中,Krafft 点随着疏水基碳原子数的增加而升高。图 2 - 20 描述了烷基硫酸钠碳氢链长度与 Krafft 点之间的关系,由此可见,碳氢链越长,Krafft 点越高。

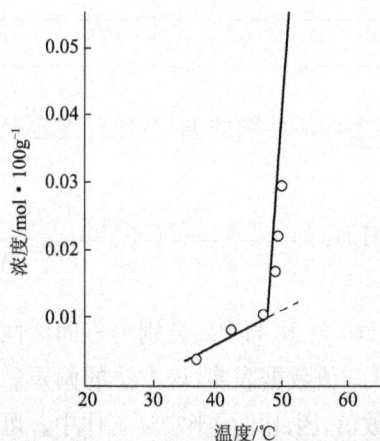

图 2 - 19　十六烷基硫酸盐的溶解度曲线　　图 2 - 20　烷基硫酸钠碳氢链长度与 Krafft 点之间的关系

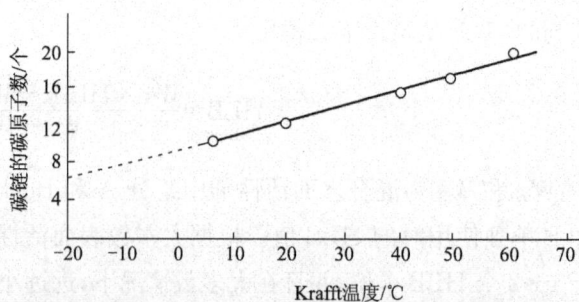

对于亲水基一定、疏水基碳原子数相同的表面活性剂,若疏水基中存在支链结构,则 Krafft 点下降。表 2－13 描述了支链对表面活性剂 Krafft 点的影响。随着支链移向烷烃链中部,Krafft 点逐渐下降。

表 2－13　支链对表面活性剂 Krafft 点的影响

表面活性剂	Krafft 点/℃	表面活性剂	Krafft 点/℃
$n-C_{13}H_{27}OSO_3Na$	27	$CH_3(CH_2)_{10}\underset{\overset{|}{CH_2}}{CH}CH_2OSO_3Na$	17
$CH_3(CH_2)_{11}\underset{\overset{|}{CH_3}}{CH}OSO_3Na$	21	$CH_3(CH_2)_6\underset{\overset{|}{CH_3}}{CH}(CH_2)_5OSO_3Na$	<0

表面活性剂的 Krafft 点与反离子的关系极大。众所周知,脂肪酸钠盐(硬皂)和相应的钾皂(软皂)之间存在差异。阴离子表面活性剂钙盐的 Krafft 点比相应的钠盐要高出很多,例如,十四烷基硫酸钠的 K_p 值为 21℃,而其钙盐则为 67℃。因此,为了使表面活性剂能在硬水中使用,有必要复配以多价螯合剂或离子交换剂。

在阴离子表面活性剂分子中引入氧乙烯基,可以十分有效地降低 Krafft 点,并且 Krafft 点随着氧乙烯化度的增加而下降。表 2－14 列出了 $C_{16}H_{33}O(C_2H_4O)_nSO_3Na$ 的 Krafft 点与 n 的关系。

表 2－14　$C_{16}H_{33}O(C_2H_4O)_nSO_3Na$ 的 Krafft 点与 n 的关系

n	0	1	2	3	4
K_p/℃	45	36	24	19	1

2. 聚氧乙烯型非离子表面活性剂的水溶性

聚氧乙烯型非离子表面活性剂的亲水性是由分子中的聚氧乙烯链部分提供的,水溶性的大小取决于聚氧乙烯链上醚基氧原子通过氢键与水结合的能力。分子中聚氧乙烯链部分在水溶液中呈曲折型,如图 2－21 所示电负性大的氧原子被置于链的外侧,容易与水分子中的氢键结合,因而提供了表面活性剂在水中的溶解性。随着表面活性剂中环氧乙烷加成数的增加,形成的氢键数增多,因而亲水性越强。

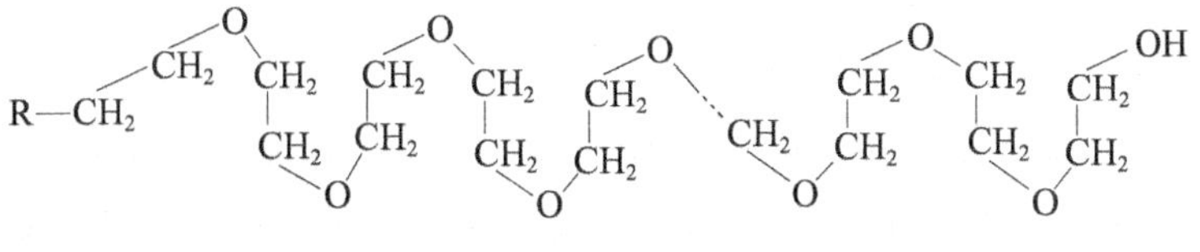

图 2－21　聚氧乙烯链

因此,控制分子中醚基氧原子的数目,就可以控制聚氧乙烯型表面活性剂的亲油和亲水的特性。表面活性剂的疏水部分大,则产品呈油溶性,分子中氧乙烯基多则呈水溶性;当处于平衡时则既可溶于油,又可溶于水。

水溶液中,聚氧乙烯型非离子表面活性剂分子中,聚氧乙烯链上的醚基氧原子与水分子形成的氢键结合是不稳定的,当温度升高时,由于分子热运动加剧,这种氢键结合将被破坏,结合的水分子逐渐脱离,表面活性剂的亲水性也逐渐减弱,直至大部分聚氧乙烯型表面活性剂析出,从而使溶液出现白色混浊,这种混浊现象是可逆的,当温度下降时溶液会重新变澄清。逐渐加热聚氧乙烯型非离子表面活性剂的水溶液,当表面活性剂析出,溶液呈现混浊时的温度,称为浊点(C_p 值),浊点是聚氧乙烯型非离子表面活性剂的一个十分重要的特征。

浊点在一定程度上表示了聚氧乙烯型非离子表面活性剂分子中亲水基与疏水基的比例关系。当分子中环氧乙烷加成数一定时,疏水基碳链越长,浊点越低,表 2 - 15 列举了脂肪醇聚氧乙烯醚疏水基碳氢链长对浊点的影响。

表 2 - 15　脂肪醇聚氧乙烯醚碳氢链长对浊点的影响

表面活性剂	$C_p/℃$
$n - C_{10}H_{21}O(C_2H_4O)_6H$	57
$n - C_{12}H_{25}O(C_2H_4O)_6H$	55
$n - C_{14}H_{29}O(C_2H_4O)_6H$	45

而当表面活性剂分子中疏水基一定时,浊点随聚氧乙烯加成数的增加而升高。表 2 - 16 列举了月桂醇聚氧乙烯醚的浊点和聚氧乙烯化度的关系。

表 2 - 16　月桂醇聚氧乙烯醚的浊点和聚氧乙烯化度的关系

氧乙烯基个数	$C_p/℃$	氧乙烯基个数	$C_p/℃$
4	7.0	9	87.5
5	31.2	10	94.4
6	51.0	11	98.0
7	65.5	12	>100
8	78.0		

注　于 2% 水溶液中测定。

五、表面活性剂表面活性的影响因素

表面活性剂两个最基本的性质是形成胶束的能力,即临界胶束浓度的大小和在表面上吸附的能力,并因此影响降低表面张力的能力和效率。至于其他性质,如润湿、起泡和乳化等性能都源于这两个基本性质。

降低表面张力的能力是指该表面活性剂能把溶剂(通常是水)的表面张力降到的最低值,也就是该表面活性剂水溶液的最低表面张力。从表面活性剂溶液表面张力曲线来看,此值大致等

于临界胶束浓度时的表面张力(γ_{CMC})。从各种表面活性剂的γ_{CMC}值可以看出它们降低表面张力能力的强弱。γ_{CMC}越低,降低表面张力的能力就越强。降低表面张力的能力也可用纯水表面张力与溶液表面张力的差值($\pi_{CMC}=\gamma_0-\gamma_{CMC}$)来表示。$\pi_{CMC}$越大,表面活性剂降低表面张力的能力就越强。

表面活性剂降低表面张力的效率则是指表面活性剂把水的表面张力降到一定程度所需要的浓度,一般采用使水的表面张力降低$20mN/m$所需表面活性剂浓度的负对数pC_{20}作为描述此特性的参数。不同表面活性剂降低水溶液表面张力的能力和效率可以有很大的差异,这主要取决于表面活性剂分子结构的不同。

1. 影响降低表面张力能力的因素

γ_{CMC}值、CMC时的表面吸附量值以及每个吸附分子所占的表面积平行相关,表面活性剂疏水链在表面吸附层中排列越紧密,则溶液的表面张力越小。这是由于碳氢链在表面层中的密度越大,则表面的性质越接近于液烃,分子间的作用力大为减小,溶液的表面张力也就降得越低,接近液烃的表面张力。

一般而言,离子型表面活性剂降低表面张力的能力相互差别不大。而疏水链长相同时,离子表面活性剂的γ_{CMC}值一般比非离子表面活性剂的大。这是由于离子表面活性剂在表面吸附时存在离子头之间的相互排斥作用。离子表面活性剂的表面活性离子在溶液表面吸附层中不能排列得十分紧密。而非离子表面活性剂之间无电斥力,排列较为紧密。因此,非离子表面活性剂比离子表面活性剂更容易在表面上吸附,降低表面张力的能力强。疏水基链长不变时,非离子表面活性剂的γ_{CMC}明显地随着聚氧乙烯链长的增加而下降。

碳氢表面活性剂水溶液表面饱和吸附层有近似液烃的性质,表面张力接近于液烃。相应的,碳氟表面活性剂水溶液表面饱和吸附层也有近似碳氟液体的性质,由于碳氟化合物分子间的引力远低于碳氢化合物,故碳氟表面活性剂水溶液的γ_{CMC}值远低于碳氢表面活性剂。聚硅氧烷的表面张力也低于一般液烃,聚硅氧烷表面活性剂水溶液的γ_{CMC}值也低于碳氢表面活性剂。

疏水基的结构对γ_{CMC}值有较大的影响,即使同类疏水基,结构不同时表面活性剂的γ_{CMC}值会有显著的差别。对同系物而言,碳原子数不同的直链正构烷烃,γ_{CMC}值变化不大。疏水链中有支链结构会使γ_{CMC}值降低,其原因可归之于表面疏水基(特别是—CH_3)覆盖率增加、密度增大、使表面更接近于液烃表面。

2. 影响临界胶束浓度和降低表面张力效率的因素

由于表面活性剂CMC的变化规律与降低表面张力效率的变化规律基本一致,在此一起加以讨论。

(1)表面活性剂的碳氢链长。在水溶液中,CMC随碳原子数变化呈现一定的规律:同系物中,随着疏水基碳原子数的增加,降低表面张力的效率增大,离子表面活性剂碳氢链的碳原子数在8~18,每增加一个碳原子数,CMC下降约一半。对于非离子表面活性剂,则增加疏水基碳原子数所引起的CMC下降程度更大,一般来说,增加一个碳原子CMC下降至原来的1/5。

在同系物中,CMC随碳氢链长的变化规律,可用下式表示:

$$\lg CMC = A - Bm \qquad (2-15)$$

式中：A 和 B 为经验常数，m 为疏水基的碳原子数。对于离子型表面活性剂，$A=1.25\sim1.92$，$B=0.265\sim0.300$；对于非离子表面活性剂，$A=1.81\sim2.3$，$B=0.488\sim0.554$。

（2）碳氢链分支及亲水基位置的影响。碳氢链支化程度的增大，会使碳氢链之间的相互作用减弱，胶束难以形成，因此具有支链的表面活性剂的 CMC 比具有相同碳数的直链表面活性剂的 CMC 高，支化程度越高，CMC 值越大。

极性基团在碳氢链的位置不同，对 CMC 也有影响。亲水基在碳氢链中的位置从末端移至中央，则 CMC 上升。其原因可能是由于亲水性基在碳链中央时溶解度较大，当极性基处于疏水链中间位置时，也会使碳氢链之间的相互作用减弱，形成胶束较困难。

（3）疏水链中其他取代基的影响。相同碳原子数的碳氢链，若含有双键，则构成的表面活性剂溶解度较大，CMC 相应增大。一般而言，每增加一个双键，CMC 值增加 $3\sim4$ 倍。例如，硬脂酸钾的 CMC 为 4.51×10^{-4} mol/L（55℃），而油酸钾的 CMC 为 1.2×10^{-3} mol/L（50℃）。

在碳氢链中引入苯环时，一个苯环约相当于 3.5 个—CH_2—。若引入其他极性基，如—OH 或—COO—等，由于与水的作用增强，溶解度增大，表面活性剂的 CMC 升高。

（4）亲水基种类的影响。在水溶液中，离子表面活性剂的 CMC 远比非离子表面活性剂的 CMC 大。疏水基相同时，离子表面活性剂的 CMC 约为非离子表面活性剂的 100 倍。

离子表面活性剂中，亲水基团的变化对其 CMC 影响不大。例如，40℃时，十二烷基硫酸钠的 CMC 为 8.7×10^{-3} mol/L，而十二烷基磺酸钠的 CMC 为 9.7×10^{-3} mol/L，两者相当接近。对于非离子表面活性剂，亲水基聚氧乙烯链的长短对表面活性剂 CMC 的影响符合如下公式：

$$\lg \text{CMC}=a-bn \tag{2-16}$$

式中：a 和 b 为经验常数，与温度和疏水基有关，n 为聚氧乙烯加成数。也即非离子表面活性剂降低表面张力的效率随聚氧乙烯链中氧乙烯基数的增加而缓慢地下降。

（5）反离子的影响。表面活性剂中，不同的一价金属反离子对表面活性剂 CMC 的影响不大。二价金属离子比一价金属离子对表面活性剂 CMC 降低的效应要大。如果反离子是包含相当大的非极性基团的有机离子，如三乙醇胺反离子，对降低表面活性剂 CMC 的作用就特别明显。

六、表面活性剂的生物降解性

表面活性剂被微生物分解成 CO_2 和 H_2O 的过程称为表面活性剂的生物降解。这是减轻以至消除表面活性剂对环境污染的主要途径。

表面活性剂的生物降解一般分两步进行：第一步是去除表面活性剂的亲水部分或减小疏水部分的体积，从而消除表面活性；第二步是使分子中的碳氧链转化成 CO_2 和 H_2O。对于表面活性剂化学结构与生物降解性的关系，人们已作了一些研究，但并不是很系统。下面根据表面活性剂的种类依次进行介绍。

1. 阴离子表面活性剂的生物降解性

直链伯烷基硫酸盐（LPAS）是具有最快初级降解速度的表面活性剂，通常用摇瓶实验或河水消失实验测定。经实验证明,LPAS不到一天就可完全降解(降解度达90%以上)。直链仲烷基硫酸盐尽管降解速度比LPAS要稍慢一些,但也是能够很容易降解的。

直链烷基苯磺酸盐(LAS)能够很容易被降解,并且其降解产物比母体分子的毒性小,一般为3~5天,LAS的初级生物降解度能够达到90%以上,甚至是100%,最终降解度为21天达到80%以上。排放到环境中的LAS,先是有50%左右在下水道系统中降解,剩余的90%~95%能在污水处理厂中被降解,而其余的又能在污泥和土壤中被降解,所以LAS不会对环境造成影响。

直链的烷基磺酸盐,无论是伯烷基磺酸盐还是仲烷基磺酸盐(SAS),都很容易生物降解,但一般比LPAS慢一些,比LAS要快。烯基磺酸盐(AOS)的降解性能与其类似。

脂肪醇聚氧乙烯醚硫酸盐(AES)和烷基硫酸盐(AS)具有相似的生物降解性,但AES似乎比AS要稍难降解一些。当烷基链为直链时,这种差别不容易发现,但如果烷基链为支链,这种差别就比较明显。

烷基酚聚氧乙烯醚硫酸盐(APES)的衍生物因为其疏水基结构的不同,其生物降解性而有很大的差别。一般它们与LAS具有相似的生物降解性。

斯威舍(Swisher)证实,表面活性剂的生物结构与降解性有如下关系:直链烷基硫酸盐易于生物降解,而支链结构则不易生物降解,如末端为季碳原子会显著降低降解度,这种规律也适用于其他的表面活性剂;表面活性剂的亲水基性质对生物降解度有次要的影响。例如,直链伯烷基硫酸盐的初级生物降解速度远高于其他的阴离子,短聚氧乙烯链的聚氧乙烯型非离子表面活性剂易于降解;增加磺酸基和疏水基末端之间的距离,烷基苯磺酸盐的初级生物降解度增加(距离原则)。

2. 非离子表面活性剂的生物降解性

一般来说,直链脂肪醇聚氧乙烯醚容易降解,平均降解度大于90%。Itoh等对一些常见的阴离子和非离子表面活性剂的厌氧生物降解研究发现,一般常用的表面活性剂的降解速度顺序为AS>AOS,肥皂>AES>LAS,AEO>APEO。

对土壤中AEO降解进行的研究表明,两天内有50%AEO降解为CO_2和H_2O,未降解的AEO位于土壤中6.4mm以上,在两个星期内,90%的AEO降解。

一般在不同条件下,APEO的生物降解度大于90%,具有较好的生物降解性,但20世纪90年代初,有人发现APEO的代谢中间体有关的一些烷基酚类化合物具有弱的雌性激素活性,英国有关部门于1999年颁布了一个控制烷基酚和烷基酚聚氧乙烯醚对环境影响的报告,提出了对APEO在不同应用情况下采取相应的限制措施。

新型表面活性剂烷基糖苷(APG)具有很高的生物降解性,一般在10天内,就能达到其他表面活性剂在28天内最终降解度大于80%的要求,因而被称为绿色表面活性剂。

Baker等研究了糖基脂肪酸酯及其衍生物的最终生物降解。棉籽酸糖酯和脂肪酸蔗糖酯都几乎能100%降解,但当α位连有磺酸基、乙基后,降解度都明显降低。

影响非离子表面活性剂生物降解性能的基本因素是乙氧基的链长和烷基链的线性度。人们对脂肪醇聚氧乙烯醚中EO单元长度对生物降解性的影响进行了系统地研究,在一般洗涤剂中使用的 EO 链范围对生物降解性没有什么影响,Birch 用 BOD 法比较了直链伯醇、羰基合成醇和直链仲醇的聚氧乙烯醚含有 10 个、20 个、30 个和 40 个 EO 单元的降解情况。结果发现,无论是链长与链短,直链伯醇聚氧乙烯醚降解度都为 98%~99%,但随着 EO 数的增加,羰基合成醇和直链仲醇 AEO 的初级生物降解度下降。

烷基链长似乎对 AEO 的生物降解速度和降解度的影响不大,Sturm 研究了一系列 C_8~C_{20} 的直链醇聚氧乙烯(EO=3)醚 (每次增加两个碳)的降解情况。研究结果表明:链长不影响生物降解,但链的支化度对 AEO 的降解性能有较大地影响。另一些研究结果表明:碳基合成醇制备的高支化度的 AEO 只能缓慢地降解。

Baker 等对脂肪酸酯及其衍生物的最终降解进行考察,得出了一些很有用的结论:烷基头基的大小,疏水链长短,疏水链的多少(单链、双链)均不影响生物降解性。相反,带有一些通常被认为是易生物降解的基团,如 α-磺酸基、α-羟基的糖酯,都戏剧性地比未取代的糖酯的降解速度慢。

3. 阳离子表面活性剂的生物降解性

由于阳离子表面活性剂一般具有强杀菌性和抗菌性,且容易吸附在固体悬浮物上,不易分清是否被降解,从而决定了对阳离子表面活性剂的研究要比阴离子和非离子困难。北原文雄等用耗氧测定法、溴酚蓝比色法、溶解有机碳法研究了 21 种直链阳离子表面活性剂在好氧条件下的生物降解性,研究结果表明:烷基三甲基氯化铵和烷基苄基二甲基氯化铵基本上是易生物降解的,二烷基二甲基氯化铵、烷基吡啶氯化物降解性稍差。

新型的双长链酯季铵盐类表面活性剂,由于酯键和氮原子之间有两个碳,酯键断裂产生脂肪酸和具有更大水溶性的季铵二醇或三醇,这些降解产物对鱼低毒并且能够很快以其他途径代谢。斯威舍(Swisher)对季铵盐型阳离子表面活性剂结构与性能的关系进行了总结:单直链烷基三甲基季铵盐降解速度快于双直链季铵盐,但双直链烷基季铵盐又快于三直链的季铵盐。季氮上一个甲基替换为苄基,降解速度稍微有所降低。烷基吡啶的降解速度慢于季铵盐类,烷基咪唑啉类化合物的降解速度快于季铵盐类。

另外,阳离子表面活性剂疏水链长度增加,降解速度减慢。

4. 两性离子表面活性剂的生物降解性

甜菜碱和酰氨丙基甜菜碱均属于易生物降解的。不同结构的磺酸基甜菜碱和羟基甜菜碱,在各种情况下都具有很高的初级生物降解度,但最终降解度,羟基甜菜碱要好于类似的磺酸基甜菜碱。其他类型的两性离子表面活性剂,例如,两性咪唑啉型、氨基酸型也都具有很好的生物降解性。

第四节 表面活性剂的应用性能

一、表面活性剂的润湿和渗透作用

1. 润湿作用

(1)润湿过程。润湿过程实际上可以分为三类:沾湿、浸湿和铺展。下面简单讨论各类润湿现象的实质以及自发产生的条件。

①沾湿。沾湿是指液体与固体接触,使原来的气/液界面和固/气界面变为固/液界面的过程,如图2-22所示。

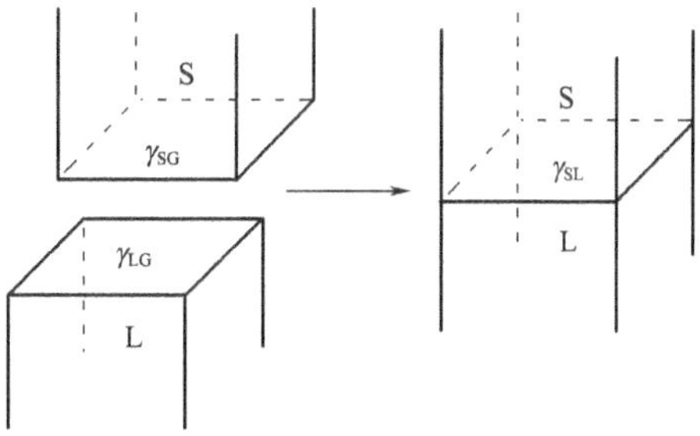

当接触面积为单位值时,此过程中体系自由能的降低值为:

$$-\Delta G = \gamma_{SG} + \gamma_{LG} - \gamma_{SL} = W_a \quad (2-17)$$

图2-22 沾湿过程示意图
S—固相 L—液相 G—气相

式中:γ_{SG}为固体表面自由能;γ_{LG}为液体表面自由能;γ_{SL}为固/液界面自由能;W_a为黏附功,表示将单位截面积的液/固界面拉开所做的功。此值越大,则黏附润湿越强。在恒温、恒压条件下,沾湿自发产生的条件为$W_a \geqslant 0$。

②浸湿。浸湿是指固体浸入液体中的过程,此过程的实质是固/气界面被固/液界面所代替,而气/液界面没有发生变化,如图2-23所示。

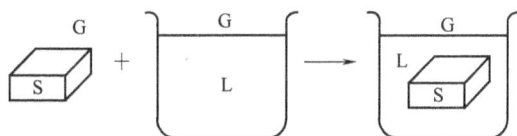

图2-23 浸湿过程示意图
S—固相 L—液相 G—气相

当浸湿的面积为单位值时,浸湿过程自由能下降值为:

$$-\Delta G = \gamma_{SG} - \gamma_{SL} = W_i \quad (2-18)$$

式中:W_i为浸湿功,表示液体在固体表面上取代气体的能力。在恒温、恒压条件下,浸湿过程自发产生的条件为$W_i \geqslant 0$。

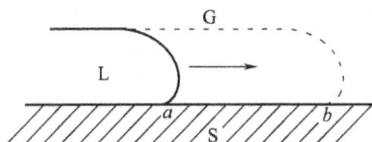

图2-24 铺展过程示意图
S—固相 L—液相 G—气相

③铺展。铺展是指液体与固体表面接触时能将表面上的气体取代,并在固体表面上展开的过程。此过程的实质是以固/液界面代替固/气界面,同时液体表面扩展,形成新的气/液界面,如图2-24所示。

当铺展面积为单位值时,体系自由能降低值为:

$$-\Delta G = \gamma_{SG} - (\gamma_{SL} + \gamma_{LG}) = S \quad (2-19)$$

式中:S为铺展系数。在恒温、恒压条件下,若$S \geqslant 0$,则液体可在固体表面上自行铺展,只要液体的量足够大,液体可以铺满整个固体表面。

综上所述,不论何种润湿,均是界面现象,其过程的实质都是界面性质及界面能量的变化。在三种润湿过程中,γ_{SG}和γ_{SL}的作用是一致的,γ_{SG}越大,γ_{SL}越小,越有利于润湿。而γ_{LG}有所不同,对于沾湿,γ_{LG}大有利;对于浸湿,与γ_{LG}无关;对于铺展,γ_{LG}小有利。

（2）润湿方程。将液体滴在固体表面，液体可能发生铺展而覆盖于固体表面，或者以液滴的形式存在于固体表面上，如图2-25所示。在固、液、气三相界面处自固/液界面经过液体内部到气/液界面的夹角叫做接触角，用θ表示。实际上，由于γ_{GS}和γ_{SL}较难测定，采用上述判据来判断润湿的发生与否有一定的困难。人们发现采用接触角的方法来判断较为简单。

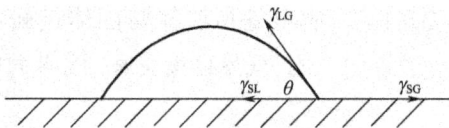

图2-25　液滴的接触角

当达到平衡时，平衡接触角θ与γ_{SG}、γ_{SL}、γ_{LG}之间有如下关系：

$$\gamma_{SG} - \gamma_{SL} = \gamma_{LG}\cos\theta \tag{2-20}$$

式（2-20）是润湿的基本公式，称为润湿方程。该方程可看做是三相交界处三个界面张力平衡的结果。将接触角和润湿方程用于W_a、W_i和S的表达式中，则有：

$$W_a = \gamma_{SG} + \gamma_{LG} - \gamma_{SL} = \gamma_{LG}(1 + \cos\theta) \tag{2-21}$$

$$W_i = \gamma_{SG} - \gamma_{SL} = \gamma_{LG}\cos\theta \tag{2-22}$$

$$S = \gamma_{SG} - \gamma_{SL} - \gamma_{LG} = \gamma_{LG}(\cos\theta - 1) \tag{2-23}$$

根据以上表达式，只需测定液体的表面张力和接触角，就可得到W_a、W_i和S的数值。不难看出，各种润湿自发产生的条件与液体在固体表面的接触角有关，接触角越小，润湿性能越好；反之，润湿性较差。因此，接触角的大小可以作为润湿过程的判据，各种润湿过程可以自发进行的条件用接触角表示为：

沾湿自发进行的条件为：$\theta \leqslant 180°$；

浸湿自发进行的条件为：$\theta \leqslant 90°$；

铺展自发进行的条件为：$\theta \leqslant 0$或不存在。

一般而言，将$\theta = 90°$定为润湿与否的标准，$\theta < 90°$为可以润湿，θ越小润湿性越好；$\theta = 0$或不存在，则为铺展；$\theta > 90°$为不可润湿。

（3）固体表面的润湿性质。根据各种润湿过程可以自发进行的条件，表面能高的固体表面比表面能低的固体更易被液体所润湿。但是，由于固体表面能的测定比较困难，只能知道一个大概的范围。一般将固体表面分为高能表面和低能表面。金属及其氧化物、硫化物、二氧化硅、玻璃、金刚石等固体表面，其表面自由能在$0.5 \sim 5.0 \text{J/m}^2$，称为高能表面。石蜡、高分子以及有机固体表面的表面自由能低于0.1J/m^2，称为低能表面。一般液体的表面自由能低于0.1J/m^2，所以一般液体能在高能表面自由铺展，即能润湿高能表面，而在低能表面上的铺展就比较困难。

①低能表面的润湿性质。在对低能表面润湿性能的研究过程中，人们发现，同系物液体在同一固体表面上的接触角随液体表面张力的降低而减小。若以$\cos\theta$对液体表面张力作图，可得一直线，如图2-26所示。将直线延长至

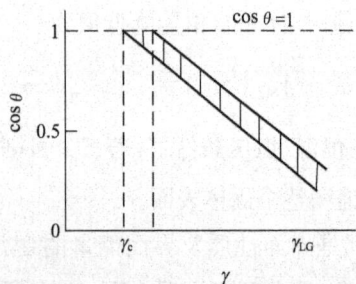

图2-26　固体的临界润湿表面张力

$\cos\theta=1$ 处，相应的表面张力称为该固体的临界润湿表面张力，以 γ_c 表示，它是低能表面润湿性能的一个参数。临界润湿表面张力的意义是只有表面张力低于 γ_c 的液体才能在该固体表面上自动铺展，因此，固体的 γ_c 越小，能在其表面上铺展的液体越少，其润湿性能越差。

表 2-17 列出了一些高分子固体，有机固体及一些表面活性物质在金属或玻璃表面形成的单分子层的 γ_c 值。

表 2-17 高分子固体、有机固体及表面活性物质的单分子层的 γ_c 值

不同物质	固体表面	$\gamma_c/mN \cdot m^{-1}$
高分子固体	聚四氟乙烯	18
	聚三氟乙烯	22
	聚偏二氟乙烯	25
	聚氟乙烯	28
	聚乙烯	31
	聚苯乙烯	33
	聚乙烯醇	37
	聚氯乙烯	39
	聚甲基丙烯酸甲酯	39
	聚酯	43
	锦纶 66	46
有机固体	正三十六烷	22
	石蜡	26
	季戊四醇四硝酸酯	40
表面活性物质	全氟月桂酸	6
	十八胺	22
	硬脂酸	24
	苯甲酸	53

由表 2-17 的数据可以看出以下的一些规律：

a. 高分子固体的润湿性能与其分子的元素组成有关，在其烃链中引入不同种类和数量的原子，能明显改变高分子物的润湿性能。一般而言，引入氟原子会使 γ_c 变小，而引入其他杂原子会使 γ_c 升高，引入的原子使固体高分子表面 γ_c 增加的顺序为：N＞O＞I＞Br＞Cl＞H。并且，同一原子取代越多效果越明显。

b. 附有表面活性物质单分子层的高能表面显示出低能表面的性质，说明决定固体润湿性质的是表面层原子或原子团的性质及排列情况，而与内部结构无关，可以通过表面改性来改变其润湿性能。在纺织品加工中，织物表面的拒水整理就是一个例子。

②高能表面的润湿性质。高能表面能为一般液体所铺展，但多碳醇、酸等极性有机物或含

有极性有机物的液体不能在高能表面上铺展,而形成具有一定大小接触角的液滴。只是因为极性有机物在高能表面上发生吸附,形成碳氢基朝向空气的定向排列的单分子吸附层,使原来的高能表面转变为低能表面。其润湿性能取决于形成的单分子层的 γ_c 值,如果液体的表面张力比其 γ_c 值高,则液体不能在其自身的单分子层上铺展,这种现象成为自憎现象;若液体的表面张力低于形成的单分子层的 γ_c,则液体可在其单分子层上铺展。

综上所述,固体表面的润湿性质取决于构成表面外层的原子团的性质和排列情况。各种表面的组成可分为几类,其润湿性能的强弱顺序如下:金属等无机物＞含有其他杂原子的有机物＞碳氢化合物＞碳氟化合物。

③纺织品的润湿性质。前面所述的表面润湿是指无孔、非颗粒状固体表面的情况,如玻璃、金属等,相应的表面称为硬表面,润湿的表面积较小,平衡容易达到,决定表面活性剂润湿性能主要是看它对固体表面的润湿程度。但是纺织品表面的情况有所不同,由于它具有很大的表面积,所以在实际润湿过程中很难达到平衡。因此,考虑润湿性能时,表面的润湿速率是一重要因素。

通常,对表面活性剂作为润湿剂的评价方式有以下三种:

a. 润湿效率。它是指在一定温度、时间内能润湿一定表面积所需表面活性剂的最低浓度。

b. 润湿能力。它是指表面活性剂不管使用浓度如何,能使一指定体系润湿所需要的最少时间。

c. 润湿时间。它是指一定温度下,固定表面活性剂浓度对指定体系润湿所需要的时间。

通常采用第三种方法来进行评估,即常温条件下,表面活性剂溶液浓度为 0.1%,润湿时间越短,表示它的润湿性能越好。润湿时间 t 与表面活性剂在溶液中浓度 c 有如下关系:

$$\lg t = A - B\lg c \tag{2-24}$$

式中:A 和 B 为经验常数。这是由于在较低浓度下,表面张力随浓度的升高而降低。润湿速率是润湿面表面张力的函数,而润湿能力是润湿面上表面活性剂分子浓度的函数。因此,难以形成胶束,易于在表面上吸附,且扩散速率较大的表面活性剂具有良好的润湿性能。

2. 渗透作用

对纺织品而言,组成纺织品的纤维构成了无数的毛细管,液体首先润湿毛细管壁,然后逐渐进入到纤维内部,此过程称为渗透过程。在纺织品的湿处理加工过程中,不但要求处理液润湿织物表面,还需要渗透到纤维内部。在水溶液中的渗透作用类似于发生了毛细管上升作用。由于液体弯液面和空气之间存在着压力差,导致溶液自毛细管上升(图 2-27)。若近似地把纤维之间的毛细管截面看成是圆形的,并且有着均匀的直径。根据 Laplace 方程,则压力差(ΔP)与溶液在毛细管中上升的高度(h)和溶液密度(ρ)之间有以下的关系:

$$\Delta P = \frac{2\gamma}{R} = \rho g h \tag{2-25}$$

对于截面呈圆形的毛细管,若孔很小,弯月面可近似看做曲面为球面,直立向上作用于液柱上的力为 $2\pi R\gamma_{LG}\cos\theta$,此力和上升的液柱重力相等,即:

$$2\pi R \cdot \gamma_{LG}\cos\theta = (\pi R^2 h) \cdot \rho \cdot g \tag{2-26}$$

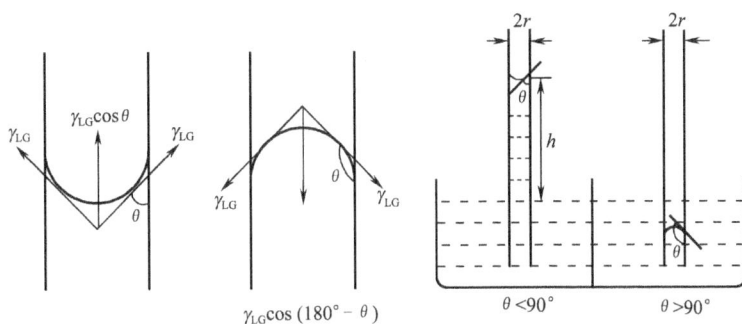

图 2-27　不同接触角与毛细管内液柱压力的关系

则

$$\Delta P = h \cdot \rho \cdot g = \frac{2\gamma_{LG}\cos\theta}{R} \qquad (2-27)$$

由式(2-20)可得下式:

$$\Delta P = \frac{2(\gamma_{SG} - \gamma_{SL})}{R} \qquad (2-28)$$

由式(2-28)可以看出,若在溶液中加入表面活性剂,由于表面活性剂在纤维表面的定向吸附,能使 γ_{SL} 降低,所以有利于 ΔP 的升高而加速渗透。

3. 表面活性剂结构对润湿、渗透性能的影响

在直链烷烃表面活性剂中,如果亲水基在分子的末端,则疏水基有 8~14 个碳原子者,具有较好的润湿性能。这是由于较短碳链的表面活性剂比长链同系物的表面活性剂具有更快的扩散速率和在固体表面上定向排列的能力,能使润湿的新生表面较快达到应有的最低表面张力值,比长链具有更低的最小润湿时间。但疏水链太短,降低表面张力的能力下降,润湿力下降。如图 2-28 所示,直链烷基硫酸钠的润湿性能在 C_{12}~ C_{14} 时达到最佳,增加或减少碳原子数,润湿性能均将下降。直链烷基苯磺酸钠的疏水基原子数为 10 时,润湿性能最为优良。而烷基酚聚氧乙烯醚碳原子数在 7~9 时具有优良的润湿性能。在很低的浓度下,长链的表面活性剂比短链的表面活性剂常具有更好的润湿性能,因为长链的表面活性剂表面张力降低得更多。

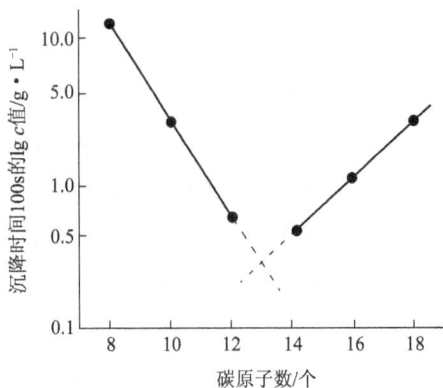

图 2-28　直链烷基硫酸钠的烷基碳原子数与润湿力的关系

疏水基带有支链结构的表面活性剂润湿性能较相同碳原子数直链结构的表面活性剂好。例如,2-丁基辛基苯磺酸钠的润湿性能较正十二烷基苯磺酸钠好。

亲水基处于中间位置的表面活性剂对纺织物来说是特别好的润湿剂,因为这种结构的表面活性剂在溶液中不利于形成胶束,它们能迅速地扩散,并趋向于在溶液表面和固体表面进行定向排列，降低 γ_{SL} 和 γ_{LG}，有利于润湿渗透的进行。

实验表明，在 25℃ 水中，含 $CaCO_3$ 的量不超过 300mg/kg，且表面活性剂浓度为 0.1% 的实验条件下，亲水基在疏水链中央的离子型表面活性剂，当碳链长为 15 碳原子时，具有最佳的润湿性能。阴离子表面活性剂渗透剂 T 的亲水基在疏水链中央，是一类优良的润湿渗透剂。

聚氧乙烯型非离子表面活性剂的聚氧乙烯基个数对润湿性能也有较大的影响，具有一定疏水链长的表面活性剂具有相应的聚氧乙烯基个数使润湿性能达到最佳。不同碳链脂肪醇聚氧乙烯醚的润湿性与聚氧乙烯基个数的关系，如图 2－29 所示。

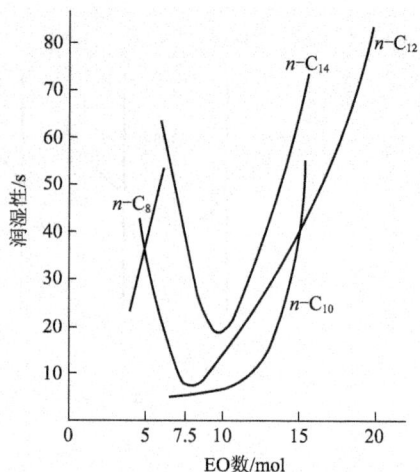

图 2－29　脂肪醇聚氧乙烯醚的润湿性与 EO 数的关系

（温度：室温；浓度：0.125%）

二、表面活性剂的乳化和分散作用

1. 乳化作用

（1）乳状液及其类型。乳状液是互不相溶的两液相中的某一相以微滴（或液晶）形式分散于另一相中所形成的具有相当稳定性的多相分散体系，由于它们的外观一般呈乳状，所以称为乳状液。

一般乳状液的外观常呈乳白色不透明液状，乳状液的这种外观，是和乳状液中分散相质点的大小有密切关系的。当分散相液珠的直径＞1μm 时，乳状液呈牛乳状的白色；分散相液珠的直径0.1～1μm 时，乳状液呈带蓝光的白色；分散相液珠的直径0.05～0.1μm 时，乳状液呈半透明液；分散相液珠的直径＜0.05μm时，乳状液呈近似透明液。

乳状液中以微滴形式存在的那一相称为分散相，或称内相、不连续相；另一相是连成一片的，称为分散介质，或称外相、连续相。常见的乳状液一般都是一相是水或水溶液，通常称为水相；另一相为与水不相溶的有机相，通常称为油相。其中，外相是水相，内相是油相的乳状液叫做水包油型乳状液，常表示为 O/W 型；外相是油相，内相是水相的乳状液叫做油包水型乳状液，常表示为 W/O 型。影响乳状液类型的因素有：

①决定乳状液类型的因素。乳状液是一种复杂体系，影响其类型的因素很多，主要的影响因素有以下几方面：

a. 两相体积比。一般而言，两液相中量多的一相应为外相，而量少一相应为内相。在具体情况中，通过选择乳化剂，这种情况可以发生改变，量少的一相也可以成为外相。若分散相液滴是大小均等的圆球，则可以计算出密堆积时液滴的体积占总体积的 74.02%，即其余的 25.98% 必须是分散介质。也就是说，若水相体积占总体积的 26%～74% 时，O/W 型和 W/O 型乳状液都可形成；若小于 26% 则只能形成 W/O 型；若大于 74% 则只能形成 O/W 型。但多数情况下，液滴大小是不均匀的，且可能是多面体而不是球状，则内相的体积可以大大超过 74%。

b. 乳化剂的亲水性。经验表明，易溶于水的乳化剂易形成 O/W 型乳状液；易溶于油的乳化剂易形成 W/O 型乳状液。这一经验规律具有相当大的普遍性,对这一现象的产生可作如下解释:表面活性剂分子在油水界面上吸附,定向排列生成了界面区,在界面区两侧存在大小不同的界面张力,在形成乳状液时,界面区域倾向于弯曲,使界面张力较大的一边面积缩小,从而使表面自由能降至最小。而哪一侧的界面张力较大取决于表面活性剂在两相中的溶解性。若表面活性剂亲水性大,在水中的溶解度大于油中,那么在水一侧界面张力较小,而在油一侧的界面张力较大,就容易形成 O/W 型乳状液;反之,则容易形成 W/O 型乳状液。

c. 乳化器材料性质。乳化过程中,器壁的性质对形成孔状液的类型有一定影响。一般情形是亲水性强的器壁易得到 O/W 型乳状液;而疏水性的器壁易得到 W/O 型乳状液。这与液体对器壁的润湿情况有关。一般来说,润湿器壁的液体容易在器壁上附着,形成一连续层,搅拌时这种液体往往较难分散成为内相液滴。

d. 乳化方法的影响。乳化方法包括搅拌速度、相加入的次序等对乳状液的类型也有一定的影响。例如,把水相加到含乳化剂的油相中,易得到 W/O 型乳状液;而把油加到含乳化剂的水中易形成 O/W 型乳状液。

②转相。当决定乳状液类型的条件发生变化时,乳状液的类型将发生改变,称为转相。可能存在的情况有以下几种:

a. 乳化剂的变化。乳化使用的乳化剂水溶性越大越易生成 O/W 型乳状液,而选用的乳化剂油溶性越大越易生成 W/O 型乳状液。因此,当乳化剂的性质发生改变时,会引起乳状液类型的改变。

b. 两相体积比发生变化。形成乳状液的两液相中,量多的一相容易成为外相,而量少一相为内相。改变两液相的体积比,也能引起乳状液类型的改变。

c. 温度的变化。聚氧乙烯型非离子表面活性剂的亲水性随温度升高而降低,而亲油性随温度升高而增大。因此,用聚氧乙烯型非离子表面活性剂作为乳化剂配制的 O/W 型乳状液,在升高温度过程中,可能会转变为 W/O 型。而一些离子型表面活性剂作为乳化剂的 O/W 型乳状液在冷却时又可能因为乳化剂水溶性的下降而转变为 W/O 型乳状液。

d. 其他添加剂的加入。电解质和其他添加物的加入也可能会引起乳状液的转型。离子型表面活性剂作为乳化剂的 O/W 型乳状液,添加强电解质后,降低了分散粒子的电位,增加表面活性剂离子和反离子之间的相互作用,因此使其亲水性减弱,会使它转变成 W/O 型乳状液。加入脂肪醇或脂肪酸等极性有机物,它们能与离子型表面活性剂形成更亲油的乳化剂,也会使 O/W 型乳状液转变成 W/O 型乳状液。

③乳状液类型的鉴别。根据 O/W 型乳状液和 W/O 型乳状液的不同特点,可以对乳状液的类型进行鉴别,常用的方法有以下几种:

a. 稀释法。乳状液能被与其外相性质相同的液体所稀释,凡是能与乳状液混合的液体应是与乳状液外相性质相同的物质。因此,用水或油性物质对乳状液做稀释试验,即可知道乳状液的类型。容易被水稀释的乳状液是 O/W 型乳状液;如果不易分散于水中而容易被油性物质稀释的乳状液是 W/O 型乳状液。

b. 染色法。用油溶性或水溶性染料对乳状液进行着色试验,油溶性染料上色油相,水溶性染料上色水相,当乳状液外相(连续相)被染色时整个乳状液都会显色,而内相染色时只是分散的液滴显色,由此可以通过染色的效果看出乳状液的类型。通常使用的水溶性染料是甲基蓝、甲基蓝亮蓝 FCF 等;油溶性染料是苏丹红Ⅲ。分别向乳状液中加入水溶性染料和油溶性染料,如果水溶性染料扩散溶解,而油溶性染料不扩散溶解则是 O/W 型乳状液,反之则是 W/O 型乳状液。

c.电导法。大多数油类的导电性差,而水的导电性较好。因此,可用电导仪测量乳状液的电导率即可鉴别其类型,导电性好的,与水导电性相近的乳状液为 O/W 型;导电性差的,与油导电性相近的乳状液为 W/O 型。值得注意的是:有的 W/O 型乳状液,内相(水)比例很大或油相中离子型乳化剂含量较多时也会有较好的导电性,因此这种方法不一定很准确。

d.折射率法。利用油相和水相折射率的差异,使用光学显微镜观察测定乳状液的折射率,也可判断乳状液的类型。

一般来说,仅用一种方法鉴别,往往有一定的局限性,因此对乳状液类型的鉴别可采用多种方法同时进行。

(2)乳化剂。

①乳化剂的作用。在制备乳状液时,由于两液相的界面积大大增加,在热力学上是不稳定的。因此,若把油和水放在一起,并通过强力搅拌可以使一种液体分散于另一种液体中,但停止搅拌后很快会分成不相溶的两相。如果加入第三种物质就可以使分散体系稳定性大大提高,一般把这种能使不相溶的油水两相发生乳化,形成稳定乳状液的物质称为乳化剂。乳化剂一般是指可在两相界面定向吸附的表面活性剂。乳化剂在乳状液形成中的作用主要有以下几方面:

a.降低油/水界面的界面张力。在形成乳状液时,两液相的界面积大大增加,界面自由能增加。为了尽量减小乳状液的不稳定性,就要降低两相界面张力。表面活性剂可以在油水界面产生定向吸附,亲水基一端留在水相,亲油基一端伸向油相,大大降低油水界面的界面张力。例如,煤油与水的界面张力一般在 40mN/m 以上,如在其中加入适当的表面活性剂,则界面张力可降至 1mN/m 以下,大大降低了界面能。显然把油分散于水中(或水分散于油中)就容易得多,形成的乳状液也就比较稳定。

b.形成界面保护膜。在油/水体系中加入表面活性剂后,在降低界面张力的同时,必然在界面发生吸附,形成比较紧密的界面膜。此膜具有一定的强度,对分散液滴具有保护作用,使其在相互碰撞时不易聚结。表面活性剂所形成的界面膜强度与其分子结构有关。一般而言,吸附分子间相互作用较大者,则形成界面膜的强度较大。从结构上说,疏水基碳链较长,无支链且亲水基在分子末端的表面活性剂在界面上吸附后形成的界面膜强度较大。

以离子表面活性剂作为乳化剂时,乳状液液滴必然带有电荷。由于同一体系中分散液滴带有同种电荷,故当液滴接近时就相互排斥,从而防止聚结,提高乳状液的稳定性。

c.对分散相的增溶作用。当乳状液中的表面活性剂浓度达到一定值时,可以形成胶束,不溶性的油类化合物与胶束内部的亲油基部分结构相似,容易相互结合,因此被增溶于胶束中,这种作用称为增溶作用。乳化剂的浓度越大,形成的胶束越多,增溶作用越显著。这种情况在乳液聚合中十分常见,非极性的单体往往增溶于胶束中,被扩散进入的自由基引发,聚合后形成聚合物乳液。

②常用乳化剂。染整助剂制备中常用的乳化剂主要是阴离子表面活性剂和非离子表面活性剂。以非离子表面活性剂居多,还有少量阳离子表面活性剂。

一般,阴离子表面活性剂亲水性较强,主要适用于 O/W 型乳状液的乳化,若与部分油溶性表面活性剂合用,也可用于 W/O 型乳状液的乳化。阴离子表面活性剂中,土耳其红油是一类常用的乳化剂,对 O/W 型乳状液的乳化性能非常好。硫酸化蓖麻酸丁酯(磺化油 AH)是优良的 O/W 型乳化剂。烷基磺酸钠表面活性剂作为乳化剂具有很好的乳化能力,且有较高的化学稳定性。脂肪酸皂类也具有优良的乳化能力,但因不耐硬水、不耐酸而受到限制。

非离子表面活性剂具有良好的化学稳定性,根据疏水基链长和亲水链长的不同,可得到满足需要的 O/W 型或 W/O 型乳化剂,因此用途极为广泛,品种也较多。多元醇型非离子表面活性剂大多为油溶性化合物,可作为 W/O 型乳状液的乳化剂,常用的有脂肪酸失水山梨醇酯(Span 系列)、脂肪酸甘油酯等。若对脂肪酸多元醇酯进一步聚氧乙烯化,可提高其亲水性,得到适于 O/W 型乳状液的乳化剂。例如,失水山梨醇酯聚氧乙烯醚(Tween 系列)。

在烷基酚聚氧乙烯醚类表面活性剂中,烷基碳原子数为 8~12,亲水链 EO 数在 4~10 时,都具有良好的乳化作用,构成 OP 系列乳化剂,被广泛用作有机硅柔软、聚丙烯酸酯乳液的乳化剂,但由于生态问题被禁止使用。在脂肪醇聚氧乙烯醚类表面活性剂中,作为乳化剂的有平平加系列、乳化剂 O、异构醇聚氧乙烯醚等,这类乳化剂亲水性较强,适用于作为 O/W 型乳化剂。脂肪酸聚氧乙烯酯大多为优良的 W/O 型乳化剂,其结构中聚氧乙烯加成数较小,如乳化剂 A。

另一类优良的乳化剂,其商品名称为乳化剂 EL,为 1 分子蓖麻油与 20~40 分子环氧乙烷的缩合物,具有非常好的乳化性能。

阳离子表面活性剂作为乳化剂的品种较少,大多用于 W/O 型乳状液的乳化。代表性产品有乳化剂 FM、表面活性剂 1631 等。

(3)乳化剂的选择。一般来说,选择作为乳化剂的表面活性剂要符合以下条件:

①必须具有良好的表面活性,有效降低油/水界面的界面张力。

②吸附在界面上的表面活性剂分子之间或与其他吸附分子之间存在侧向相互吸引力,从而形成凝聚膜。

③制备 O/W 型乳状液时,选择亲水性较强的乳化剂,制备 W/O 型乳状液时,选择油溶性较强的乳化剂。

④采用水溶性较强和油溶性较强的表面活性剂进行复配得到的混合乳化剂通常比采用单一表面活性剂具有更好的乳化效果,形成更为稳定的乳状液。

⑤采用疏水基与被乳化物结构相近的乳化剂,可提高被乳化物与表面活性剂疏水基之间的亲和力,形成稳定的乳液。

⑥选用乳化剂时,添加一定量的离子型表面活性剂,可使乳液粒子表面带有同种电荷而相互排斥,可以得到较为稳定的乳状液。

除了遵循以上的基本要求以外,在选择乳化剂时还可以参照一定的依据。下面具体介绍两种选择乳化剂的方法。

第一种方法——HLB 值法。

将各种油类化合物和水乳化成 O/W 型或 W/O 型乳状液时,所需要的乳化剂都有一个对应的最佳 HLB 值,表 2-18 列出了一些油类化合物和水乳化时所需乳化剂的 HLB 值。乳化时可以根据已知表面活性剂的 HLB 值选择合适的乳化剂,特别是不知采用何种表面活性剂作为乳化剂时,可用 HLB 值来帮助选择。

表 2-18　乳化各种油相所需的 HLB 值

油类化合物	W/O 型	O/W 型	油类化合物	W/O 型	O/W 型
苯乙酮	—	14	煤油	6	12
月桂酸	—	16	蜂蜡	—	9
亚油酸	—	16	石蜡	4	10
油酸	—	17	凡士林	4	7~8
硬脂酸	—	17	氯化石蜡	—	12~14
蓖麻酸	—	16	聚乙烯石蜡	—	15
鲸蜡醇	—	16	羊毛脂(无水)	8	12
月桂醇	—	14	硬脂酸丁酯	—	11
油醇	—	14	巴西棕榈蜡	—	15
苯	—	15	蓖麻油	—	14
甲苯	—	15	菜籽油	—	7
苯甲酸乙酯	—	13	棉籽油	—	7.5
矿物油(烷烃油)	4	10	豆油	—	6
矿物油(芳香油)	4	12	硅油	—	10.5

通常情况使用复合乳化剂,乳化效果比使用单一乳化剂效果好,也可以根据 HLB 值选择复合乳化剂。复合乳化剂的 HLB 值可由组分中各乳化剂的 HLB 值及质量百分数计算得到。多种乳化对象混合后一起乳化时,它们所需的 HLB 值也同样具有加和性。例如,要将 6 份石蜡、10 份蜂蜡、4 份硬脂酸混合乳化为 O/W 型乳状液。查表 2-18 可知,石蜡所需的 HLB 值为 10,蜂蜡所需的 HLB 值为 9,硬脂酸所需的 HLB 值为 17,则混合油相所需的 HLB 值可由下式算出:

$$HLB = \frac{10 \times 6 + 9 \times 10 + 17 \times 4}{6 + 10 + 4} = 10.9$$

若使用 Span80 和 Tween80 做混合乳化剂,根据 Span80 和 Tween80 的 HLB 值分别为 4.3 和 15,经计算可知,当两者以 4∶6 进行混合时,混合乳化剂的 HLB 值为 10.72,与混合油所需 HLB 值接近,所以可用上述比例的混合乳化剂进行乳化。但应指出,得此 HLB 值的混合乳化剂配方很多,这种配方也未必能制成最稳定的乳状液,因此 HLB 值法只能作为选择乳化剂时的一种参考,还应结合实验进一步考虑才能找出最理想的乳化剂。

还应该指出的是:制备乳状液时,只能用 HLB 值确定所形成的乳状液类型,如 HLB 值在 3～6 的油溶性乳化剂可形成 W/O 型乳状液,HLB 值较大(8～18)的水溶性乳化剂可形成 O/W 型乳状液,但 HLB 值不能说明乳化剂乳化能力的大小和乳化效率的高低,而且用增加乳化剂用量的方法使乳化增加能力达到一定程度后,靠增加乳化剂用量就不能使乳化效率增强了。

第二种方法——PIT 法。

PIT 法即相转变温度法,是继 HLB 值法之后选择乳化剂的又一种重要的方法。这种方法克服了根据 HLB 值选择乳化剂没有考虑温度变化对 HLB 值的影响的缺点。聚氧乙烯型非离子表面活性剂,当温度升高时表面活性剂分子中聚氧乙烯链的水合程度下降,表面活性剂的亲水性减弱,HLB 值下降。因此低温时生成的 O/W 型乳状液,在温度升高时可能转变为 W/O 型乳状液。乳状液发生转变时的温度,就是该特定体系中,表面活性剂的亲水趋向和亲油趋向将恰好达到平衡状态,把这一温度定为相转变温度(PIT)。

利用相转变温度不仅可以判断乳状液的稳定性,也可以用来说明乳状液中乳化剂的性质。由于有关研究只是对聚氧乙烯型非离子表面活性剂进行的,所以 PIT 法只适用于选择聚氧乙烯型非离子表面活性剂。

PIT 的测定方法:将等量的油和水与 3%～5% 的聚氧乙烯型非离子乳化剂制成乳液,加热搅拌,通过电导仪测电导率或用其他方法观察是否转相,继续升温直到电导率突然降低,说明发生 O/W 型向 W/O 型的转相,此时的温度即为相转变温度。

改变油相成分或聚氧乙烯型非离子乳化剂,即可得到同种乳化剂对不同油相成分的 PIT 和对同一油相成分不同乳化剂的 PIT。

亲水性越强的聚氧乙烯型非离子乳化剂,其 HLB 值越高,形成的 O/W 型乳状液越稳定,它由亲水性转变为亲油性的相转变温度也越高;反之 HLB 值较小,亲水性较低的聚氧乙烯型非离子乳化剂的相转变温度也越低。研究表明,PIT 和所选用的乳化剂的 HLB 值之间存在线性关系。

通常用 PIT 法选择聚氧乙烯型非离子乳化剂的原则是:选择一个乳化剂配制 O/W 型乳液,它的 PIT 应高于储存温度 20～60℃,可保证在储存过程中不会因温度升高而发生向 W/O 型乳状液的转相,而配制 W/O 型乳液时,乳化剂的 PIT 应比储存温度低 10～40℃,才可保证在储存过程中不因温度降低而发生向 O/W 型乳状液的转相。要得到最佳稳定性的 O/W 型乳液,制备时温度最好低于 PIT 2～4℃,然后冷却至储存温度。用这种方法制得的乳液,由于制备时温度高,接近于 PIT,可得到细而均匀的乳液粒子而不易凝聚,冷却后温度又远低于 PIT,以保证乳液体系有很好的稳定性。

2. 分散作用

固体以微粒状分散于液体中并保持稳定的过程称为分散,所形成的分散体系称为悬浮液。当分散体系和外界条件改变时则会发生可逆过程,称为凝聚。不溶于分散介质的微粒(一般称为憎液粒子)形成的悬浮液是热力学不稳定的,体系的许多性质与乳状液相似或相同。为了获得良好的分散体系,首先要采取适当的方法将物体分散成粒子,并使其具有良好的稳定性,通常需要使用分散剂。

(1)分散剂的作用。为了促使分散过程的顺利进行,并使分散体系稳定,必须在分散过程中加入分散剂,一般来说,分散剂的分散作用主要体现在以下几方面。

①促进研磨的效果。当固体颗粒团块受到机械力,如搅拌等作用,会产生微裂缝,但它很容易通过自身分子间的作用力而重新聚集。作为分散剂的物质,如表面活性剂,吸附于固体微粒表面,使其表面自由能下降。若物料表面有裂缝或间隙,表面活性剂可渗入其内部,能防止表面裂缝断面再结合,最后分裂成碎块。如果表面活性剂是离子型的,则由于它吸附在固体颗粒表面上使它们带有相同的电荷,互相排斥,因而促进颗粒团块在液体中的分散。另外,表面活性剂的存在可降低分散介质的表面张力,有利于分散介质渗透到二次粒子表面的间隙或裂纹。这都有利于降低研磨所需的机械功,缩短研磨所需的时间,提高研磨效率。

②对粉末的润湿作用。对分散来说,润湿作用是非常重要的。分散前的固体粉末往往呈团块状,而且被空气包围。进入分散介质中要完全将它分离并将其表面空气取代出来,这一过程的推动力可认为是液体在固体颗粒表面上的铺展系数 S,由式(2-19)$S=\gamma_{SG}-(\gamma_{SL}+\gamma_{LG})$ 可知:当 $S>0$ 时,接触角为零,液体自发在固体颗粒表面铺展。加入表面活性剂在界面上吸附,使 γ_{LG}、γ_{SL} 下降,使 $S>0$,铺展能够自发进行。另外,表面活性剂吸附于固体粒子表面,疏水基靠近固体表面而极性基朝外,提高分散介质(水)对固体粒子的润湿性,从而改善了固体粒子在水中的分散作用。

③防止凝聚作用。由于分散体系具有巨大的表面积,表面能很高,是热力学不稳定体系。表面活性剂吸附在固/液界面上,会使 γ_{SL} 降低,从而大大降低了表面自由能,减少了它们相互聚结的趋势。表面活性剂及其他分散剂吸附于固体粒子表面,形成保护层,防止粒子再凝聚。其反离子形成扩散双电层,作为保护层。当离子相互接近时电性排斥增大,从而防止固体粒子相互接触而凝聚。非离子表面活性剂吸附于固体粒子表面,亲水链伸向水中,形成一个水化层,成为粒子的保护层,造成粒子凝聚的空间障碍,从而提高所形成的分散体系的稳定性。

(2)分散剂的结构特点。从保持分散体系稳定性的角度考虑,表面活性剂的分散性是指它能吸附在固体颗粒表面,产生足够高的斥力,使颗粒分散开来并保持稳定的性质。

当分散介质为水、分散相的固体颗粒表面是非极性的,加入离子型表面活性剂常常可以产生电性斥力,阻止颗粒聚沉。因为表面活性剂以非极性烃链吸附在固体表面而以带电离子基团伸向水相,使每个颗粒表面带上相同的电荷,颗粒之间产生斥力,同时亦会降低固/液界面张力。由于吸附能力随烃链长度增加而增大,所以长链的表面活性剂比短链的具有更有效的分散作用。

对于带电的固体颗粒表面,使用传统的表面活性剂(一端为亲水基,另一端为烃链)作为分散剂是不利的。若表面活性剂离子与固体表面所带电荷相反,则会导致聚沉。若它们的电荷相同,由于相互排斥而阻碍表面活性剂的吸附。在这种情况下,作为分散剂的表面活性剂要有这样的结构:多个离子基团分布在整个表面活性剂分子上,而疏水基团包含可极化结构,如含有芳香环或者醚键而不是饱和烃链。多离子基团起到如下几种作用:

①表面活性剂多个离子基团中的一个吸附在与它电荷相反的固体颗粒表面上,而另一些基团则在固体表面定向排列并指向水中。这样固体颗粒被一层表面活性剂所包围和保护起来,从而阻碍了分散颗粒的聚沉。

②可以使表面活性剂具有更大的电性斥力。若每个分子具有相同符号的离子电荷数越多,在同号固体表面上吸附则具有越大的电性斥力,在异号固体表面上吸附则能中和更多电荷并使表面电荷改变符号,以上两种情况都能起到分散作用。

③使表面活性剂产生空间斥力。由于除一个离子基团吸附在固体表面外,其余离子基团伸入水中并发生水化,所降低的自由能足以补偿烃链伸入水中所引起自由能的增加。当两个具有这一吸附层的颗粒相互靠拢时。必须使吸附层的水化水脱落,这就会产生斥力,这种作用对高分子型表面活性剂及聚电解质型表面活性剂尤为重要。

作为表面带电固体颗粒在水中的良好分散剂,除要求表面活性剂具有多离子基外,还要求它具有可极化结构的疏水基。当这种疏水基靠近带电固体表面时发生极化,极化后的一端与固体表面反电荷产生强烈吸引,从而使整个表面活性剂以疏水基吸附在带电固体颗粒表面上,离子基仍然伸入水中产生空间斥力。通常使用包含有多离子基团和芳香烃链的表面活性剂作为分散剂,如 β-萘磺酸甲醛缩合物以及木质素磺酸盐。

在表面活性剂分子中,并非亲水的离子基团越多越好。因为亲水基增多,会使表面活性剂水溶性增大,在固体表面吸附减少,尤其在表面活性剂与固体表面相互作用较弱的情况更是如此。所以,表面活性剂在固体颗粒表面上吸附及其分散能力都会随着亲水离子基团数增加而出现一个峰值,而这一峰值与颗粒亲水亲油性及表面活性剂的离子基团数有关。

聚氧乙烯型非离子表面活性剂是多用途的良好分散剂,它可以用烃链吸附在疏水固体表面上,聚氧乙烯链伸入水中并发生水化,形成较大的空间斥力,而且较厚的水化吸附层可减小颗粒之间的范德华引力。如氧乙烯与氧丙烯的共聚物是一类多功能分散剂:聚氧丙烯链是疏水基,由于它具有多个醚键可吸附在颗粒表面上,而聚氧乙烯链伸入水中发生强烈水化。聚氧乙烯链长的化合物比链短的化合物具有更大的空间斥力,因而具有更好的分散性能。聚氧乙烯链长度增加会导致其水溶性增加,但可以通过增加聚氧丙烯链长来给予补偿。因此,要具有良好分散性能的这类分散剂应该是聚氧乙烯链和聚氧丙烯链都具有足够长度。

三、表面活性剂的起泡作用

在纺织品加工过程中,采用泡沫代替纯水溶液,可以大大降低加工过程中纺织品的带液率,从而节约水的用量,减少干燥所需的能量。泡沫印花和地毯泡沫染色等工艺是先进的节能加工技术。

1.泡沫的产生

泡沫是一种由大量气体分散于液体介质中的分散体系,其中气体是分散相,液体是连续相。当搅动表面活性剂的水溶液,或直接吹入空气时,就会产生气泡,在气泡表面吸附着定向排列的表面活性剂分子,疏水基向着空气,亲水基向着水相形成表面吸附膜,使表面张力下降。由于气泡比水轻,就要浮到液体表面上来,当上升的气泡透过液面时又把液面上的表面活性剂定向吸附层吸附到其表面,形成双层表面活性剂分子液膜,被吸附的表面活性剂对液膜具有保护作用。

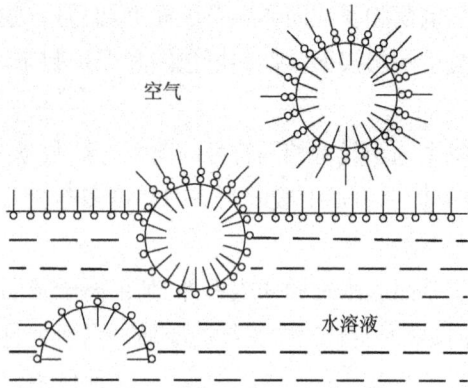

图 2-30 泡沫的产生过程

许多这样的气泡聚集在一起即形成泡沫,见图2-30。一般情况下,泡沫中的液体量很少,泡沫是密集存在的,其形状为多面体结构。

制造泡沫的方法大致有以下两类:

(1)聚集法。发泡液中有高压气体、低沸点液体或反应后能生成气体的物质,通过减压、升温或化学反应,使气体分子集合形成泡沫。如啤酒、开水沸腾及泡沫灭火器等。

(2)分散法。通过搅拌、振荡、喷射空气等方法使气液混合。如洗涤衣服时产生的泡沫。

2.影响泡沫稳定性的因素

泡沫破坏主要是由于气体通过的液膜进行扩散,液膜中的液体由于重力作用及膜中各点的压力不同而导致流动(排液)使液膜变薄引起的。因此,泡沫的稳定性主要取决于排液快慢和液膜强度。影响泡沫稳定性的因素有以下几方面。

(1)表面张力。从能量观点考虑,降低表面张力,体系能量下降,对于泡沫的形成有利。一般来说,易于发泡的液体,都是表面张力较低者。另外,根据 Laplace 公式,液膜在 plateau 交界处与平面膜之间的压力差与表面张力成正比,表面张力低则压差小,因而排液速度较慢,有利于稳定。

液体的表面张力不是泡沫稳定性的决定因素,丁醇等有机液体的表面张力比一般表面活性剂水溶液低,但起泡性却很差。

(2)液膜强度。决定泡沫稳定性的关键因素在于液膜的强度,而液膜强度主要取决于表面吸附膜的坚固性,在实验上即以表面黏度作为量度。

表面膜的强度与表面吸附分子间的相互作用有关,相互作用大者膜强度亦大。一般蛋白质分子较大,分子间作用较强,故其水溶液形成的泡沫稳定性较高。在表面活性剂中,亲水基在分子末端的直链表面活性剂分子间作用较强,因而其水溶液的泡沫稳定性较好。

在表面活性剂水溶液中,加入少量脂肪醇等极性有机物时,由于构成表面混合膜,吸附的密度大为增加,混合膜的分子间相互作用较强,表面膜强度增大,表面黏度也增加,泡沫寿命急剧增加。

(3)溶液黏度。若形成泡沫的液体本身的黏度较大,则液膜中的液体也不易排出,液膜厚度变薄的速度较慢,因而延缓了液膜的破裂时间,增加了泡沫的稳定性。但如没有表面膜的形成,液体本身黏度再大也无助于形成稳定的泡沫。

(4)表面张力的"修复"作用。当泡沫的液膜受到冲击时,会发生局部变薄现象。与此同时,变薄之处的液膜表面积增大,表面吸附分子的密度减小,如图2-31所示。这就引起表面积增大处(B处)局部表面张力增加($\gamma_A < \gamma_B$)。于是 A 处表面的分子就有向 B

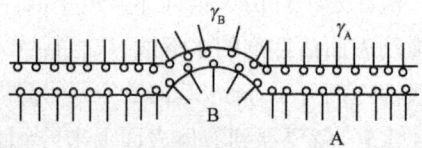

图 2-31 表面张力的"修复"作用

处迁移的趋势,使 B 处的表面分子密度增大,表面张力又降为原来的数值。同时,在表面分子自 A 处向 B 处迁移的过程中,将带动邻近的薄层液体一起迁移,结果使 B 处变薄的液膜重新变厚。表面张力和液膜厚度的复原导致液膜强度的恢复,亦即表现为泡沫具有良好的稳定性不易破坏,此即表面张力的"修复"作用。

若表面活性剂在溶液中的浓度较高,在溶液内部的表面活性剂分子也可移到 B 处进行吸附,使 B 处的表面张力降低至原来的值。但在这一过程中,因无迁移分子带来的溶液,变薄的液膜并未重新变厚。这样液膜的强度显然有所下降,泡沫稳定性也因此较差。从这一点来讲,表面活性剂浓度较高(>CMC 较多)时,泡沫稳定性反而差。

(5)气体通过液膜的扩散。一般形成的泡沫中,气泡大小总是不够均匀的,由于小泡中的压力比大泡中的高,于是存在气体自高压的小泡中透过液膜扩散至低压的大泡中,即气泡合并现象。结果是小泡变小,大泡变大,最终泡沫被破坏。实验表明:表面黏度高者,气体透过性差,泡沫稳定性好;反之,气体透过性好,泡沫稳定性差。气体透过性与表面吸附膜的紧密程度有关,表面吸附分子排列越紧密,则气体越难透过。

(6)表面电荷的影响。如果泡沫液膜带有相同符号的电荷,液膜的两个表面将互相排斥,防止液膜变薄以至破裂。离子表面活性剂作为起泡剂时,由于表面活性剂离子吸附于表面上,即形成一层带电荷的表面(如 $C_{12}H_{25}OSO_3Na$),反离子 Na^+ 分散于液膜溶液中,形成表面双电层。当液膜变薄至一定程度时,两个表面的电相斥开始显著起作用,防止液膜进一步变薄。

综上所述,虽然影响泡沫稳定性的因素很多,但其中最重要的因素是表面膜的强度。对于作为起泡剂的表面活性剂而言,表面吸附分子排列的紧密程度,结实性是最重要的因素。泡沫稳定性取决于表面吸附分子的结构与相互作用。表面吸附分子相互作用力强,排列较紧密时,不仅表面液膜本身具有较大的强度,还能使邻近的溶液不易流走,排液相对较难,液膜厚度易保持。另外,排列紧密的表面膜还能降低气体的透过性,从而增加泡沫的稳定性。

3. 表面活性剂的泡沫性能

表面活性剂是常用的起泡剂,各类表面活性剂的泡沫性能与其结构有关。

(1)羧酸盐类表面活性剂。就脂肪酸钠皂而言,碳链较短的月桂酸钠低温起泡性较好,但泡沫粗大,稳定性差,且稳定性随温度上升而下降。疏水链中含双键的油酸钠,在相同浓度下起泡性比硬脂酸钠差,疏水链中再增加不饱和链,如亚油酸则起泡性显著下降。

(2)脂肪醇硫酸酯盐类表面活性剂。直链脂肪醇硫酸酯盐的起泡性随疏水基碳链的增长而增加,这是由于随碳氢链长的增加,分子链之间的疏水作用增加,因而泡沫的界面膜具有较大的机械强度和弹性。但碳氢链过长时,界面膜变硬,弹性降低,发泡力反而下降。脂肪醇硫酸酯盐的碳氢链长在 $C_{12} \sim C_{16}$ 时发泡力最高,如图2-32所示。

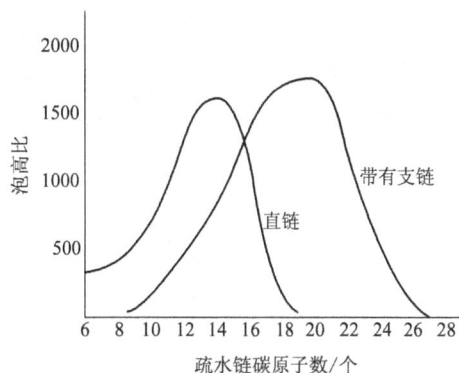

图 2-32 脂肪醇硫酸酯盐的发泡力

带较多支链的脂肪醇硫酸酯盐,当碳氢链的碳原子数在 20～22 个时具有最高起泡力,此时的表面张力最低。

(3)烷基苯磺酸钠。烷基苯磺酸钠的起泡性也与疏水链长短有关,烷基为 C_{14} 时具有最低表面张力和最高起泡力。带支链的烷基苯磺酸钠在 CMC 附近虽有显著降低表面张力的作用,但起泡性并不一定好。

若用萘环代替苯环,起泡性变差,而烷基萘磺酸的甲醛缩合物(如扩散剂 NNO)起泡性下降到很低的程度。

(4)非离子表面活性剂。非离子表面活性剂的起泡性,随分子中聚氧乙烯链的长短而有所不同,聚氧乙烯链短者溶解性不好,起泡性也较弱,随聚氧乙烯链增长,溶解性、起泡性则相应提高。根据疏水基大小(C_{14}～C_{16})一般聚氧乙烯加成数在 10～15 的产品具有最高的起泡性。环氧丙烷与环氧乙烷嵌段共聚的聚醚型非离子类活性剂是一类低泡性产品。

(5)具有稳泡作用的表面活性剂。表面活性剂中具有良好稳泡作用的是月桂酸二乙醇酰胺,该化合物的水溶液黏度较大,耐碱稳定性好,同为十二个碳,它比十二烷基硫酸钠的膜表面黏性大,因此泡沫稳定性好。叔胺氧化物,如十二烷基二甲基胺氧化物也具有优良的稳泡性能。由于烷醇酰胺的生态问题,叔胺氧化物使用增加。

四、表面活性剂的洗涤作用

洗涤作用可以简单的定义为:自固体(作基体)表面上去除污垢的过程,它包括机械作用及表面物理化学作用。在此过程中先是借助于洗涤剂的表面物理化学作用减弱污垢与固体表面之间的黏附作用,并通过机械力将它们分离,将分离后的污垢乳化、分散,防止重新沉积在固体表面,最后经冲洗而去除,得到清洁的表面。即洗涤过程通常包含两个过程:第一个是将污垢从基体上除去;第二个是污垢在洗涤液(一般是水)中形成悬浮状态,从而阻止它再次在基体上沉积。

这一过程是相当复杂的,它包括了三种物质:基体、污垢和净洗剂(表面活性剂为主体)以及它们之间的相互作用:基体与污垢、基体与净洗剂、污垢与洗涤剂的作用。基体可以是硬的(如玻璃),也可以是软的(如纤维织物),其表面可以是极性的或非极性的;污垢也包含液体污垢和固体污垢两类。前者包括皮脂、蜡质、动物油、植物油和矿物油;后者包括尘土、泥沙、铁锈和炭黑等,所以很难以单一洗涤机理来解释。对于不同的洗涤过程,有不同的洗涤机理。

1.液体污垢的去除

净洗作用的第一步是洗涤液润湿固体表面,洗涤液必须润湿固体表面才能发挥净洗作用。表 2-17 列出了一些纤维材料的润湿临界表面张力值(γ_c)。纤维材料的临界表面张力值均在 40mN/m 以上。纯水不能很好地润湿这些材料,但一般表面活性剂水溶液($c>$CMC)能够很好地润湿这些材料。特别是处于纤维形态时,表面粗糙度大,表面接触角可能更小些,也比相同材料的固体表面要大些,因此也更易润湿。由此可知,净洗过程中,由于表面活性剂的存在,纤维表面的润湿是较易实现的。

净洗作用的第二步就是油污的去除。即润湿表面的净洗液把油污顶替下来。一般认为,液体油污的去除是通过洗涤液优先润湿表面,而使油污卷缩起来的卷缩机理来实现的。即液体油污原来是以铺开的油膜存在于基体表面的,在洗涤液优先润湿的作用下,逐渐卷缩成为油珠,最后被冲洗而离开表面,如图2-33所示。

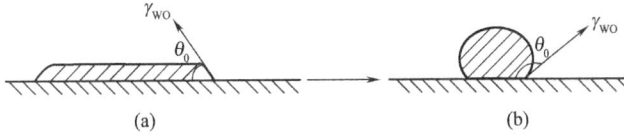

图2-33 液体污垢的去除机理

固体表面上的油膜在油、水、固体三相交界处有一接触角θ,当γ_{WO}、γ_{SW}及γ_{SO}达到平衡时有以下关系式:

$$\cos \theta_0 = \frac{\gamma_{SW} - \gamma_{SO}}{\gamma_{WO}} \quad\quad\quad (2-29)$$

洗涤液中的表面活性剂易于在基体表面以及油污表面上吸附,从而降低了γ_{WO}和γ_{SW},使$\cos\theta_0$变小,θ_0值增大,即油污对基体表面的润湿性能下降。在极限的情况下,θ_0达到180°,油膜自动卷曲成油滴而除去;如果90°<θ_0<180°,油污不能自动离去,但是可以借助水流冲击将其除去,如图2-34(a)所示;但当θ_0<90°,很难借助水流冲击将油污完全清除,仍会有残存的小油滴黏附在基体表面上,如图2-34(b)所示。

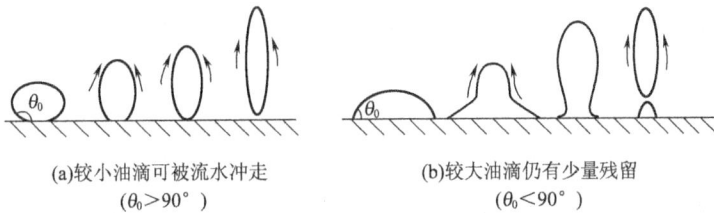

(a)较小油滴可被流水冲走
(θ_0>90°)

(b)较大油滴仍有少量残留
(θ_0<90°)

图2-34 油滴从固体表面的离去情况

将油污从基体表面除去后,洗涤剂的另一个作用是防止油污的再沾污,该过程的机理根据油污性质的不同而有所不同,一般来说有以下几方面,如图2-35所示。

(1)表面活性剂在基体表面的吸附。油污从基体表面脱离后,表面活性剂吸附于基体表面,疏水基朝向基体,而亲水基朝向水相,提高基体表面的亲水性,防止油污对基体表面的润湿和再沾污。若含有离子型表面活性剂,则还使基体表面带有电荷,产生静电斥力。

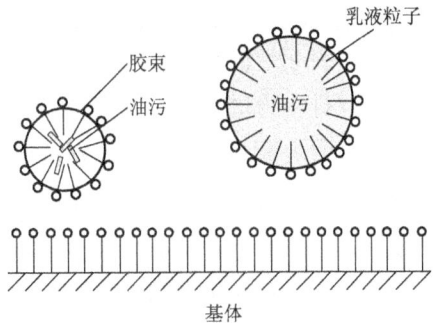

图2-35 洗涤剂的防止再沾污过程

67

(2)乳化作用。在机械力的作用下,从基体表面脱离的油污被分散成细小的油滴进入水相中,形成O/W型乳状液,阻止油污的再沉积。在洗涤剂中加入一些油溶性的助乳化剂(如脂肪酸)可促进油污的乳化,提高去污效率。

(3)增溶作用。利用表面活性剂在洗涤液中形成胶束的增溶效应是将基体表面少量油污去除的重要机理。一般认为非极性矿物油和芳香烃可在胶团内部增溶;极性有机物(如脂肪醇)可与表面活性剂形成混合胶束而增溶;有多个极性基的油污(如二羧酸酯)则可在表面极性基附近增溶。通常非离子表面活性剂及低CMC的阴离子表面活性剂具有较大的增溶能力。非离子型表面活性剂一般具有较低的CMC,当加入浓度大于CMC时,去油污能力明显增加;如果浓度增加到CMC的10~100倍,则可增溶大量的油污。因此浓的表面活性溶液往往具有极好的洗涤效果。

2. 固体污垢的去除

固体污垢的去除机理与液体污垢有所不同,固体污垢在基体表面的黏附很少像液体油污一样形成一片,而是仅在较少的一些点与表面接触。一般情况下,黏附的主要作用力是范德华力和静电引力,其他力的作用较弱。对于固体污垢的去除,主要是通过表面活性剂在固体污垢质点表面和基体表面上的吸附。

在净洗过程中,首先发生洗涤液对污垢质点和基体表面的润湿,洗涤液能否润湿固体污垢表面和基体表面可以由铺展系数来判断。

式(2-19)同样适用于洗涤液对固体污垢和基体表面的铺展。若 $S \geqslant 0$,则液体可在固体污垢表面和基体表面上铺展。对于一般已沾污的物品,不易被水润湿。若在水中加入表面活性剂,由于表面活性剂在固/液界面和溶液表面的吸附,γ_{SL}、γ_{LG} 下降,使 S 变得大于0,有利于润湿的发生。

另一方面,表面活性剂在固体污垢和基体表面的吸附可降低污垢质点在基体表面上的黏附功,根据黏附功的概念,液体中污垢质点在基体表面上的黏附功为:

$$W_a = \gamma_{PL} + \gamma_{SL} - \gamma_{SP} \tag{2-30}$$

式中:γ_{PL}、γ_{SL} 和 γ_{SP} 分别为污垢质点/水、基体/水及基体/污垢质点界面的界面自由能。表面活性剂在固体污垢和基体表面的吸附,使 γ_{SL} 和 γ_{PL} 下降,黏附功下降,也即污垢质点较易从基体表面除去。

离子型表面活性剂在基体及固体污垢表面上的吸附还可以增加它们的表面电荷,从而使它们之间相互排斥力增加,清除污垢更容易,而污垢要重新沉积在基体表上更困难。在水中,固体及一般纤维的表面多带负电荷,因此,加入阳离子表面活性剂往往会把表面负电荷中和掉,反而起到减小其表面电斥力的作用。而加入阴离子表面活性剂则可增加其表面负电荷,这就是通常的洗涤剂多为阴离子表面活性剂的原因。

对于非离子表面活性剂来说,由于它本身不带电,故不能明显地改变表面电荷,因此,它的除污垢能力不如阴离子表面活性剂好。但由于它被吸附在表面上形成较好的空间位垒,能阻碍污垢的再沉积,因而它的洗涤作用仍是不错的。

尽管表面活性剂的加入可以降低基体与污垢的黏附力,增加表面电荷,产生空间位垒,但是要除去基体上的污垢还是要提供机械作用。例如,通过搅拌洗涤液,使具有一定流速的液体冲击颗粒,使固体污垢离开基体表面。

3. 影响洗涤作用的因素

影响洗涤作用的因素很多,很复杂,主要涉及表面活性剂的结构、污垢及基体的性质、助洗剂种类及加入的数量、温度及水的硬度等因素。

(1)表面活性剂结构的影响。表面活性剂影响洗涤的两个重要因素:一是表面活性剂在基体或污垢上的吸附量;另一个是它在基体或污垢表面上的排列方式,即以疏水基吸附在表面上还是以疏水基伸向水相。

表面活性剂疏水基的长度将会影响吸附量。烃链的增长会增加其在水溶液中的吸附能力以及增加以疏水基吸附在基体表面的趋势,有利于提高洗涤效率。另外,支链出现以及亲水基在中央位置都会导致吸附能力减弱。良好的洗涤剂应该具有较长的直链烷烃以及亲水基位于分子一端或紧靠一端的结构特征。对聚氧乙烯型非离子表面活性剂来说,当聚氧乙烯基相同时,随着烃链长度的增加,CMC 值及开始发生增溶时的浓度减小,从而提高洗涤效率。但是要注意,烃链太长,尤其是离子型表面活性剂,会使其在水中的溶解度下降,甚至析出沉淀。

对离子型表面活性剂来说,表面活性剂离子所带的电荷对洗涤有重要影响。由于静电引力作用,使得表面活性剂离子总是吸附在与它带相反电荷的表面,因此不能从这种表面上清除油污。水溶液中,一般纤维的表面多带负电荷,采用阴离子表面活性剂作为洗涤剂时,是以疏水基吸附在纤维表面,亲水基朝向水中,具有良好的洗涤效果。

对聚氧乙烯型非离子表面活性剂而言,氧乙烯基数量增加会导致它在许多物质表面上的吸附减少,因而会影响洗涤效果。一般存在一个洗涤效果最佳的氧乙烯基数值。

(2)污垢及基体的影响。要从硬的固体表面或纤维表面除去油污,当表面活性剂在洗涤液中浓度大于 CMC 时,洗涤效果最佳。这说明此时油污清除机理主要是增溶作用或者是乳化作用。在较低的表面活性剂浓度下,非离子表面活性剂除油污能力及防止油污再沉积能力比阴离子表面活性剂更好,这是由于它具有较低的 CMC 值和较高的表面覆盖率。对于非极性基体(如聚酯纤维),非离子表面活性剂去除油污更有效;而对于棉等亲水纤维,阴离子表面活性剂作为洗涤剂则优于非离子表面活性剂。因为非离子表面活性剂的疏水基以色散力或氢键吸附在非极性的油污或基体表面上,而其聚氧乙烯基伸入水相中,从而将基体/洗涤液界面的张力降低,因而有利于油污清除,同时由于形成空间位垒而阻碍油污的再沉积。但是,若基体是亲水的纤维素,则聚氧乙烯基的醚键与纤维素的羟基以氢键连接,使得表面活性剂的疏水基伸入水相,从而导致界面张力增加,油污清除困难,且容易再沉积。因而非离子表面活性剂在棉织物上的洗涤效果比在非极性基体上的洗涤效果差。阴离子表面活性剂会以烃链吸附在棉织物表面,亲水离子基伸入水相,从而增加棉织物的亲水性,降低了界面张力,促进油污去除及阻止再沉积。因此,对非极性的基体,非离子表面活性剂的洗涤效果最好;而对纤维素等亲水纤维基体,则阴离子表面活性剂的洗涤效果最好。

(3)温度的影响。温度对洗涤效果具有重要的影响。净洗过程中受温度影响的因素很多,主要包括表面活性剂的溶解性、形成胶束的能力及胶束的大小,纺织品的软化和膨胀,污垢的物理状态、在纤维上的吸附性能、对纤维内部的扩散等。总体而言,温度增加有利于洗涤效果的改善。

随着温度升高,离子型表面活性剂在洗涤水溶液中溶解度增大,临界胶束浓度增大,胶束聚集数减少,对去污作用不利。但烃链较长的表面活性剂因溶解度增加而发挥出洗涤性能,因而最适合作洗涤剂的烃链长度也随之增加。

非离子表面活性剂在低温时具有较好的溶解性,因此,低温洗涤性能较好,随着温度的升高,非离子表面活性剂的临界胶束浓度下降,胶束聚集数增加,有利于洗涤效果的改善。

温度升高可使纤维表面的一些固体污垢熔融,变得容易去除。阴离子表面活性剂在棉织物上除去固体污垢时,非极性固体污垢,如十八烷,当温度提高到其熔点温度(28.2℃)时,洗涤效果会突然提高。

五、添加剂对表面活性剂溶液性能的影响

表面活性剂性能的优劣既取决于其分子结构的特点,又受体系的物理化学环境及分子间相互作用的影响。改善其应用性能的途径可分为两种:一是合成新型结构的表面活性剂,例如,人们在一般表面活性剂的基础上,开发出混合型表面活性剂(聚醚羧酸盐、醇醚硫酸盐等)、Gemini表面活性剂,使其应用性能有所改善;二是通过添加其他组分,得到具有优越应用性能的产品。人们在实践中发现,在一种表面活性剂溶液中加入另一种表面活性剂或其他添加剂,其物理化学性质会有明显的变化,并常显示出优于单一表面活性剂溶液的特性。例如,人们发现用十二醇与氯磺酸反应制备硫酸酯盐时,若十二醇充分转化得到产率高、纯度好的产品,它的应用性能,如起泡和乳化力,反而不及反应不完全时得到的不纯产品,这就是由于产品中含有未反应的十二醇的缘故。

因此,研究添加剂对表面活性剂溶液性质的影响有理论上与实践上的重要意义。它可以帮助人们掌握表面活性剂复配增效的基本规律,以寻求适于各种具有实际用途的高效配方,而不必一定在新型表面活性剂的合成方面孜孜以求。下面将对一些添加剂对表面活性剂溶液性质的影响进行初步讨论。

1. 无机盐对表面活性剂溶液性质的影响

在实际应用的表面活性剂制品中,无机盐常是不可缺少的成分。例如,在洗涤剂中常常加入硫酸钠等无机盐,以提高表面活性剂的表面活性。

电解质对离子型表面活性剂性质的影响远大于对非离子表面活性剂的影响。这是因为在水溶液中离子表面活性剂的单体、胶束、吸附层都是带电的,表面活性剂离子周围存在离子雾,胶束和吸附层都有扩散双电层结构,加入电解质将改变离子的空间分布,压缩离子雾和扩散双电层的厚度,从而影响表面活性剂的溶解、吸附、形成胶束的性质以及各种应用性能。对于非离子表面活性剂溶液的性质,与离子表面活性剂相比,此种影响要弱得多。

在离子表面活性剂溶液中加入与表面活性剂有相反离子的无机盐时,其表面活性得到提高,CMC下降。随着反离子浓度的增加,表面活性剂胶束的扩散双电层被压缩,减弱了表面活

性剂离子头之间的相互排斥作用,从而使胶束变得容易形成,CMC 下降。图 2-36 表示在一定电解质浓度范围内,lg CMC 与 lg c_i 有很好的线性关系。

加入表面活性剂中的无机盐,在降低溶液 CMC 的同时,也使其表面张力大大下降。如图 2-37 所示,NaCl 不但大大降低同浓度十二烷基硫酸钠溶液的表面张力,而且使溶液的最低表面张力(γ_{CMC})降得更低。这是由于加入无机盐后,离子分布平衡移动使更多的反离子进入吸附层,减弱了吸附层中表面活性离子间的排斥作用,导致吸附量增加,疏水基在溶液表面的覆盖率便越大,降低表面张力的能力越强。

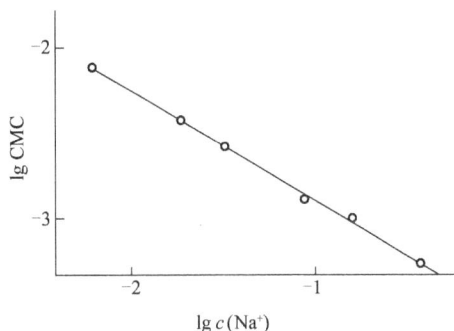

图 2-36 十二烷基硫酸钠的 CMC 与反离子浓度的关系(25℃)

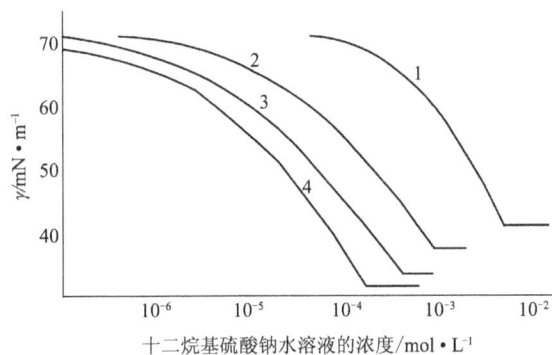

图 2-37 NaCl 浓度对十二烷基硫酸钠水溶液表面张力的影响(29℃)

1—NaCl 的浓度为 0 2—NaCl 的浓度为 0.1mol/L

3—NaCl 的浓度为 0.5mol/L 4—NaCl 的浓度为 1.0mol/L

无机盐对离子型表面活性剂溶液性质的影响程度,与无机盐中离子价数的高低有关。相同当量浓度的钠、镁、铝盐降低十二烷基硫酸钠 CMC 的能力有所不同,其中以价数高者居首位。同时,高价离子比一价离子有更大的降低表面活性剂溶液最低表面张力的能力。

对于非离子表面活性剂,无机盐对其性质的影响较小。当盐浓度较小时($c_i < 0.1$),非离子表面活性剂的表面活性几乎没有显著改变,只是在盐浓度较大时表面活性才出现变化,但也较离子表面活性剂的变化小得多。图 2-38 显示出 0.86mol/L NaCl 只能使 $C_9H_{19}C_6H_4(CH_2CH_2O)_{15}H$ 水溶液的 CMC 下降大约一半,而 0.4 mol/L NaCl 可使 $C_{12}H_{25}OSO_3Na$ 水溶液的 CMC 下降到原来的 1/16 左右。图中数据还显示,NaCl 的加入不能使非离子表面活性剂的最低表面张力降得更低。

在非离子表面活性剂溶液中加入无机盐,可降低其浊点。这是无机盐对非离子表面活性剂"盐析"作用的结果。它与降低 CMC,增加胶束聚集数相对应,使得表面活性剂易于缩合成更大的胶束,到一定程度即分离出新相,溶液出现混浊。

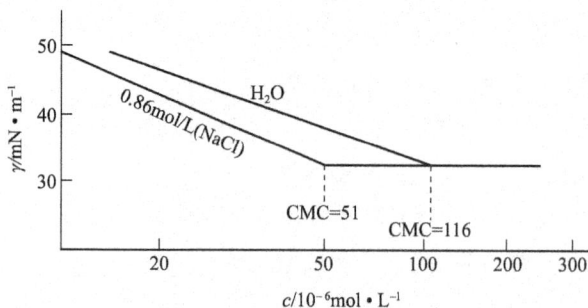

图2-38　加入 NaCl 对 $C_9H_{19}C_6H_4(CH_2CH_2O)_{15}H$ 临界胶束浓度的影响

2. 极性有机物对表面活性剂溶液性质的影响

少量极性有机物的存在能使表面活性剂溶液的 CMC 产生很大变化,也常常引起表面活性剂溶液表面张力出现最低值的现象。而在一般表面活性剂的工业品中几乎不可避免地含有少量未被分离出去的极性有机物原料或副产物等。同时,在实用的表面活性剂配方中,也常常加入一些极性有机物作为添加剂。因此,讨论极性有机物对表面活性剂溶液性质的影响,具有重要的实际意义。

常用的极性有机物包括醇、胺、酰胺、尿素等,而研究最多、应用最广的是脂肪醇。下面以脂肪醇为主介绍极性有机物对表面活性剂溶液的作用规律。

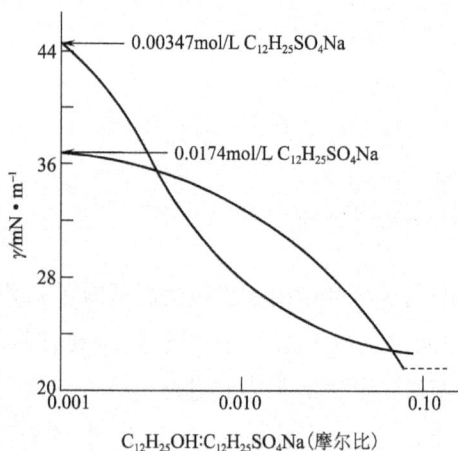

图2-39　十二醇对十二烷基硫酸钠水溶液
表面张力的影响

脂肪醇对离子表面活性剂水溶液的表面张力有显著影响,如图2-39所示为十二醇对十二烷基硫酸钠水溶液表面张力的影响。十二烷基硫酸钠溶液浓度在大于 CMC(如 $c=0.0174\text{mol/L}$)时,其表面张力为 37mN/m,加入十二醇后,溶液表面张力随之下降,当醇与表面活性剂的摩尔比为 $0.08:1$ 时,溶液表面张力下降至 23mN/m。更为显著的是,当十二烷基硫酸钠浓度为小于 CMC(0.00347mol/L)时,溶液表面张力为 45mN/m,加入适量的十二醇也可使溶液表面张力降低至 23mN/m。

醇类对表面活性剂溶液表面张力的影响随醇的碳氢链长度变化而变化。一般使用的为碳链长度不大于表面活性剂碳链长度的醇,在此范围内,醇的碳链越长,使表面活性剂溶液的表面张力降低得越多。醇的加入还能使表面吸附量增加,表面上疏水基密度增大,这是由于不带电荷的醇分子进入吸附层,形成混合吸附膜,同时降低了表面电荷密度,削弱了表面活性离子间的排斥作用,使吸附层中疏水基更加紧密。这种更加紧密的吸附层不仅使溶液表面张力降得更低,而且表面膜的强度增大。因而可增进表面活性剂溶液的润湿能力、铺展能力、起泡能力和泡沫稳定性。

脂肪醇对表面活性剂溶液的胶束化作用也有明显的影响,不论是阳离子表面活性剂,还是阴离子表面活性剂,其 CMC 都随醇浓度的增加而降低。醇的碳氢链越长,影响越大,如图2-40所示。离子型表面活性剂的 CMC 随加入醇类而降低,可由醇分子参与胶束的形成,插于表面活性剂之间,降低表面电荷密度使胶束更易形成来说明。

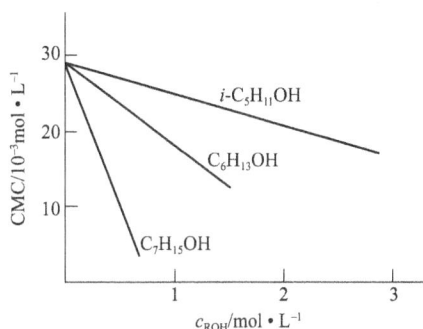

图 2-40 脂肪醇对十二酸钾
CMC 的影响(10℃)

加入醇之后的表面活性剂溶液,在其他一些性质上也有突出的变化。溶液的表面黏度由于醇的加入而增加,所以直链脂肪醇有时可作为增稠剂。当有醇存在于表面活性剂溶液中时,表面张力的时间效应更显著,达到平衡表面张力所需时间更长。这可以认为是由于醇与表面活性剂竞争吸附的结果。

与上述脂肪醇不同,尿素、N-甲基乙酰胺、乙二醇、1,4-二氧六环等水溶性较强、极性较强的有机化合物会使表面活性剂溶液的 CMC 上升。一般认为,尿素、N-甲基乙酰胺等在水中与水分子有很强的相互作用,主要是以形成氢键结合,使水本身的结构易于破坏,而不易形成。这类化合物对表面活性剂分子疏水基碳氢链周围的"冰山"结构也有同样的破坏作用,使冰山结构不易形成。这就使表面活性剂吸附于表面及形成胶束的趋势减小,表面活性降低,CMC 升高。

极性有机物对非离子表面活性剂溶液性质也有较大的影响。尿素等破坏水结构的化合物能使聚氧乙烯型非离子表面活性剂的表面活性降低,表面张力升高,CMC 变大;而另一类强极性的有机化合物,如果糖、木糖以及山梨糖醇等则使表面活性剂的表面活性增强,CMC 降低。

能使表面活性剂溶液 CMC 增大的这类强极性有机化合物,也能使表面活性剂在水中的溶解度增加,在表面活性剂复配中被作为助溶剂使用。

3. 水溶性高分子化合物对表面活性剂溶液性质的影响

表面活性剂复配中添加水溶性高分子化合物以提高其使用效果,这在实际生产中已得到广泛应用。例如,在洗涤剂配方中,常加入羧甲基纤维素、丙烯酸类聚合物等作为助洗剂,以提高螯合分散能力和防止再沾污能力;在乳状液的制备过程中,在乳化剂中加入 PVA、羟乙基纤维素等高分子化合物作为保护胶体,可提高乳液稳定性。

水溶性高分子化合物与表面活性剂之间的作用一般可分为三种:即电性作用、疏水作用及色散力作用。对于一般非电解质的中性水溶性高分子化合物,其与表面活性剂之间的作用主要是碳氢链之间的疏水结合。研究结果表明,高分子化合物的疏水性越强,则越容易与表面活性剂相互作用而形成复合物。

在表面活性剂溶液中加入水溶性高分子化合物,溶液表面性质将发生变化。其普遍特点是表面活性剂溶液的 γ—lg c 曲线出现两个转折点。如图2-41所示为相对分子质量为5400的聚乙二醇(PEG)对十二烷基硫酸钠溶液表面张力的影响。

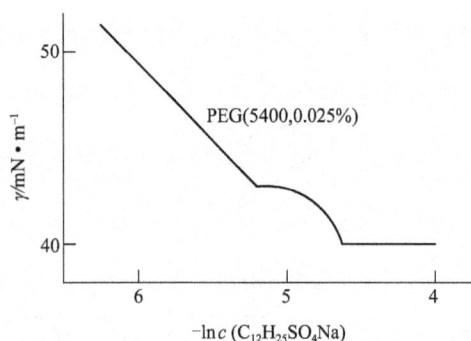

图 2-41 聚乙二醇对十二烷基硫酸钠溶液
表面张力的影响

由图(2-41)中可以看出,第一个转折点的溶液浓度低于纯表面活性剂的 CMC,但表面张力高于纯表面活性剂的 γ_{CMC}。这种现象的出现是由于高分子化合物与表面活性剂在水溶液中通过彼此碳氢链之间的疏水作用而结合的结果及形成复合物或是高分子化合物吸附了表面活性剂。在第一个转折点时,高分子化合物开始吸附表面活性剂,使溶液中的表面活性剂的浓度与无高分子化合物存在时相比显著下降,溶液表面吸附随表面活性剂浓度增加而增加的趋势减弱,即表面张力下降速度减缓,当高分子化合物对表面活性剂的吸附达到饱和时,被吸附的表面活性剂浓度亦达到胶束形成所需的浓度,此后再增大表面活性剂的浓度,将不断形成胶束,溶液表面张力不再发生明显的变化,即出现了第二个转折点。研究表明,随着高分子化合物相对分子质量的增大,吸附表面活性剂的能力增加,则对表面活性剂溶液性质的影响越大。

在高分子化合物与表面活性剂的相互作用中,除考虑烃链之间的疏水作用外,有些体系还需考虑电性的相互作用,高分子化合物与表面活性剂的电性差异越大,相互作用越强。非离子表面活性剂与高分子化合物之间的相互作用一般较弱。

高分子化合物对表面活性剂溶液的增溶作用也有一定的影响。例如,OT 橙染料在十二烷基硫酸钠水溶液中的增溶量,由于加入聚乙烯吡咯烷酮(PVP)而增大,并且增溶作用显著时的浓度大致与 γ—lg c 曲线的第一个转折点相对应。

水溶性高分子化合物对表面活性剂溶液性质的影响,也在溶液黏度上显示出来。一般来说,水溶性高分子化合物的加入,将使溶液黏度增加,且在表面活性剂同系物中,随着碳氢链的增加,与高分子化合物的相互作用越强,溶液黏度增加也越多。

4. 表面活性剂之间的相互影响

(1)同系物之间的相互影响。表面活性剂产品常常为同系物的混合物,包括亲水基相同而疏水基碳链不同的表面活性剂,或疏水基相同而亲水基链长不同的非离子表面活性剂等。

同系物混合表面活性剂的物理化学性质一般介于各单一表面活性剂的性质之间,而更接近于其中表面活性较高者。图 2-42 为 $C_{12}H_{25}SO_4Na$ 和 $C_{10}H_{21}SO_4Na$ 混合溶液的浓度与表面张力的关系。从图中可以看出,混合物的表面活性介于两纯表面活性剂之间。

同系物混合表面活性剂的 CMC 与单一表面活性剂之间的关系可用下式表示:

$$\frac{1}{c_T^{(1+K_0)}} = \sum \frac{x_i}{c_i^{(1+K_0)}} \qquad (2-31)$$

式中:c_T 为混合表面活性剂的 CMC;c_i 为 i 组分表面活性剂的 CMC;x_i 为 i 组分表面活性剂的摩尔分数;K_0 为与胶束反离子结合度有关的常数。对于双组分表面活性剂混合的溶液体系,式(2-31)可简写为:

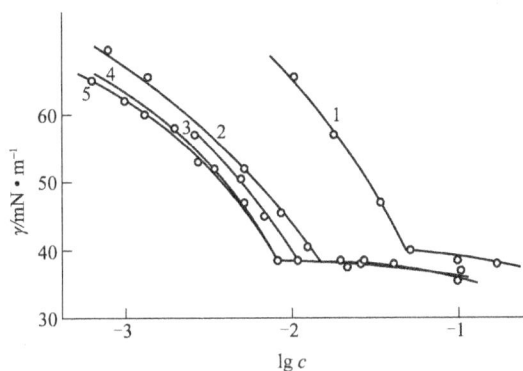

图 2-42　$C_{10}H_{21}SO_4Na—C_{12}H_{25}SO_4Na$ 混合溶液的表面张力（30℃）

1—纯 $C_{10}H_{21}SO_4Na$　2—3∶1　3—1∶1　4—1∶3　5—0 纯 $C_{12}H_{25}SO_4Na$

（此数据为混合溶液中 $C_{10}H_{21}SO_4Na$ 与 $C_{12}H_{25}SO_4Na$ 的摩尔比）

$$\frac{1}{c_{12}^{(1+K_0)}} = \frac{x_1}{c_1^{(1+K_0)}} + \frac{x_2}{c_2^{(1+K_0)}} \qquad (2-32)$$

式中：c_{12} 为混合表面活性剂的 CMC；c_1、c_2 分别为表面活性剂组分 1 和 2 的 CMC；x_1 和 x_2 为组分 1 和 2 的摩尔分数。

对于离子型表面活性剂，一般 K_0 为 0.6 左右，根据式（2-32）即可从两种表面活性剂的 CMC 计算出混合表面活性剂的 CMC。图 2-43 给出了混合体系 CMC 的计算值和实验测定值。由图可知，实验值和理论计算值相符性很好。

对于非离子表面活性剂的二元混合物，式（2-32）中的 K_0 消失，得到下式：

$$\frac{1}{c_{12}} = \frac{x_1}{c_1} + \frac{x_2}{c_2} \qquad (2-33)$$

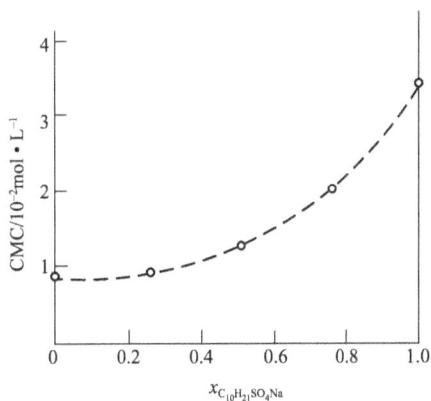

图 2-43　$C_{10}H_{21}SO_4Na—C_{12}H_{25}SO_4Na$ 混合溶液的 CMC 值（30℃）

○—实验值　┄┄—理论计算值

对于一个两组分表面活性剂混合体系，实验表明，混合溶液的饱和吸附量一般也介于两表面活性剂单一饱和吸附量之间。而混合表面吸附层中，表面活性较高的组分在吸附层中的比例相对较高。这可以从竞争吸附剂里得到解释，混合体系中表面活性高者竞争力强，于是在表面层中占有较大的份数。

同样，两组分表面活性剂混合体系中，碳链较长，CMC 较小者，在混合胶束中的比例较高；而 CMC 较大者，不易在溶液中形成胶束，所以在混合胶束中所占的比例相对较小。

（2）离子型和非离子型表面活性剂之间的相互影响。离子型表面活性剂与非离子型表面活性剂混合物早已在实际生产中得到了广泛应用。例如,大多数的高效精练剂都是离子型表面活性剂与非离子表面活性剂的复配物。这是由于离子型和非离子型表面活性剂的混合使用,可以获得比单一表面活性剂更为优良的润湿性能和洗涤性能。

在离子型表面活性剂溶液中加入少量非离子型表面活性剂,即可使体系的 CMC 大为降低。图 2-44 显示出了 $C_{12}H_{25}SO_4Na$ 和 $C_{12}H_{25}O(C_2H_4O)_7H$ 混合体系的 CMC 下降情况。产生上述现象的原因可能是由于非离子表面活性剂分子插入到离子型表面活性剂胶束中,削弱了离子型表面活性剂离子头之间的电性斥力。另外,两种表面活性剂分子的碳氢链间的疏水作用,使体系较易形成胶束,因此混合溶液体系的 CMC 下降。

离子型表面活性剂溶液中加入非离子表面活性剂时,溶液表面张力也下降,表面活性增强。

非离子表面活性剂中加入离子型表面活性剂时,会使浊点升高。图 2-45 显示出了几种离子型表面活性剂对非离子型表面活性剂 $C_8H_{17}C_6H_4O(C_2H_4O)_9H$ 溶液浊点的影响。

由图(2-45)可知,这种影响相当显著,例如,当十二烷基苯磺酸钠用量为表面活性剂总量的 2% 时,即可把原溶液的浊点升高 20℃,这种现象可以解释为两种表面活性剂形成的混合胶束与原来的非离子表面活性剂胶束不同,是带电的。因此混合胶束之间存在电性斥力,这种排斥作用增加了胶束的稳定性,使胶束不易彼此结合形成表面活性剂相而析出,则浊点升高。

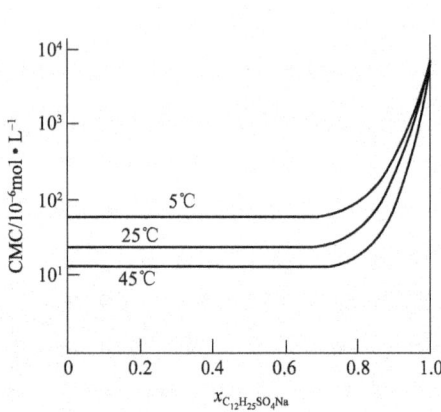

图 2-44　$C_{12}H_{25}SO_4Na$—$C_{12}H_{25}O(C_2H_4O)_7H$ 混合溶液的 CMC 值

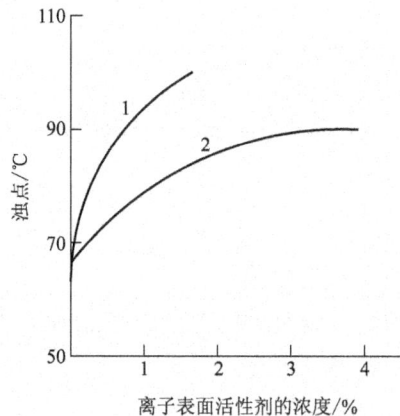

图 2-45　离子表面活性剂对 $C_8H_{17}C_6H_4O(C_2H_4O)_9H$ 浊点的影响

1—烷基苯磺酸钠　2—烷基酚聚氧乙烯醚硫酸钠

(3)阴、阳离子表面活性剂的相互影响。由于阴、阳离子表面活性剂混合后容易形成沉淀而失去表面活性,因此,这方面的研究较少。但近二十多年来的研究表明,在一定条件下,阴、阳离子表面活性剂混合体系具有很高的表面活性,显示出极大的增效作用。表 2-19 给出了 $C_8H_{17}N(CH_3)_3Br$ 和 $C_8H_{17}SO_4Na$ 混合后 CMC 和 γ_{CMC} 的变化情况。

从表 2-19 中数据可知,阴、阳离子表面活性剂的混合体系比单一表面活性剂的表面活性高得多,具有明显的增效作用。表明在一种阴离子表面活性剂中添加一定量的阳离子表面活性剂,即可显著提高其表面活性,反之亦然。

表 2 - 19 $C_8H_{17}N(CH_3)_3Br$ 和 $C_8H_{17}SO_4Na$ 混合液 CMC 和 γ_{CMC} 的变化情况（25℃）

$C_8H_{17}N(CH_3)_3Br$：$C_8H_{17}SO_4Na$	CMC/mol·L⁻¹	γ_{CMC}/mN·m⁻¹	$C_8H_{17}N(CH_3)_3Br$：$C_8H_{17}SO_4Na$	CMC/mol·L⁻¹	γ_{CMC}/mN·m⁻¹
1	2.6×10^{-1}	41	1：10	2.5×10^{-2}	23
10：1	3.3×10^{-2}	23	1：50	5.0×10^{-2}	25
1：1	1.5×10^{-2}	23	0	1.4×10^{-1}	39

阴、阳离子表面活性剂混合体系表面活性的提高，主要是由于两种电性相反的表面活性剂离子间的电性吸引及其疏水链之间的相互作用引起的，在混合体系中，离子头之间相同电性的斥力减弱，而增加了相反电荷之间的引力，这大大促进了两种不同电荷离子间的缔合，在表面上更易吸附，在溶液中更易形成胶束，因而表面活性更高。其中，效果最佳的是1：1的混合溶液，此时，阴、阳离子表面活性剂的电性自行中和，扩散双电层消失，表面活性剂离子间的排列最为紧密。

阴、阳离子表面活性剂混合体系表面活性的提高与表面活性剂的疏水链长度有关，当两种表面活性剂的疏水链碳原子数比较接近时，表面活性的提高比较明显；若两种表面活性剂疏水链的长度相等，则碳链越长，表面活性的增效作用越明显。这主要体现在混合体系的临界胶束浓度 CMC_T 与单一组分的 CMC_i 之间的比值更小，如表 2 - 20 所示。

表 2 - 20 等长碳链阴、阳离子表面活性剂等比混合体系的 CMC 值

混 合 体 系	CMC_T/mol·L⁻¹	CMC_T/CMC_+	CMC_T/CMC_-
$C_8H_{17}N(CH_3)_3Br$：$C_8H_{17}SO_4Na$	1.5×10^{-2}	0.058	0.11
$C_{10}H_{21}N(CH_3)_3Br$：$C_{10}H_{21}SO_4Na$	9.0×10^{-4}	0.014	0.029
$C_{12}H_{25}N(CH_3)_3Br$：$C_{12}H_{25}SO_4Na$	4.0×10^{-5}	0.0013	0.0025

此外，阴、阳离子表面活性剂的混合体系还可同时具有两类表面活性剂的优点。例如，阳离子表面活性剂具有较好的杀菌、柔软、抗静电的功能，但洗涤作用不佳，若与阴离子表面活性剂混合使用，则可得到化纤织物的优良洗涤剂，同时兼有洗涤、抗静电、柔软、防尘等功能。阴、阳离子表面活性剂复配的最大弱点是混合物溶解度较低，必须采取适当的增溶方法才能投入实际应用。

☞ 复习指导

1.内容概览

本章主要介绍了表面化学和表面活性剂的基本概念、表面活性剂的结构特征以及各类表面活性剂的结构、性质和在染整加工中的应用；表面活性剂的基本性质包括：表面活性剂在界面的吸附、表面活性剂对溶液性质的影响；表面活性剂的应用性能包括：润湿作用、渗透作用、乳化作用、分散作用、起泡作用、洗涤作用；表面活性剂的复配规律等。

2.学习要求

(1)掌握表面张力、表面活性、表面活性剂等基本概念以及表面活性剂分子的结构特点。

(2)了解各类表面活性剂的结构、性质以及作为染整助剂的应用情况。

(3)掌握表面活性剂在溶液表面的性质和表面活性剂溶液性质的相关知识,包括:表面吸附现象、吉布斯吸附公式、表面吸附量、胶束聚集数、临界胶束浓度、增溶作用、Krafft点、浊点、亲水亲油平衡值、降低表面张力的能力、降低表面张力的效率等基本概念。熟悉影响表面吸附的因素、胶束的形成机理、影响胶束聚集数的因素、影响增溶作用的因素、影响表面活性剂溶解性的因素、影响表面活性剂降低表面张力效率的因素。

(4)熟悉表面活性剂的应用性能,掌握润湿、接触角、固体润湿临界表面张力、乳状液、分散、洗涤等基本概念。熟悉润湿和渗透的机理、影响乳状液类型的因素、分散剂的作用机理、表面活性剂的结构与分散性质的关系、影响泡沫稳定性的因素、洗涤的机理等。

(5)熟悉中性电解质、有机化合物、高分子化合物表面活性剂溶液性质的影响规律及表面活性剂相互作用的规律。

👉 思考题

1.何谓表面张力和表面自由能?分析表面张力和表面自由能的关系。

2.何谓表面活性剂?分析表面活性剂分子的结构特点。

3.写出下列表面活性剂的结构、性能及作为染整助剂的用途。

雷米邦A、十二烷基苯磺酸钠、烷基磺酸钠、渗透剂T、脂肪醇醚硫酸酯盐、烷基磷酸酯盐、表面活性剂1227、表面活性剂1631、抗静电剂SN、平平加O、脂肪胺聚氧乙烯醚、聚醚、Span20、烷基多苷。

4.何谓表面吸附现象?从表面活性剂的结构特点分析表面活性剂产生正吸附的原因。

5.说明表面吸附量的物理意义。

6.说明表面活性剂在固/液界面上的吸附方式,分析影响表面活性剂在固体上吸附的因素。

7.何谓胶束聚集数?何谓临界胶束浓度?分析表面活性剂结构对胶束大小和临界胶束浓度的影响。

8.何谓增溶作用?增溶作用的方式有几种?分析影响增溶作用的因素。

9.何谓亲水亲油平衡值?用格里芬的方法计算 $C_{12}H_{25}(CH_2CH_2O)_{10}H$ 的 HLB 值;用戴维斯法计算 $C_{16}H_{33}SO_3Na$ 的 HLB 值。

10.何谓Krafft点?分析影响离子型表面活性剂水溶性的因素。

11.何谓浊点?分析影响聚氧乙烯型非离子表面活性剂浊点的因素。比较下列表面活性剂浊点的大小。① $C_{12}H_{25}(CH_2CH_2O)_{10}H$;② $C_{12}H_{25}(CH_2CH_2O)_7H$;③ $C_{10}H_{21}(CH_2CH_2O)_{10}H$。

12.何谓生物降解?分析表面活性剂结构对生物降解性的影响。

13.解释表面活性剂降低表面张力的能力和效率,分析其影响因素。

14.解释沾湿、浸湿、铺展的概念,分析沾湿、浸湿、铺展自发进行的条件。

15. 何谓接触角？写出润湿方程,试述如何根据接触角判断润湿情况。

16. 解释固体的润湿临界表面张力的意义。

17. 从弯曲表面附加压力的概念分析产生渗透作用的原因。

18. 何谓乳状液、连续相、分散相？

19. 分析影响乳状液类型的因素。说明产生转相的条件和方法。

20. 何谓相转变温度？分析相转变温度法对乳化剂选择的作用。

21. 何谓分散作用？说明分散剂的分散作用包括哪些方面？分析分散剂的结构特点。

22. 何谓泡沫？分析影响泡沫稳定性的因素。

23. 试述液体污垢的去除机理。分析表面活性剂在污垢去除中的作用。

24. 分析无机盐对表面活性剂溶液性质的影响。

25. 分析脂肪醇对表面活性剂溶液性质的影响。

26. 分析阴离子表面活性剂与非离子表面活性剂混合后的相互影响。

27. 分析高分子化合物与表面活性剂的相互影响。

第三章　生物酶

酶是生物体内活细胞在一定的条件下根据生命活动的需要而产生的一种具有催化作用的物质,是一种生物催化剂。生物体内的各种生化反应,几乎都是在酶的催化作用下进行的。在一定条件下,酶不仅在生物体内,而且在生物体外也可催化各种生化反应。酶的性质和功能真正被人们所认识只有百余年的历史,但酶的催化作用自古以来就被人类应用于日常生活中。

1833 年,Payen 和 Person 从麦芽的水抽提物中用酒精沉淀,得到了一种对热不稳定的活性物质,它可促进淀粉水解成可溶性糖。他们把这种物质称为 Diastase,其意为"分离",表示可从淀粉中分离出可溶性糖来。实际上他们得到的是一种很粗的淀粉酶制剂,所以有人认为 Payen 和 Person 首先发现了酶。

酶在生产实践中起着十分重要的作用,推动着生产的发展和人类文明的进步,它几乎渗入了人们生活的各个领域。近年来,绿色纺织品及生态染整加工已成为纺织业可持续发展的重要基础。酶制剂作为一种生物制剂,无毒无害,它在纺织品加工中的开发应用顺应了绿色生产加工和可持续发展的要求,代表了纺织工业清洁生产发展的趋势,因而为越来越多的染整工作者所认可,并替代传统的一些强酸、强碱等化学品用于染整加工中。

第一节　概　述

一、酶的本质

酶的本质是蛋白质,因而酶必然有四级空间结构形式,其中一级结构是指具有一定氨基酸顺序的多肽链的共价骨架;二级结构为在一级结构中相近的氨基酸残基间由氢键的相互作用而形成的带有螺旋、折叠、转角、卷曲等细微结构;三级结构系在二级结构基础上进一步进行分子盘曲以形成包括主侧链的专一性三维排列;四级结构是指低聚蛋白中各折叠多肽链在空间的专一性三维排列。具有低聚蛋白结构的酶(寡聚酶)必须具有正确的四级结构才有活性。具有活性的酶都是球蛋白,即被广泛折叠、结构紧密的多肽链,其氨基酸亲水基团在外,而疏水基团向内。酶蛋白有三种组成形式:

1. 单体酶

这类酶的酶蛋白是一条多肽链,肽链具有三维空间结构。催化水解反应的酶属于这一类,相对分子质量在 13000～35000。

2. 寡聚酶

寡聚酶是由几个甚至几十个亚基组成,这些亚基之间通过次价键聚合而成,所以它们都是具有四级结构的蛋白质。糖酵解过程中的许多酶属于这一类,其相对分子质量从三万五千至数百万不等。

3. 多酶体系

多酶体系是由酶彼此嵌合而成的,它有利于一系列反应的继续进行,多酶体系的相对分子质量很高,一般都在几百万以上。

大部分酶为复合蛋白质,或称全酶,是由蛋白质部分和非蛋白质部分所组成,即酶蛋白本身无活性,需要在辅助因子存在下才有活性。辅助因子可以是无机离子,也可以是有机化合物,它们都属于小分子化合物。有的酶仅需其中一种,有的酶则两者都需要。约有 25% 的酶含有紧密结合的金属离子或在催化过程中需要金属离子,包括铁、铜、锌、镁、钙、钾、钠等,它们在维持酶的活性和完成酶的催化过程中起作用。有机辅因子可依其与酶蛋白结合的程度分为辅酶和辅基,前者为松散结合;后者为紧密结合,但有时把它们统称为辅酶。

二、酶的命名和种类

通常酶是根据它所作用的底物和所催化反应的类型来命名的。例如,脂肪酶、淀粉酶、纤维素酶是按照酶所作用的底物来命名的,而氧化还原酶是按照能催化氧化还原反应的类型命名的。

这种命名习惯比较简明,但不够确切。例如,酵母含有能促进蔗糖水解的酶称蔗糖酶,但促使蔗糖水解的酶却不止一种酶。

因此,国际酶学会提出了一套科学的酶的系统命名法,它是以酶所催化的整体反应为基础来命名的,按照国际酶学会的规定,酶可分为以下六大类。

(1)氧化还原酶。催化发生电子(或氢原子)得失的氧化反应的酶,如过氧化氢酶。

(2)转移酶。能通过催化作用,将官能团从一个分子转移到另一个分子,具有这种作用的酶称为转移酶。

(3)水解酶。具有催化水解的作用,即底物与水作用,如脂肪酶、纤维素酶、淀粉酶、蛋白酶等。

(4)裂解酶。催化一个化合物分子裂解为两个或多个化合物分子的反应,如果胶裂解酶。

(5)异构酶。催化底物分子异构化反应,如葡萄糖转化为果糖。

(6)加和酶。催化两个底物分子合成另一个产物分子的反应,如合成酶。

按照系统分类命名法,每种酶各有一个独自的四个数字的分类编号(用 EC 表示),例如,胰蛋白酶的分类编号为 3.4.21.4 。编号中第一个数字"3"表示它所属的大类水解酶的分类编号;第二个数字"4"代表亚类,表示它是蛋白酶水解肽键;第三个数字"21"代表小类,表示它是丝氨酸蛋白酶,在活性部位上有一至关重要的丝氨酸残基;第四个数字"4"是具体的酶的编号,表示它是这一类型中被认定的第四种酶。

第二节　酶的催化特性及酶的活力

一、酶的催化特性

1. 催化作用的特性

(1)酶催化作用的专一性。酶的专一性是酶最重要的特性之一。然而酶的专一性程度视酶的种类不同而有所差异。酶的这种特性包括三方面的含义:一是指酶作用的绝对专一性,即有些酶只作用一种底物。例如,脲酶只作用于尿素;麦芽糖酶仅分解麦芽糖,使其变为葡萄糖;琥珀酸脱氢酶只催化琥珀酸,使其脱脂变成反丁烯二酸。二是指酶对反应的专一性,即有的酶只催化某一类型的反应。例如,蛋白酶能水解动物蛋白也能水解植物蛋白。三是指酶催化作用的主体专一性,即有些酶只催化一种主体结构,大多数与氨基酸和糖作用的酶都具有这种特性,例如,胰蛋白酶只能作用于 L-氨基酸的肽键或酯键。酶的高度专一性,有利于从复杂的原料中加工某一成分,以获得所需的产品,或从某些物质中去除不需要的杂质而保留其他成分。

关于酶专一性的解释,主要有锁—钥学说和诱导契合学说。

锁—钥学说:酶催化发生反应之前,首先要与酶形成中间复合物,然后转化为产物并使酶重新游离出来。酶的催化活性主要取决于酶的活性中心,活性中心是指酶分子的凹槽或空穴部位,是酶与底物结合并进行催化反应的部位。其形状与底物分子或底物分子的一部分基团的形状互补。在催化过程中,底物分子或底物分子的一部分就像钥匙一样,可以嵌入到特定的活性中心部位的某一适当位置,与酶分子形成中间复合物,才能顺利进行催化反应。否则不能被催化。

诱导契合学说:认为酶分子的构想不是一成不变的,而是在底物分子邻近酶分子时,酶分子受到底物的诱导,其构象会发生某些变化,使之有利于与底物结合。

(2)酶催化作用的高效性。左图为酶与非酶催化反应活化能的关系。

由左图可以看出,酶催化反应比非酶催化反应所需的活化能要低得多。由于酶催化时所需活化能很低,酶催化反应的速率极高,一般可达到非酶催化反应速率的几百万倍。例如,过氧化氢酶在催化分解双氧水漂白后剩余的过氧化氢反应中,1 个分子的过氧化氢酶在 1s 内可催化分解 500×10^4 个双氧水分子,可见其效率相当高。

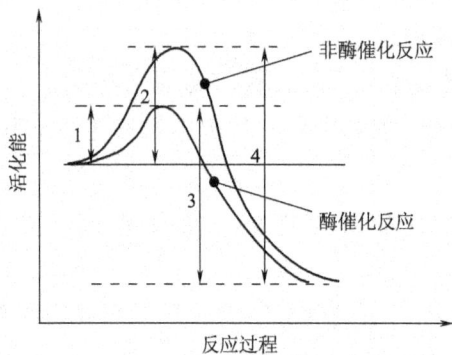

酶与非酶催化反应活化能

1—酶催化正反应的活化能　2—非酶催化正反应的活化能
3—酶催化逆反应的活化能　4—非酶催化逆反应的活化能

(3)酶催化作用的温和性。因为酶是从生物体中获得的,所以,一般酶都是在接近生物体的温度和接近中性的环境下起反应的。大多数酶催化反应均可在常温常压的温和条件下进行,因而较易控制,操作环境较安全。因此,采用酶作为催化剂,有利于节省能源、减少污染、减少设备投资、优化工作环境和劳动条件、实现清洁生产。这一特点为生物酶在染整生产中的应用提供了更加广阔的前景。

(4)酶催化活性的可控性。酶对反应条件极为敏感,可以简单地用调节 pH 值、温度或强加抑制剂等方法来控制酶反应的进行。

2.影响酶催化作用的因素

酶的催化作用除了取决于酶本身的结构与性质外,还受到底物浓度、酶浓度、温度、pH 值、激活剂和抑制剂浓度等因素的影响。在酶的应用过程中,必须控制好各种环境条件,以充分发挥酶的催化功能。也可采用极端条件使酶失活,终止反应。

(1)底物浓度的影响。底物浓度是决定酶催化反应速率的主要因素。在其他条件不变的情况下,底物浓度较低时,酶催化反应速率与底物浓度成正比,反应速率随着底物浓度的增加而加快。当底物浓度达到一定的数值时,反应速率的上升不再与底物浓度成正比,而是逐步趋向平衡。Michaelis 和 Menton 推导出了酶催化反应的基本动力学方程,又称米氏方程,阐明了底物浓度与酶催化反应速率之间的定量关系。

$$v = \frac{v_{max}[S]}{K_m + [S]}$$

式中:v 为反应速率;v_{max} 为最大反应速率;$[S]$ 为底物浓度;K_m 为米氏常数,是反应速率为最大值一半时的底物浓度。

(2)pH 值的影响。环境 pH 值对酶的作用影响极大,每一种酶只能在一定的 pH 值范围内体现活力。在某一 pH 值下,酶具有最大的催化活性,通常称此 pH 值为最适 pH 值。不同的酶具有不同的最适 pH 值,酶的最适 pH 值不是固定不变的,它受酶的纯度、底物的种类等影响。只有在最适 pH 值范围内,酶才能显示其催化活性。pH 值过高或过低,都可能引起酶的变性失活。

(3)温度的影响。酶的催化反应有其有效温度范围和最适温度。在有效温度范围内,酶才能够进行催化反应,在最适温度条件下,酶的催化反应速率达到最大。

(4)酶浓度的影响。一般情况下,当底物浓度大大超过酶浓度时,反应速率随酶浓度的增加而增加,反应速率与酶浓度成正比关系。但在实际工作中,往往会出现偏差,这可能是由于底物浓度太小,酶发生了变性等引起的,此时要及时找出原因。

(5)激活剂和抑制剂的影响。凡是能提高酶活性、加速酶促反应进行的物质称为酶的激活剂。在激活剂的作用下,酶的催化活性提高或者由无活性的酶原生成有催化活性的酶。常见的激活剂有 Ca^{2+}、Mg^{2+}、Co^{2+}、Zn^{2+}、Mn^{2+} 等金属离子和 Cl^- 等无机负离子。例如,Cl^- 是 α-淀粉酶的激活剂,Co^{2+}、Mg^{2+} 是葡萄糖异构酶的激活剂等。

能够使酶的催化活性会降低或者丧失的物质称为酶的抑制剂。在抑制剂的作用下,酶的催化活性会降低甚至丧失,从而影响酶的催化功能。按照抑制剂作用的方式,抑制剂有可逆性抑制剂和不可逆抑制剂之分。可逆抑制是指抑制剂与酶蛋白以非共价方式结合,引起酶活性暂时性丧失,抑制剂可以通过透析等方法被除去,并且能部分或全部恢复酶的活性;不可逆抑制是指抑制剂与酶反应中心的活性基团以共价形式结合,引起酶的永久性失活。

二、酶的活力

1. 酶活力的概念

酶的催化具有高效性,少量的酶就可以完成大量的催化任务。酶的活力与酶的纯度有关,在一定的温度和 pH 值条件下,在单位时间里,测定每个质量单位酶蛋白所含的活力单位数是鉴定酶纯度的重要指标之一。一般来说,酶的活力越强,酶的纯度也越高。国际生物化学与分子生物学联合会规定:在特定条件下(温度可采用 25℃ 或其他选用的温度,pH 值等条件均采用最适条件),每分钟催化 $1\mu mol$ 的底物转化为产物的酶量定义为 1 个酶活力单位,此单位为国际单位。1972 年,国际酶学委员会又推荐一个新的酶活力国际单位,即 Katal(Kat)单位。1Kat 单位定义为:在最适条件下,每秒可使 1mol 底物转化所需的酶量;同理,可使 $1\mu mol$ 底物转化的酶量为 $1\mu Kat$ 单位。

2. 酶活力的测定

酶活力测定的方法多种多样,如化学测定法、光学测定法、气体测定法等,可根据实际需要选择有代表性的方法进行测定。

(1)化学分析法。根据酶的最适温度和最适 pH 值,从加进底物和酶液后即开始反应,每隔一定时间,分几次取出一定容积的反应液,停止作用,然后分析底物的消耗量和产物的生成量。这是酶活力测定的经典方法,至今仍常采用。几乎所有的酶都可以根据这一原理设计测定其活力的具体方法。此法的优点是不需特殊仪器,应用范围广,但一般工作量大,有时实验条件不易准确控制。

(2)分光光度计量法。利用底物和产物光吸收性质的不同,在整个反应过程中可不断测定其吸收光谱的变化。此法无需停止反应,便可直接测定反应混合物中底物的减少或产物的增加。这一类方法最大的优点是迅速、简便、特异性强,并可方便地测得反应进行的过程,特别是对于反应速率较快的酶作用,也能够得到准确的结果。

(3)量气法。当酶催化反应中底物或产物之一为气体时,可以测量反应系统中气相的体积或压力的改变,从而计算气体释放或吸收的量,根据气体变化与时间的关系,即可求得酶反应速率。

(4)氧和过氧化氢的极谱测定。用阴极极化的铂电极进行氧的极谱测定,可以记录在氧化酶作用过程中溶解于溶液内的氧浓度的降低。另外,可用阳极极化的铂电极测定过氧化氢作为测定过氧化氢酶的活力。

第三节　酶的生产及常用生物酶

一、酶的生产

酶的生产是指通过人工操作而获得所需的酶的技术过程。酶的生产方法可以分为提取分离法、生物合成法和化学合成法等三种。

1. 提取分离法

提取分离法是采用各种提取、分离、纯化技术从含丰富酶的原料中将酶提取出来,再进行分离纯化的技术过程。所用的材料包括动植物的组织、器官、细胞或微生物细胞等。提取分离法是最早采用的酶生产方法,现在仍然继续使用。

酶的提取是指在一定的条件下,用适当的溶剂处理含酶原料,使酶充分溶解到溶剂中的过程。提取时,可根据酶的结构和性质,选择适当的溶剂。一般说来,亲水性的酶要采用水溶液提取,疏水性的酶或者被疏水物质包裹的酶要采用有机溶剂提取;等电点偏碱性的酶应采用酸性溶液提取,等电点偏酸性的酶应采用碱性溶液提取。在提取过程中,应当控制好温度、pH 值、离子强度等各种提取条件,以提高提取率并防止酶的变性失活。

酶的分离纯化是采用各种生化分离技术,如离心分离、过滤与膜分离、萃取分离、沉淀分离、层析分离、电泳分离以及浓缩、结晶、干燥等,使酶与各种杂质分离,达到所需的纯度,以满足使用的要求。

提取分离法设备较简单,操作较方便,但是必须首先获得含酶的动植物的组织细胞,这就使该法受到生物资源、地理环境、气候条件等的影响,或者先培养微生物,获得微生物细胞后,再从细胞中提取所需的酶,使工艺路线变得较为繁杂。然而,在动植物资源或微生物菌体资源丰富的地区或者对于某些难以用生物合成法生产的酶,从动植物或微生物的组织、细胞中提取所需的酶,仍然有其实用价值,至今仍然使用。酶的分离提取技术不但在酶的提取分离法生产中使用,而且在采用其他生产方法生产酶的过程中也是不可缺少的技术。

2. 生物合成法

生物合成法是利用微生物细胞、植物细胞或动物细胞的生命活动而获得人们所需酶的技术过程。自从 1949 年细菌 α-淀粉酶发酵成功以来,生物合成法就成为酶的主要生产方法。生物合成法生产酶首先要经过筛选、诱变、细胞融合、基因重组等方法获得优良的产酶细胞,然后在人工控制条件的生物反应器中进行细胞培养,通过细胞内物质的新陈代谢作用,生成各种代谢产物,再经过分离纯化得到人们所需的酶。利用微生物细胞的生命活动合成所需酶的方法又称为发酵法,根据细胞培养方式的不同,发酵法可以分为液体深层培养发酵,固体培养发酵,固定化细胞发酵,固定化原生质体发酵等。现在普遍使用的是液体深层发酵技术。例如,利用枯草杆菌生产淀粉酶、蛋白酶;利用黑曲霉生产糖化酶、果胶酶;利用大肠杆菌生产谷氨酸脱羧酶、多核苷酸聚合酶等。

自 20 世纪 70 年代以来,兴起并发展了植物细胞培养和动物细胞培养技术,使酶的生产方法进一步得到发展。用动植物细胞培养产酶,首先需获得优良的动植物细胞,然后利用动植物细胞在人工控制条件的生物反应器中培养,经过细胞的生命活动合成酶,再经分离纯化,得到所需的酶。例如,利用大蒜细胞培养生产超氧化物歧化酶;利用木瓜细胞培养生产木瓜蛋白酶、木瓜凝乳蛋白酶;利用人黑色素瘤细胞培养生产血纤维蛋白溶酶原激活剂等。

生物合成法具有生产周期短,酶的产率高,不受生物资源、地理环境和气候等条件影响的显著特点,但是它对发酵设备和工艺条件的要求较高。在生产过程中必须进行严格地控制。

3. 化学合成法

化学合成法是 20 世纪 60 年代中期出现的新技术。1965 年,我国科学家成功人工合成牛胰岛素,开创了蛋白质化学合成的先河。并于 1969 年,采用化学合成法得到含有 124 个氨基酸的核糖核酸酶。其后,RNA 的化学合成亦取得成功,可以采用化学合成法进行核酸类酶的人工合成和改造。然而由于酶的化学合成要求单体达到很高的纯度,化学合成的成本高;而且只能合成那些已经搞清楚其化学结构的酶。这就使化学合成法受到限制,难以实现工业化生产。

二、纺织品加工中常用的生物酶

酶在纺织品染整加工中的应用可追溯到 1857 年,人们从麦芽中提取可去除织物上淀粉浆的淀粉酶。发展至今,酶在纺织品染整加工中的应用可涵盖大部分工序,如纤维素纤维退浆、精练、漂白、整理(如生物抛光、生物石洗),羊毛炭化,真丝精练和麻纤维沤麻处理等。用于染整加工的酶品种已有纤维素酶、脂肪酶、过氧化氢酶、蛋白酶、果胶酶、漆酶和葡萄糖氧化酶等。下表按纤维种类和加工用途列举了可用于纤维加工的酶。

纤维加工用酶

纤维种类	加工用途	酶的种类
纤维素纤维	退浆	α-淀粉酶
	精练	脂肪酶、果胶酶、纤维素酶
	漂白	葡萄糖氧化酶、过氧化氢酶
	沤麻	半纤维素酶、木质素酶、果胶酶
	光洁整理	纤维素酶
	牛仔服酶洗	纤维素酶、漆酶
蛋白质纤维	真丝精练	蛋白酶
	羊毛炭化	纤维素酶、果胶酶
	羊毛改性	蛋白酶
聚酯纤维	改性处理	脂肪酶、聚酯酶

1. 淀粉酶

可用于淀粉水解的酶种类很多,主要有以下几种:

(1)α-淀粉酶。该酶是以糖原或淀粉为底物,可随机作用直链淀粉和支链淀粉内部的 α-1,4-糖苷键,而使底物水解。在这种酶的作用下,淀粉被水解为糊精、麦芽糖等短链聚糖。α-淀粉酶的最适 pH 值一般为 6.0~7.0,来源于地衣芽孢杆菌的 α-淀粉酶最适温度为 90℃以上,而来源于枯草芽孢杆菌的 α-淀粉酶的最适温度为 70℃。其水解产物的种类取决于 α-淀粉酶的来源及淀粉本身的性质。钙可以提高 α-淀粉酶的活性及稳定性,非离子表面活性剂对酶的活性没有影响,但阴离子表面活性剂却可导致其失活。

(2)β-淀粉酶。该酶是以外切的方式从底物非还原性末端逐步水解,每隔 1 个葡萄糖剩基

的 $\alpha-1,4-$糖苷键,产生麦芽糖,它只作用于 $\alpha-1,4-$糖苷键,即 $\beta-$淀粉酶不可以绕过构成支链的 $\alpha-1,6-$糖苷键去水解直链 $\alpha-1,4-$糖苷键。

(3)糖化酶。该酶是一种淀粉外切酶,从淀粉非还原末端逐步水解葡萄糖,它可以水解 $\alpha-1,4-$糖苷键和 $\alpha-1,6-$糖苷键,生成葡萄糖,但对于 $1,6-$糖苷键的水解速率要慢。糖化酶对温度非常敏感,在 60℃ 以上就可失活,最适 pH 值为 $4.0\sim5.0$。商业糖化酶主要是由黑曲霉(Aspergillus niger)和米曲霉(Aspergillus oryzae)发酵得来,钙可使糖化酶失活。

(4)支链淀粉酶。该酶只水解糖原或支链淀粉分支点的 $\alpha-1,6-$糖苷键,切下整个侧链。

(5)异淀粉酶。该酶能够水解所有淀粉分子上的 $\alpha-1,6-$糖苷键,对非支链连接的 $\alpha-1,6-$糖苷键也能水解。

(6)环式糊精生成酶。该酶可以从淀粉的分子末端切断 6 个或 7 个葡萄糖链,并构成环式结构。

(7)C_4、C_6 生成酶。该酶能够从淀粉的非还原端切下 4 个或 6 个葡萄糖分子链形成寡糖。

(8)葡萄糖基转移酶。该酶可将游离的葡萄糖转移至其他葡萄糖剩基的 C_6 上,生成 $\alpha-1,6-$糖苷键。

(9)淀粉 $\alpha-1,6-$糖苷酶。该酶能对淀粉的 $\alpha-1,6-$糖苷键进行水解形成麦芽糖。

来源不同的淀粉酶其作用特性可能有所差异,有些酶可能兼有多种功能。各种淀粉酶在催化水解淀粉过程中具有协同效应。

2. 蛋白酶

(1)蛋白酶的分类。

①根据催化水解蛋白质肽键的位置不同,蛋白酶可分为内切酶和外切酶。内切蛋白酶从蛋白质分子内部水解肽键,产生更小的多肽及缩氨酸;外切蛋白酶从蛋白质或多肽分子的两端之一切除单个氨基酸。不同的蛋白酶对所作用的肽键具有不同专一性。

②根据来源蛋白酶可分为动物蛋白酶、植物蛋白酶和微生物蛋白酶。

③根据最适 pH 值可分为酸性蛋白酶、中性蛋白酶和碱性蛋白酶。

④根据适宜的活性温度可分为高温蛋白酶、中温蛋白酶和低温蛋白酶。

(2)蛋白酶的用途。蛋白酶的最大用途就是用于洗涤剂,能帮助去除衣物上的蛋白质污渍。在纺织加工中,使用蛋白酶可以去除原蚕丝纤维中的丝胶,以获得更好的光泽及柔软度。利用蛋白酶处理能改善羊毛及丝织物的表面,以获得独特的处理效果。运用蛋白酶处理羊毛可改善其缩绒性。

3. 纤维素酶

用于纺织工业的纤维素降解酶是一种复合酶,至少包括三种不同性质的酶,即纤维素内切酶、纤维素外切酶、纤维素二糖酶。纤维素内切酶随机作用于纤维素,水解内部的糖苷键;而纤维素外切酶则从纤维素分子链两端水解末端纤维二糖(葡萄糖二聚体);纤维素二糖酶则可将低聚糖和纤维二糖水解为葡萄糖。这三种酶具有协同作用。

纤维素酶最广泛的用途是代替水磨洗过程中的浮石使牛仔服饰具有仿旧的外观。纤维素酶通过去除织物表面的纤绒和毛球,降低起球倾向,增强柔软度,也可用来改善纤维素织物的外观(尤其是棉织物),纤维素酶也逐渐用于家用洗涤产品中。

4. 半纤维素酶

半纤维素酶是水解由戊糖或除果糖以外的己糖聚合成的多糖(半纤维素)的酶的总称。根据半纤维素中不同单糖的数量及糖苷键的种类,半纤维素酶可以分成相应的种类。能水解木聚糖的半纤维素酶称为木聚糖酶,能水解阿拉伯聚糖的半纤维素酶称为阿拉伯聚糖酶,能水解甘露聚糖的半纤维素酶称为甘露聚糖酶。所以半纤维素酶也是一种酶混合物。半纤维素酶可用于麻织物的精练和沤麻等工序。

5. 果胶酶

果胶酶是作用于果胶质的一类酶的总称,主要功能是通过裂解或 β 消去作用切断果胶质中的糖苷键,使果胶质裂解为多聚半乳糖醛酸。根据作用方式不同,果胶酶分为以下三类,商业果胶酶是一种混合酶。

(1)原果胶酶(PPase)。该酶可以把不溶于水的原果胶分解成为水溶性的高聚合度果胶。可分为两种:A-型原果胶酶作用于原果胶内部区域的聚半乳糖醛酸部位;B-型原果胶酶作用于与聚半乳糖醛酸链和细胞壁组分相连的多糖链。

(2)解聚酶。该酶可分为两类,一类是专一水解底物的糖苷键的解聚酶,称为水解酶,可分为聚甲基半乳糖醛酸酶(PMG)和聚半乳糖醛酸酶(PG),两者均又可分为内切酶与外切酶。聚半乳糖醛酸酶是在有水环境下促进聚半乳糖醛酸链水解的一种果胶酶,应用最为广泛。另一类解聚酶则通过反式消去作用切断底物的 $\alpha-1,4-$ 糖苷键,降解产物带有还原基团和双键,双键位于产物非还原末端的 C_4、C_5 之间,又称为裂解酶。可分为聚甲基半乳糖醛酸裂解酶(PMGL)和聚半乳糖醛酸裂解酶(PGL),两者均又可分为内切酶与外切酶。

(3)果胶酯酶(PE)。该酶可随机切断甲酯化果胶分子中的甲氧基,产生甲醇和游离羧基。

在纺织品加工中,果胶酶用来有效地分离纤维以及分解黄麻、苎麻、亚麻中的果胶。在受控的条件下,果胶酶和半纤维素酶用于亚麻纤维脱胶。果胶酶与纤维素酶配合使用可除去原棉中的杂质及羊毛炭化过程中的植物源杂质。

6. 脂肪酶

脂肪酶是催化水解酯键的酶,包含脂酶和酯酶,两种酶的水解特性完全不同。

脂酶是分解天然油脂的酶,通常以脂肪中的甘油三酸酯为底物。酯酶水解的底物不局限于甘油三酯类,底物的醇部分可以是一元醇或多元醇、脂肪醇或芳香醇,酸部分可以是有机酸或无机酸,但不同的酯酶对底物仍有特异性要求。

在纺织品加工中,脂肪酶用来辅助去除织物表面的乳化油,也用于绢丝织物以及皮革和毛皮的脱脂处理,促进织物对染料的吸收,提高染色均匀性。脂肪酶用于聚酯纤维表面改性的研究也有报道。

7. 过氧化氢酶

过氧化氢酶是一种含血红素的蛋白酶,因此它含有非蛋白质的成分,这部分非蛋白质是血红素的衍生物,含金属离子。过氧化氢酶可催化水解过氧化氢为水和氧。双氧水漂白后残留的过氧化氢可以通过加入过氧化氢酶来分解掉,达到后道染色的要求。采用过氧化氢酶可以减少大量的冲洗次数,从而节省时间和能源。

8.漆酶

漆酶是一种氧化还原酶,能在氧气存在的条件下,催化酚式羟基形成苯氧自由基和水,从而引发自由基反应。漆酶可以催化绝大部分染料的氧化反应,并使染料脱色,这一特性可用于印染废水的处理。漆酶对靛蓝染料的分解效率很高,被用于靛蓝染色牛仔布的脱色仿旧处理。

☞ 复习指导

1.内容概览

本章主要介绍生物酶的概念、本质、催化特性、生产方法以及染整加工中常用的生物酶。

2.学习要求

(1)了解生物酶的本质、命名和分类方法。

(2)掌握生物酶的催化特性和影响生物酶催化作用的因素。

(3)了解生物酶的生产方法及酶活力的表示方法。

(4)熟悉染整加工中常用酶的基本情况。

☞ 思考题

1.何谓酶?说明酶的本质是什么?

2.说明酶催化的特性,分析影响酶催化作用的因素。

3.何谓酶的活力?说明测定酶活力的方法。

4.试举例说明酶在纺织品染整加工中的应用。

第四章　高分子化合物

第一节　概　述

在染整助剂的制备中,高分子化合物也是一类比较重要的基础原料,有些染整助剂,如黏合剂、印花糊料等其主体就是高分子化合物。高分子化合物是由许多相同的简单结构单元以一定方式重复连接而成的大分子。例如,聚乙烯吡咯烷酮是由许多个 N-乙烯基吡咯烷酮结构单元重复连接而成的,结构式如下:

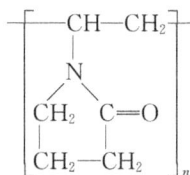

$$\begin{bmatrix} CH-CH_2 \\ | \\ N \\ | \quad \quad | \\ CH_2 \quad C=O \\ | \quad \quad | \\ CH_2-CH_2 \end{bmatrix}_n$$

有许多高分子化合物是由许多小而简单的被称之为单体的小分子经化学反应,以共价键连接(聚合)而成,所以高分子化合物又叫聚合物或者高聚物。例如,聚乙烯吡咯烷酮是由 N-乙烯基吡咯烷酮聚合而成的,N-乙烯基吡咯烷酮称为单体。

一、高分子化合物的分类

1. 按来源分类

高分子化合物可分为天然高分子化合物、半天然高分子化合物和合成高分子化合物三类。

(1)天然高分子化合物。天然的高分子物有地壳中自然存在的。例如,金刚石、石墨、石棉等,又有由生物体制造出来的,如淀粉、纤维、蛋白质、天然橡胶等。

(2)半天然的高分子化合物。半天然高分子物是天然高分子经化学改性而得。例如,醚化纤维素、改性淀粉等。

(3)合成高分子化合物。合成高分子物是由一种或几种低分子化合物作为原料经聚合而制得的化合物。合成高分子化合物数量巨大。例如,聚乙烯、聚氯乙烯、聚丙烯酸、聚苯乙烯、涤纶、锦纶等有机高分子材料和硅酸钠(水玻璃)、磷氮橡胶等,无机高分子材料以及聚硅氧烷等元素有机高分子化合物。

2. 按主链结构分类

可分为碳链高分子化合物、杂链高分子化合物、元素有机高分子化合物和无机高分子化合物。

(1)碳链高分子化合物。其主链全部由碳原子构成。例如,聚乙烯、聚丙烯、聚丁二烯等聚烯烃类。

（2）杂链高分子化合物。其主链上除碳原子外还含氧、氮、硫、磷等元素。例如，聚酰胺、聚酯等。

（3）元素有机高分子化合物。其主链不含碳原子，只含硅、钛、铝、硼、氧等元素。例如，聚硅氧烷、聚钛氧烷等。

（4）无机高分子化合物。其主链和侧基均含有无机元素原子。

二、高分子化合物的结构

1. 结构单元及组成

高分子化合物是由重复结构单元连接而成的，以聚丙烯酸为例，括弧中为重复结构单元，n 称为重复单元数，表示大分子链上重复结构单元的数量，又称为平均聚合度。

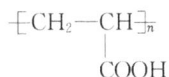

$$\left[CH_2 - CH \right]_n$$
$$\qquad\quad | $$
$$\qquad\; COOH$$

2. 高分子链的结构成分

高分子化合物根据大分子链上重复单元的数量，可分为均聚物和共聚物。只由一种重复单元构成的高聚物称为均聚物；由两种（A、B）或两种以上结构单元构成的聚合物称为共聚物。根据不同结构单元的排列方式，共聚物又可分为无规共聚、交替共聚、嵌段共聚、接枝共聚。

（1）AABAABAABBBABABBABABABB　　　　　　无规共聚物

（2）ABABABABABABABABABABABA　　　　　　交替共聚物

（3）AAAAABBBBBBBBBAAAAAA　　　　　　嵌段共聚物
$$\qquad\qquad\qquad BBBBBBBBBBBB$$
$$\qquad\qquad\qquad\quad | $$
$$\qquad\qquad\qquad\quad B$$

（4）　AAAAAAAAAAAAAAAAAAAAAA　　　　　　接枝共聚物
$$\qquad | $$
$$\qquad B$$
$$\qquad BBBBBBBBBBBB$$

3. 高分子链的几何形状

高分子化合物根据重复单元连接方式的不同，可能使大分子具有线型、支链型和体型三种形状。

线型高分子是最简单的长链状高分子，又可呈无规线团状、螺旋状、直线状和折叠片状。分子链之间不存在化学键合，可以相互移动，可溶于适当的溶剂中，可熔融而不分解，具有较大的黏度，易加工成薄膜。

支链型高分子主链上连接着长短不一的支链而呈树形的高分子。其相对分子质量间排列疏松，相互作用较小，溶解度较线型的大，机械强度较弱。

体型高分子是线型高分子以化学键相互连接呈三维网状结构,分子链之间存在化学键合,不溶解,不熔融。

4. 高分子化合物相对分子质量及其分布

高分子化合物是化学组成相同,结构单元相同,而聚合度不同的大分子混合物。高分子的相对分子质量有两个特点:一是比小分子的远远大得多,一般在 $10^4 \sim 10^6$;其次是除了有限的几种蛋白质外,绝大多数高分子的相对分子质量都是不均一的,即具有多分散性。因此,通常所测得的相对分子质量都具有统计平均的意义。统计平均方法不同,所得平均分子量也不相同。衡量高分子的大小一般需从平均分子量和多分散性两方面来考虑。

相对分子质量分布曲线能具体体现出聚合物的多分散性。图 4-1 是在微分质量分布曲线图上绘出的 A 和 B 两条曲线,它们代表相对分子质量相同而分散性不同的聚合物。A 样品的相对分子质量分布较窄,B 样品的相对分子质量分布较宽,因此用微分质量分布曲线表征聚合物的多分散性比较直观。

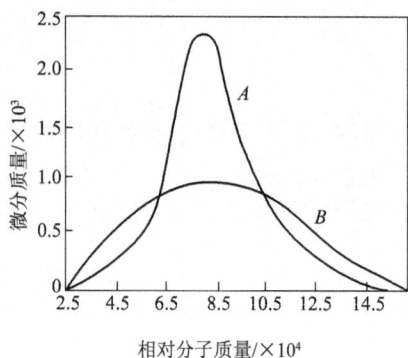

图 4-1 某聚苯乙烯的相对分子质量分布曲线

高分子化合物的多分散性小,机械强度好,如合成纤维材料;多分散性大,流动性好,具有增塑作用,柔韧性大。

三、高分子化合物的制备

1. 由单体合成高分子的反应

生成高分子的化学反应叫做聚合反应。由低分子原料合成高分子化合物的反应主要有缩聚反应和加聚反应。

(1)缩聚反应。该反应是由一种或多种含有两个或两个以上官能团的单体聚合成高分子,同时还有低分子物析出的反应。例如,二羧酸二醇酯进行缩聚生成聚酯大分子。

$$n\,HO—R'OOC—R—COOR'—OH \longrightarrow H \underset{n}{[OR'OOC—R—CO]} OR'—OH + (n-1)HO—R'—OH$$

(2)加聚反应。该反应是由一种或多种单体通过双键打开或开环等方式相互加成而形成高分子的反应,反应中没有低分子析出。由醋酸乙烯酯单体聚合制备聚醋酸乙烯酯是经加聚反应后的产物。

$$n\,CH_2{=}CH \longrightarrow [CH_2—CH]_n$$
$$\qquad\ \ OOCCH_3 \qquad\qquad OOCCH_3$$

2. 高分子物的化学反应

当高分子化合物分子中含有可进行化学反应的基团时,可进一步进行化学反应以制备具有新型功能的另一种高分子化合物。根据反应前后高聚物聚合度和基团的变化情况,高分子化合物的化学反应一般可分为以下三类。

(1)聚合度相似的化学反应。主要是高分子侧链上的官能团与低分子化合物发生的反应,是一种在不改变主链结构和聚合度的情况下改变高聚物化学组成的反应。例如,聚醋酸乙烯酯醇解制备聚乙烯醇的反应。

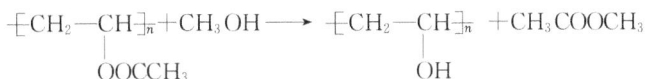

$$\text{--}[CH_2\text{--}CH]_n\text{+}CH_3OH \longrightarrow \text{--}[CH_2\text{--}CH]_n\text{+}CH_3COOCH_3$$
$$\quad\quad OOCCH_3 \quad\quad\quad\quad\quad\quad\quad\quad OH$$

(2)聚合度增大的化学反应。聚合度增大的化学反应主要有扩链反应和交联反应。扩链反应是线型大分子链通过链段末端的活性基团的反应,而形成分子链更长的线型大分子;交联反应是线型大分子链通过其主链或侧链上的活性官能团发生反应,在大分子链之间形成化学键而交联成为体型网状高聚物的反应。

(3)聚合度减小的化学反应。聚合度减小的化学反应主要是指大分子链发生断裂,聚合度降低的化学反应。高分化合物的这类反应可以在化学试剂的影响下发生,也可以在物理因素或生物因素的影响下发生。常见的主要有水解反应、氧化降解、还原降解、热裂解、机械降解、生物降解、老化等。

四、高分子化合物的溶解性能和溶液特性

1. 高分子化合物的溶解性能

高分子化合物的分子链较长,分子链之间存在一定的作用力,高分子向溶剂的扩散,既要移动大分子链的重心,又要克服大分子链之间的相互作用。与小分子化合物相比,高分子化合物的溶解有以下特点:溶解过程缓慢,溶解过程分阶段进行。

一般,高聚物在完全溶解之前,都会有一个溶胀过程。由于高分子与溶剂的尺寸相差悬殊,两者的分子运动速率的差别也很大,溶剂分子渗透到高分子化合物的内部,高分子化合物由于大量吸收溶剂而使体积膨胀,此过程为溶胀。随着溶胀进行到一定程度,相对分子质量之间的作用力减小,线型高分子将分散于溶剂中,此过程为溶解。

在相同条件下,高聚物的相对分子质量越大,溶解就越困难。此外,结晶高聚物都比较难溶解。

2. 高分子化合物的溶液特性

高分子溶液是一种真溶液,但由于高聚物分子特别大,其分子微粒的直径为 $10^{-9} \sim 10^{-7}$ m,与胶体分散体系相似(分散体系即一种或几种物质以一定分散度分散在另一种物质中形成的体系)。因此,其溶液与低分子化合物溶液和胶体体系之间既有共同点,又有不同点。

(1)与低分子化合物溶液相似,高分子溶液都是均相、热力学平衡、稳定的分散体系,其浓度不随时间而改变。胶体为热力学不稳定,动力学稳定体系。

(2)高分子溶液黏度较浓度相同的低分子化合物溶液高得多,比溶胶的黏度也大得多,且不稳定。

（3）大多数高聚物浓溶液能抽丝或成膜。

（4）高分子溶液具有胶凝作用。胶凝作用是指溶液黏度会随静置或冷却增大，当冷却到某一温度时会凝结成冻胶状态，形成的物质称为凝胶。

（5）高分子溶液具有胶体性质。高分子溶液粒子大小均在 1nm～1μm；扩散速率都比较缓慢，平衡时间长；不能透过半透膜；具有渗透压等。

第二节　天然高分子及其改性物

一、淀粉改性物

淀粉是最常见的天然高分子化合物，大量存在于植物中，淀粉以微小的、冷水不溶的颗粒分别存在于植物的种子、块茎、果实和叶子的细胞组织中。用于工业生产的淀粉主要来自玉米、马铃薯、小麦、木薯等。

淀粉是由葡萄糖组成的多糖高分子化合物，有直链和支链两种分子结构，分别称为直链淀粉和支链淀粉。直链淀粉以脱水葡萄糖单元经 $\alpha-1,4-$糖苷键连接，支链淀粉的支链位置是以 $\alpha-1,6-$糖苷键连接，其余为 $\alpha-1,4-$糖苷键连接，结构式如下：

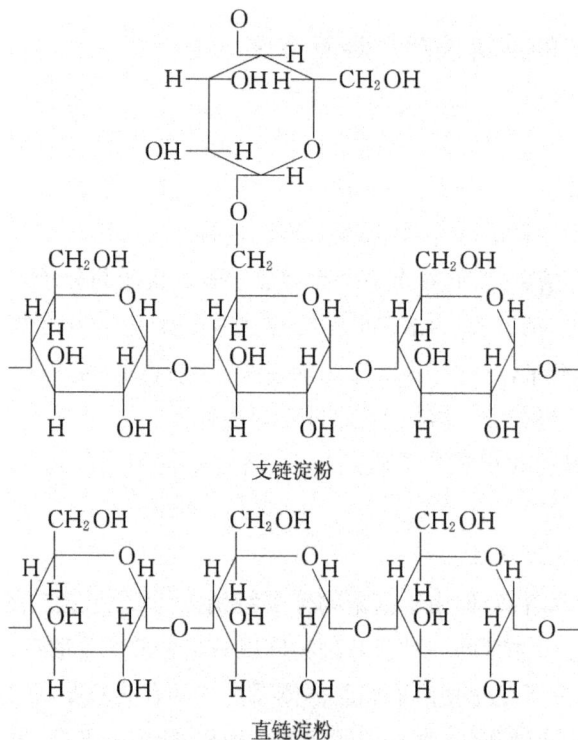

支链淀粉

直链淀粉

1. 淀粉的改性方法及产品

天然淀粉作为高分子化合物具有一定的黏结性、成膜性，可用于工业生产，但由于水溶性差、使用效果差等原因，其应用范围较小。为了适应纺织品加工的需要，天然淀粉需要经过适当的改性处理。天然淀粉经化学、物理、生物等方法处理,改变淀粉分子中某些 D-吡喃葡萄糖单元的化学结构,同时不同程度地改变了天然淀粉的物理和化学性质,经过改性处理的淀粉通常称为改性淀粉。改性淀粉的制备方法主要可分为以下三种。

（1）物理改性。物理改性是通过高温焙烧、湿热处理、放射线处理等物理手段对淀粉进行改性处理。

（2）化学改性。化学改性是通过化学试剂在一定条件下对淀粉进行改性处理,如氧化、酸化、酯化、醚化、交联、接枝共聚等方法。

（3）生物改性。生物改性是采用生物酶或生物技术对淀粉进行改性。

采用不同方法可获得不同的改性产物,改性淀粉的品种列于表4-1。

表4-1　淀粉改性方法及产物

方　　　法		产　　　品
物理改性	焙烧	可溶性淀粉、白糊精、黄糊精
	分离	支链淀粉、直链淀粉
	湿热处理	热降解淀粉
	放射性处理	α射线处理淀粉、γ射线处理淀粉
化学改性	氧化	次氯酸氧化淀粉、双氧水氧化淀粉
	酸化	酸改性淀粉
	酯化	磷酸酯淀粉、硫酸酯淀粉、甲酸酯淀粉、乙酸酯淀粉、硬脂酸酯淀粉
	醚化	羧甲基淀粉、羟烷基淀粉、阳离子淀粉、阴离子淀粉、交联淀粉
	接枝	接枝共聚淀粉
生物改性	酶降解	酶降解淀粉
	酶处理环糊精	α-环糊精、β-环糊精

2. 决定改性淀粉性能的因素

淀粉的改性处理能够改变天然淀粉的糊化和蒸煮特性,降低直链淀粉的凝沉和胶凝倾向,降低淀粉的胶化温度。通过引进其他的取代基团,可以改变淀粉的亲水和疏水性能。决定改性淀粉性能的因素很多,主要有以下几方面。

（1）淀粉本身的情况。该情况包括淀粉的来源、直链淀粉和支链淀粉的比例、相对分子质量的大小及其分布、伴生成分及含量、物理状态等。

（2）预处理的情况。该情况包括预糊化程度、降解程度等。

（3）改性处理的类型。改性处理的类型包括醚化、酯化、氧化、交联、接枝共聚等。

（4）取代基的性质。改性引入的取代基的性质由其种类决定,如羧基、乙酰基、氨基、羟基、阳离子基团等。

（5）取代的程度。一般用取代度(DS)或摩尔取代度(MS)的大小来表示高分子取代的程度。

3. 几种淀粉改性物介绍

(1)氧化淀粉。氧化淀粉是最普通的改性淀粉之一。淀粉经氧化作用引起解聚,部分羟基被氧化,引入羰基和羧基,使性能发生改变。用于淀粉氧化的氧化剂有高碘酸、双氧水、次氯酸钠、过醋酸、高锰酸钾、过硫酸等。采用不同的氧化剂和氧化工艺可得到性能各异、牌号不同的氧化淀粉。目前工业生产中采用次氯酸钠作氧化剂的较多。

与原淀粉相比,氧化淀粉的性能变化主要体现在以下几方面:

①由于氧化剂的漂白作用,氧化淀粉色泽洁白,而且氧化处理程度越高,淀粉越白。

②氧化淀粉的颗粒不同于原淀粉,径向会产生裂纹,并随氧化程度的提高而增加。在水中加热时,颗粒会随着裂纹裂成碎片,氧化淀粉的胶化温度下降,糊化变得容易。

③经氧化后的淀粉带有一定的阴离子性,容易吸附带正电荷的染料。

④随氧化程度的增加,相对分子质量与特性黏度降低;羧基或羰基的含量增加,糊液黏度降低且稳定性提高,透明性和成膜性好,胶黏力强。

(2)酯化淀粉。淀粉大分子中的羟基能发生酯化反应,生成酯化淀粉。根据酯化试剂的不同可以得到无机酸酯和有机酸酯。

①淀粉磷酸酯。淀粉与磷酸盐反应可制得淀粉磷酸酯,磷酸为三价酸,能与淀粉分子中的羟基反应生成磷酸单酯、磷酸双酯和磷酸三酯。其中,单酯是工业上应用最广泛的品种。

淀粉能与多种水溶性磷酸盐发生酯化反应,如正磷酸盐(NaH_2PO_4/Na_2HPO_4)、偏磷酸盐 $[(NaPO_3)_3]$、三聚磷酸盐($Na_5P_3O_{10}$)、三氯氧磷($POCl_3$)等,不同磷酸盐的酯化反应可得到不同的产品。磷酸单酯通常采用正磷酸盐与淀粉反应制得,反应式如下:

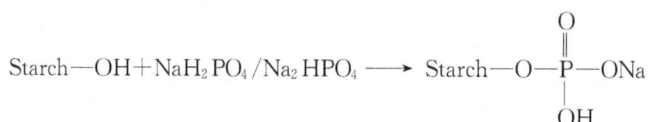

$$Starch-OH+NaH_2PO_4/Na_2HPO_4 \longrightarrow Starch-O-\overset{\displaystyle O}{\underset{\displaystyle OH}{\overset{\|}{P}}}-ONa$$

制取淀粉磷酸酯时的反应条件会显著影响产品的性质,通过改变不同的反应条件可制备具有各种性能和用途的系列产品。

淀粉磷酸单酯属阴离子改性物,与原淀粉相比,糊的黏度、透明度及稳定性均有明显的提高,即使酯化程度很低也能使糊液的性质有很大改变。淀粉磷酸酯的离子化性质,使其糊液能与动物胶、植物胶、聚乙烯醇及聚丙烯酸酯相媲美。当取代度约为 0.07 时,产品遇冷水会发生膨胀。淀粉磷酸酯的黏度受 pH 值影响,并且遇钙、镁、铝、钛和锆离子会产生沉淀。

②淀粉醋酸酯。制备淀粉醋酸酯的酯化剂主要有醋酸酐、醋酸乙烯和醋酸等。乙酸酐是常用的淀粉酯化试剂,可以单独使用,也可与乙酸、吡啶、二甲亚砜等结合使用。反应式如下:

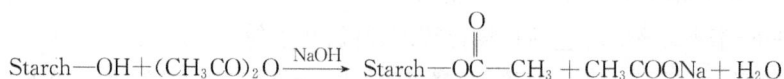

$$Starch-OH+(CH_3CO)_2O \xrightarrow{NaOH} Starch-O\overset{\displaystyle O}{\overset{\|}{C}}-CH_3 + CH_3COONa + H_2O$$

在以水为介质的条件下,淀粉与醋酸乙烯酯通过碱催化的酯基转移作用发生反应,可制得颗粒状的淀粉醋酸酯。常用的催化剂有碱金属氧化物、季铵类化合物、氨及碳酸钠。反应式如下:

$$\text{Starch—OH} + \text{CH}_2\text{=CHOOCCH}_3 \xrightarrow{\text{pH}=7.5\sim10} \text{Starch—OC—CH}_3 + \text{CH}_3\text{CHO}$$

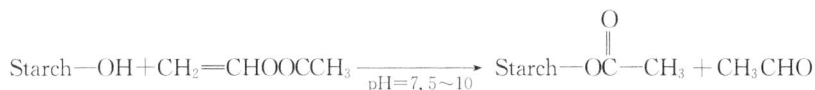

醋酸酯化增加了淀粉颗粒的溶胀和分散性,同时降低了凝沉作用,提高了糊液的透明度和黏度稳定性,也改善了成膜性能。

(3)醚化淀粉。淀粉中的羟基能与醚化试剂反应,生成醚化淀粉,醚化试剂的种类很多,应用较多的醚化淀粉有羧甲基淀粉和羟乙基淀粉。

①羧甲基淀粉。淀粉与一氯乙酸在氢氧化钠存在下的醚化反应属于双分子亲核取代反应,反应式如下:

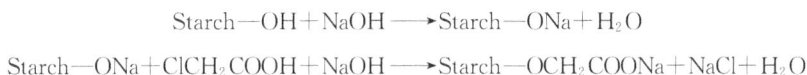

$$\text{Starch—OH} + \text{NaOH} \longrightarrow \text{Starch—ONa} + \text{H}_2\text{O}$$
$$\text{Starch—ONa} + \text{ClCH}_2\text{COOH} + \text{NaOH} \longrightarrow \text{Starch—OCH}_2\text{COONa} + \text{NaCl} + \text{H}_2\text{O}$$

羧甲基淀粉为阴离子高分子电解质,工业用产品的取代度一般在 0.9 以下,取代度为 0.1 以上的产品能溶于冷水,得到透明的黏稠液。与原淀粉相比,羧甲基淀粉的黏度高,稳定性好,适用于作增稠剂。羧甲基淀粉的黏度受浓度的影响较大,受 pH 值的影响较小,但在强酸调节下羧基游离,产生沉淀。加入电解质,可使羧甲基淀粉的黏度大大降低。溶液中若有重金属离子或阳离子化合物则易形成凝胶。羧甲基淀粉具有吸湿性,并随湿度的上升而增加。

②羟乙基淀粉。羟乙基淀粉可由淀粉与环氧乙烷反应制得,反应式如下:

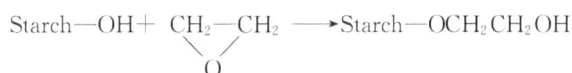

$$\text{Starch—OH} + \text{CH}_2\text{—CH}_2 \longrightarrow \text{Starch—OCH}_2\text{CH}_2\text{OH}$$
$$\underset{\text{O}}{\diagdown\diagup}$$

在制备羟乙基淀粉时,环氧乙烷不仅能与淀粉脱水葡萄糖单元的三个活性羟基中的任何一个发生反应,还能与已取代的羟乙基发生反应,形成多氧乙基链。这种反应的结果使得可能有大于三分子的环氧乙烷与一个脱水葡萄糖单元反应,从而得到大于理论上最大取代度($DS=3$)的表观取代度。

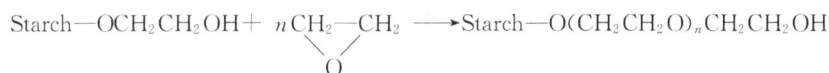

$$\text{Starch—OCH}_2\text{CH}_2\text{OH} + n\text{CH}_2\text{—CH}_2 \longrightarrow \text{Starch—O}(\text{CH}_2\text{CH}_2\text{O})_n\text{CH}_2\text{CH}_2\text{OH}$$

羟乙基淀粉属于非离子淀粉醚,醚键的稳定性较高,在水解、氧化、糊精化、交联等化学反应过程中不会断裂。羟乙基淀粉具有亲水性,减弱了淀粉颗粒结构的内部氢键强度。随着取代度的增加,糊化温度下降,并最终能在冷水中膨胀。更高取代度的产品能溶于甲醇或乙醇。羟乙基淀粉糊化容易,糊液透明度高,流动性好,稳定性好,受电解质和 pH 值的影响较小。

二、纤维素醚

纤维素醚是以天然纤维素为原料经化学改性后得到的一类改性高分子化合物。纤维素分子链上的羟基在碱存在下与醚化试剂发生反应,羟基转化成醚键,得到纤维素醚类化合物。产品的性质取决于取代基的种类、数量和分布。通常用取代度或摩尔取代度来表示醚化反应的程度。由于纤维素分子中每个葡萄糖残基上有三个自由羟基可供发生取代反应,三个羟基都被取代时取代度(DS)最大,即 $DS=3$,一般 DS 值在 $0\sim3$。

1. 纤维素醚的制备

纤维素醚的制备方法一般都是先将纤维素用氢氧化钠水溶液溶胀处理制得碱纤维素,然后与醚化试剂进行醚化反应得到相应的产品。

(1)醚化反应的方式。碱纤维素醚化时,不同取代基的导入大多可由 Williamson 醚化、碱催化氧烷基化和碱催化加成反应来实现。

纤维素烷基醚和羧甲基纤维素可通过 Williamson 醚化反应制备,该反应伴有碱的消耗。反应式如下:

$$Cell—OH+NaOH+RX \longrightarrow Cell—OR+NaX+H_2O$$

式中:RX 为卤代烃或羧酸。

纤维素羟烷基醚的制备可采用碱催化氧烷基化反应,反应式如下:

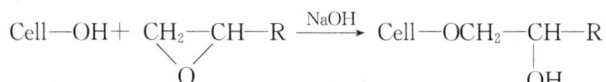

$$Cell—OH+ \underset{O}{CH_2—CH}—R \xrightarrow{NaOH} Cell—OCH_2—\underset{OH}{CH}—R$$

式中:R 为氢或甲基。

氰乙基纤维素的制备可采用碱催化加成反应,反应式如下:

$$Cell—OH+CH_2=CH—CN \xrightarrow{NaOH} Cell—OCH_2—CH_2—CN$$

含有两种不同取代基的混合醚,如羟丙基甲基纤维素可由 Williamson 醚化和碱催化氧烷基化两种反应同时或分别进行来制备。

(2)制备过程。在纤维素醚化过程中,着重要控制纤维素的碱化和碱纤维素的醚化。以羧甲基纤维素的制备为例,其工艺过程主要包括以下几个步骤:

①碱纤维素的制备。天然纤维素在一定温度下,经一定浓度的氢氧化钠水溶液作用形成碱纤维素,从而获得与醚化剂反应的活性。反应过程用以下反应式表示:

$$[C_6H_7O_2(OH)_3]_n+x NaOH \longrightarrow [C_6H_7O_2(OH)_3]_n \cdot x NaOH$$

②碱纤维素的醚化。制备羧甲基纤维素采用氯乙酸钠为醚化试剂。碱纤维素与氯乙酸钠的反应属于多相非均系反应,反应在液、固两相间进行,生成的纤维素醚悬浮于反应介质中。反应式表示如下:

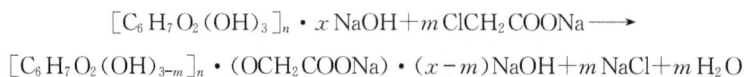

$$[C_6H_7O_2(OH)_3]_n \cdot x NaOH+m ClCH_2COONa \longrightarrow$$
$$[C_6H_7O_2(OH)_{3-m}]_n \cdot (OCH_2COONa) \cdot (x-m)NaOH+m NaCl+m H_2O$$

碱纤维素与氯乙酸钠的醚化反应较易进行,而且反应均匀性较好。这是由于醚化试剂氯乙酸钠易溶于碱的水溶液,可迅速扩散渗透到纤维素分子的各个反应点。另外,由于氯乙酸钠的离子特性,与葡萄糖环上酸性最大的 C_2 位羟基有较大的反应能力,取代基在分子链上分布比较均匀。

在醚化过程中同时伴随着副反应,醚化剂会发生一定程度的水解,反应式如下:

$$ClCH_2COONa + NaOH \longrightarrow HOCH_2COONa + NaCl$$

副反应发生的程度取决于碱纤维素组成中游离碱含量和水的比例,游离碱含量越高,副反应越多,含水比例越大,水解倾向越大。副反应的发生还与反应温度、搅拌程度等有关。副反应将降低醚化效率,影响醚化均匀度。

③中和。反应结束后,醚化反应中未消耗的碱,用适当的酸中和,终止反应。

④分离提纯。采用蒸馏系统对产品和反应介质进行分离,反应介质可以回收。根据产品的溶解性,采用80~90℃的热水或含水有机溶剂对产品进行洗涤,除去水溶性盐类等杂质,对产品进行提纯。

⑤后处理。将产品进行干燥、粉碎、过筛和包装。

2. 纤维素醚的种类

纤维素醚可根据取代基种类、醚化程度、溶解性能以及有关应用性能进行分类。根据分子引入取代基种类的多少,可分为单醚和混合醚。单醚是指分子链上只引入一种取代基;混合醚是指分子链上引入两种或两种以上不同的取代基。例如,羟丙基甲基纤维素的分子链上同时引入了羟丙基和甲基,就属于混合醚。根据取代基的类型,纤维素醚的主要品种列于表4-2。

表4-2　纤维素醚的主要品种

类　别	品种和名称	简　称	取　代　基	醚化剂	取代度(DS)
水溶性醚	羧甲基纤维素	CMC	—CH_2COONa	氯乙酸	0.5~1.2
	磺酸乙基	SEC	—CH_2CH_2SO_3Na	2-氯乙磺酸	0.4~1.0
	羧甲基羟乙基纤维素	HECMC	—CH_2COONa —CH_2CH_2OH	氯乙酸 环氧乙烷	0.7~1.0
	甲基纤维素	MC	—CH_3	氯甲烷	1.5~2.4
	羟乙基甲基纤维素	HEMC	—CH_2CH_2OH —CH_3	环氧乙烷 氯甲烷	0.1~0.4(MS) 1.5~2.0
	羟丙基甲基纤维素	HPMC	—CH_2CH(OH)CH_3 —CH_3	环氧丙烷 氯甲烷	0.1~1.0(MS) 1.3~2.1
	羟丁基甲基纤维素	HBMC	—CH_2CH(OH)CH_2CH_3 —CH_3	环氧丁烷 氯甲烷	0.04~0.11(MS) 1.8~2.2
	羟乙基纤维素	HEC	—CH_2CH_2OH	环氧乙烷	1.5~3.0(MS)
	羟丙基纤维素	HPC	—CH_2CH(OH)CH_3	环氧丙烷	2.5~3.5(MS)
油溶性醚	乙基纤维素	EC	—CH_2CH_3	氯乙烷	2.3~2.6
	氰乙基纤维素	CEC	—CH_2CH_2CN	丙烯腈	2.6~2.8

三、海藻酸钠及其衍生物

海藻胶主要是由褐藻类植物经化学处理提炼而得到的。海藻经浓碱处理,其中的海藻酸成为盐而溶解,用盐酸中和其溶液得白色胶状沉淀海藻酸,再用碱中和即成为海藻酸钠液状产品。

海藻的种类繁多,最常见的是褐藻和红藻。褐藻酸中提取的褐藻酸是糖醛酸的线型聚合物,是由聚-D-甘露糖醛酸、聚-L-古罗糖醛酸以及两者交替共聚物构成的高分子化合物。

1. 海藻酸钠的性质

(1)海藻酸钠易溶于水,糊化性能良好,加入温水使之膨胀即可获得均匀、黏稠的浆料。

(2)海藻酸钠具有良好的成膜性、黏着性、乳液稳定性。其原糊黏度较接近于牛顿黏度,属假塑性流体。

(3)海藻酸钠的稳定性以pH值为6～11时为好。pH值低于6时会析出海藻酸,水溶性下降;pH值高于11时容易产生凝聚。pH值为7时,海藻酸钠的黏性最大,随浓度的增加,其黏性急速增加。

(4)海藻酸钠不耐强酸、强碱及某些金属离子,遇钙、铝、锌、钡、铁、铜等二价以上的金属离子,立即凝固成这些金属的盐类,不溶于水而析出。

2. 海藻酸钠的酯化

针对海藻酸钠的一些不足,若将海藻酸部分酯化,可制成海藻酸酯。结构式如下:

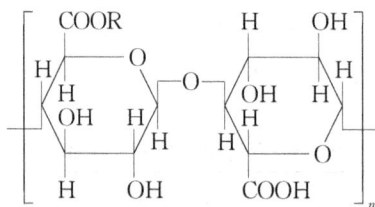

通过酯化一方面将羧基封闭起来,提高了化学稳定性,其耐酸、耐重金属离子、耐还原剂均优于海藻酸钠;另一方面通过部分酯化以后,—COO⁻减少,而代之以可形成氢键的酯键,水化能力减弱,大分子链间的静电斥力减小,有利于形成网状结构,所以海藻酸酯糊料结构黏度相对较高。另外,海藻酸酯克服了海藻酸钠不耐强酸强碱,遇重金属离子会凝结的不足,应用范围不断拓宽。

四、壳聚糖及其衍生物

甲壳质是地球上生成量仅次于纤维素的第二类天然高分子化合物。它广泛分布于自然界甲壳纲动物虾、蟹的甲壳(含15％～20％),昆虫的甲壳,真菌的细胞壁和植物的细胞壁中。壳聚糖是甲壳质脱去分子中的N-乙酰基后的产物,其学名为1,4-2-氨基-2-脱氧-β-D-葡聚糖。其结构式如下:

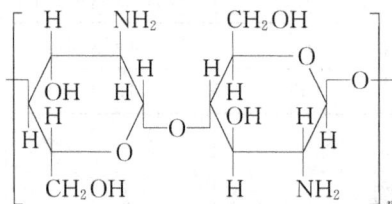

1. 壳聚糖的制备

目前工业上生产甲壳质的原料主要是虾、蟹的外壳。一般方法是:先将虾、蟹外壳粉碎,水洗去蛋白等黏附杂质后,用稀盐酸浸泡溶去碳酸钙,再与稀氢氧化钠加热除去结合蛋白,经过水洗、干燥得到甲壳质。甲壳质经浓氢氧化钠加热处理,脱去乙酰基得到壳聚糖。其流程如图4-2所示。

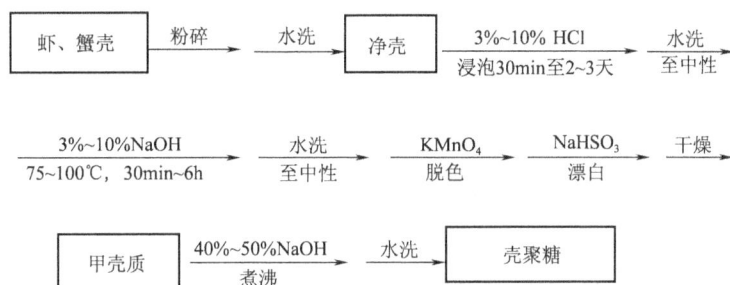

图4-2 壳聚糖制备流程图

在用稀盐酸溶解碳酸钙过程中,甲壳质主链会发生不同程度的降解,因此盐酸的浓度、处理的温度和时间对产品的相对分子质量有较大的影响。酸浓度越高,处理温度越高、时间越长则产品的相对分子质量越低。一般用 $3\%\sim10\%$ HCl 在室温或加热下处理 30min 至 $2\sim3$ 天。如果要获得高分子量的产品,可采用较低盐酸浓度,在常温下适当延长酸浸时间。

甲壳质在碱性溶液中的稳定性比酸性条件下要好。脱除蛋白质的过程,一般用 $3\%\sim10\%$ NaOH,在 $75\sim100℃$ 下进行 $30min\sim6h$。

制备壳聚糖的脱乙酰化反应,通常采用 $40\%\sim60\%$ NaOH 溶液,在 $100\sim180℃$ 下非均相进行。脱乙酰化的同时,主链会发生水解、降解的副反应。因此碱的浓度、反应温度、时间必须严格控制。衡量壳聚糖的主要性能指标是 N -脱乙酰度和黏度(与相对分子质量有关),一般壳聚糖产品的脱乙酰度在 $70\%\sim90\%$,含氮量在 7% 左右。脱乙酰度在 70% 以上的产品,工业上即为合格品。

2.壳聚糖的物理性质

(1)一般性质。商品壳聚糖的相对分子质量在 $(10\times10^4)\sim(100\times10^4)$,脱乙酰化度在 $80\%\sim85\%$ 的壳聚糖呈白色或米黄色结晶性粉末或片状固体。壳聚糖大分子链上分布着许多羟基、氨基,还有一些 N -乙酰氨基,它们会形成各种分子内和分子间的氢键,这些氢键的存在,使壳聚糖分子容易形成结晶区,具有较高的结晶度,因此具有很稳定的物理化学性质。

(2)溶解性。壳聚糖在多数有机溶剂、水、碱中仍难以溶解。但由于氨基的存在,在酸性条件下,—NH_2 质子化成—NH_3^+,破坏原有氢键和晶格,使—OH 与水分子水合,分子膨胀并溶解。所以壳聚糖能溶于乙酸、甲酸、水杨酸、酒石酸、乳酸、苹果酸等有机酸的稀溶液中,也能溶于硝酸、盐酸、磷酸等无机酸中,但要经长时间搅拌和加热。壳聚糖的溶解度因相对分子质量、脱乙酰度和酸的种类不同而有差别。脱乙酰度越高,分子链上的游离氨基越多,离子化强度越高,也就越易溶于水;反之,脱乙酰度越低,溶解度越小。

(3)溶液性质。壳聚糖溶液的黏度与壳聚糖的相对分子质量有着直接的关系,一定浓度的壳聚糖溶液在其他因素固定不变的情况下,壳聚糖的相对分子质量越高,其溶液的黏度就越大,相对分子质量越低,黏度就越小。壳聚糖的脱乙酰度也会对溶液的黏度产生影响,脱乙酰度越低,溶解越难,溶液的黏度就大。壳聚糖分子中的糖苷键是半缩醛结构,在酸溶液中主链不断降解,相对分子质量逐渐降低,黏度越来越小。

(4)成膜性。壳聚糖易溶于弱酸稀溶液中,可以很容易地制成膜、抽成丝,膜或丝具有透气性、透湿性、有一定的拉伸强度和抗静电作用。

(5)吸湿性。壳聚糖分子中含有大量的羟基和氨基等强极性基团,使壳聚糖分子具有很高的吸湿性。仅次于甘油,高于聚乙二醇、山梨醇,这一性质可用于纤维织物的抗静电、亲水、舒适性整理。

3. 壳聚糖的化学性质及改性

壳聚糖分子中的羟基和氨基容易进行化学改性,可引入功能性基团,这样不但改善其溶解性能,而且可以改变物化性质,从而赋予它们更多的特殊功效。

(1)降解。甲壳质经脱乙酰化得到壳聚糖的相对分子质量通常在几十万左右,采用适当的方法将其降解为低聚产品,可使其水溶性大为改观,应用领域不断扩大。用于壳聚糖降解的方法大致可分为四种:酸降解、氧化降解、酶法降解和物理降解。

①酸降解。用无机酸对壳聚糖进行降解以制备低至单糖的低分子量壳聚糖是应用最早的壳聚糖降解方法。壳聚糖在酸性溶液中是不稳定的,会发生糖苷键的断裂,即长链部分水解,形成许多聚合度不等的片段。酸水解法的优点是价格低廉,操作简单;缺点是反应难以控制,得到的低分子量壳聚糖的相对分子质量分布难以控制,并且对环境污染严重。目前,酸水解法主要有:盐酸水解法、磷酸水解法、醋酸水解法、过醋酸水解法、氢氟酸水解法、酸—亚硝酸盐水解法、浓硫酸水解法等。

②氧化降解。氧化降解法是最近几年研究较多的一种降解方法。其中,H_2O_2法研究报道最多,包括单H_2O_2法、H_2O_2—$NaClO_2$法、H_2O_2—HCl法等。其他的氧化降解法还有$NaBO_3$法、ClO_2法等。以氧化剂来对壳聚糖进行氧化降解,存在最大的问题是在降解过程中引入了各种反应试剂。使得对其降解副反应的控制以及在降解产物的分离纯化等方面增加了很大难度。

过氧化氢法制备低分子量壳聚糖方法简单,无残毒,不引进外来杂质。在过氧化氢对壳聚糖的降解过程中,过氧化氢分解后所形成的活性自由基可能夺取壳聚糖的β-1,4-糖苷键1位或4位上的氢原子,然后使C—O—C键发生断裂。

③酶法降解。酶降解法就是用特定的酶对壳聚糖进行降解,它可以选择性地切断壳聚糖分子中的β-1,4-糖苷键,从而制得特定的低分子量壳聚糖,克服了化学降解产品相对分子质量分布宽、均一性差的缺点。与其他降解方法相比,酶降解法不发生副反应,反应条件温和,降解过程及降解产物相对分子质量分布都易于被控制,且不对环境造成污染,是一种较为理想的降解方法。酶法降解可采用专一性的壳聚糖酶或非专一性的其他酶种来对壳聚糖进行生物降解。

④物理法降解。一些物理的方法也可用于对壳聚糖进行降解,如微波法、辐射法和超声波法等。一种是在化学降解的基础上辅助加以微波法、辐射法和超声波法;另一种是直接用微波或超声波辐射壳聚糖固体,在固态下将壳聚糖降解为低分子量的壳聚糖。壳聚糖的辐射降解一

般服从无规降解动力学,分子链上任何一处的同类化学键都有均等的断裂机会,对壳聚糖的降解过程是通过辐射使糖苷键随机性切断的过程,降解产物相对分子质量随着辐照强度及辐照时间的增加而减小,并且降解产物相对分子质量的均一程度随着辐照剂量的提高而增大。

(2)醚化。壳聚糖的羟基可与醚化试剂发生醚化反应生成醚化产物,常用的有甲基醚、羟乙基醚、羟丙基醚、氰乙基醚、羧甲基醚等。通过醚化反应,引入取代基,破坏了壳聚糖原有的晶体结构,提高了其溶解适应性。

壳聚糖可在碱性介质中与硫酸二甲酯反应可生成甲基醚。该方法所得的产物主要是羟基取代甲基醚,也有少量氨基取代,N-甲基壳聚糖。如果用卤代烷与壳聚糖反应,则N-烷基化反应较多,醚化反应次之。要得到醚化产物,首先要对壳聚糖的氨基加以封闭。

壳聚糖在碱存在的条件下与氯乙酸反应可得羧甲基化衍生物。羧甲基既会在—OH上发生取代,生成O-羧甲基壳聚糖,也会在—NH_2上发生取代,生成N-羧甲基壳聚糖。羟基上的羧甲基取代既可以是发生在C_6位或C_3位上。由于C_3位上的位阻效应以及C_2位和C_3位之间的分子内氢键,使C_3位上的羧甲基化较难发生,所以羟基上的羧甲基取代,C_3-O-羧甲基较少,而以C_6-O-羧甲基为主。对于C_6—OH与C_2—NH_2来说,在碱性条件下羧甲基在羟基上的取代活性要高于氨基,因此,当取代度小于1时,羧甲基的取代主要是发生在羟基上而不是氨基上,只有取代度接近1和大于1时,才会同时在氨基上发生羧甲基取代,形成O,N-羧甲基壳聚糖。

壳聚糖在碱性溶液或在乙醇、异丙醇中可与环氧乙烷或2-氯乙醇反应生成羟乙基化的衍生物。反应式如下:

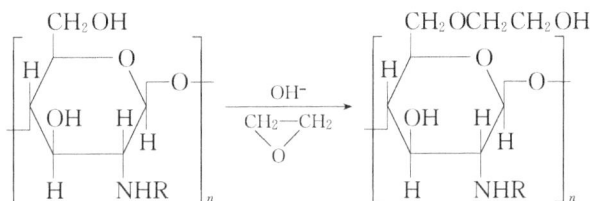

壳聚糖的醚化改性还包括壳聚糖与丙烯腈进行的加成反应。反应式如下:

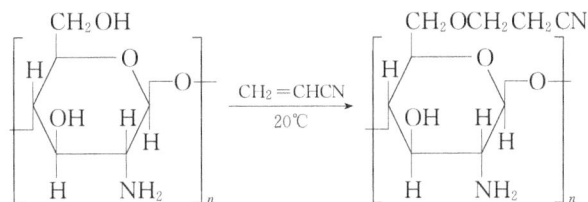

(3)酰化。通常用于壳聚糖酰基化的酰化试剂为有机酸的衍生物,如酸酐或酰氯,导入不同相对分子质量的脂肪族或芳香族酰基。壳聚糖的酰化反应既可在羟基上也可在氨基上进行,酰化产物的生成与反应溶剂、酰基结构、催化剂种类和反应温度有关。一般得到N-酰化产物,O-酰化壳聚糖生成较困难。

介质对酰化反应的程度影响很大,当甲壳质类化合物在溶液中反应可以在均相中进行,当它们在某些溶液中溶胀后再行酰化,则为非均相反应。壳聚糖在高溶胀胶状物状态下,可进行非均相高速酰化反应。它在非质子性溶剂中可以完全酰化,而在甲醇—乙酸中只能获得部分酰化产物。

酰化壳聚糖中的酰基破坏大分子间的氢键,改变其晶态结构,提高壳聚糖材料的溶解性。

(4)酯化。壳聚糖大分子中的羟基,可与一些含氧无机酸(或其酸酐)发生酯化反应。这类反应类似于纤维素的反应。常见的酯化反应有硫酸酯化和磷酸酯化,最常用的硫酸酯化试剂为氯磺酸—吡啶,还有浓 H_2SO_4、发烟硫酸、SO_3—吡啶、SO_3—DMF 等,反应一般为非均相反应。

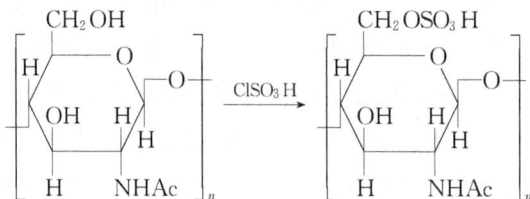

壳聚糖具有较为独特的分子结构,在其分子骨架上具有多个与硫酸酯化试剂反应的位点,可通过在特定位置进行保护或限制反应活性的情况下,来选择性地制备各种不同取代位置的壳聚糖硫酸酯衍生物。

(5)N-烷基化。壳聚糖的氨基是一级氨,有一孤对电子,具有很强的亲核性,在一些强烈的条件下,也能发生取代反应。一般是壳聚糖在碱性条件下与卤代烃或硫酸酯反应生成烷基化产物。烷基化反应既可在甲壳质的羟基上,也可在壳聚糖的氨基上进行,以 N-烷基化较易发生。

要在羟基上引入烷基,可利用氨基与醛酮发生席夫(Shift)碱反应,生成相应的醛亚胺和酮亚胺多糖,保护游离—NH_2;或用硼氢化钠还原得到 N-取代多糖。

壳聚糖引入烷基后,壳聚糖分子间的氢键被显著削弱,因此烷基化壳聚糖溶于水,但若引入的烷基链太长,则其衍生物会不完全溶于水,甚至不完全溶于酸性水溶液。

第三节　合成高分子化合物

一、丙烯酸及其酯类聚合物

聚丙烯酸和聚丙烯酸酯类高分子化合物主要是由丙烯酸、甲基丙烯酸、丙烯酸酯、甲基丙烯酸酯为主要单体的均聚物或共聚物。这类聚合物以其多变的性能、广泛的适应性和低廉的价格,广泛用于纺织品加工的各个工序,成为纺织品加工中应用最广的聚合物。

1. 制备聚丙烯酸及其酯类化合物的单体

除了个别产品外,聚丙烯酸和聚丙烯酸酯类高分子化合物大多为共聚物,采用的单体种类较多,主要分为丙烯酸系单体和非丙烯酸系单体。

丙烯酸系:丙烯酸、甲基丙烯酸、丙烯酸(甲、乙、丁、辛)酯、甲基丙烯酸(甲、乙、丁)酯、丙烯腈、丙烯酰胺、N-羟甲基丙烯酰胺、N-异丁氧基甲基丙烯酰胺、丙烯酸羟乙酯、丙烯酸羟丙酯。

非丙烯酸系：衣康酸、醋酸乙烯酯、苯乙烯、氯乙烯、丁二烯、丙烯、乙烯。

2. 共聚物的设计

用于纺织工业的聚丙烯酸和聚丙烯酸酯类高分子化合物主要分为以丙烯酸为主体的水溶性高聚物和以丙烯酸酯为主体的乳液型聚合物。为了提高产品的应用性能，它们大多为共聚物。合成过程中，采用不同单体合成的聚合物具有不同的性能。因此，共聚单体的选择十分重要，单体的性能决定聚合物的应用性能。

在聚丙烯酸酯类产品中，单体均聚物的玻璃化温度对共聚物的性能有很大的影响。单体均聚物的 T_g 高表示均聚物的柔顺性差，刚性较大，这种单体称为硬单体；单体均聚物的 T_g 低表示均聚物的柔顺性好，刚性较小，这种单体称为软单体。单体的种类、配比等直接影响共聚物的性能，一般共聚物的 T_g 可以由下式求出：

$$\frac{1}{T_g} = \frac{w_1}{T_{g1}} + \frac{w_2}{T_{g2}} + \cdots + \frac{w_n}{T_{gn}}$$

式中：$w_1, w_2, \cdots, w_n$ 分别为各组分的质量分数；$T_{g1}, T_{g2}, \cdots, T_{gn}$ 分别为各组分的玻璃化温度。

对于聚丙烯酸盐类化合物，丙烯酸是最常用的一种单体，可以将丙烯酸与不带电的单体（如乙烯）共聚，降低聚合物的电荷密度。也可以将丙烯酸与高电荷密度的单体，如马来酸酐（MA）共聚，增加它的电荷密度。因此，通过丙烯酸与不同电荷密度的单体共聚，或以不同比例的共聚单体共聚，可以得到主链上平均电荷密度无限多的变化。而链上的电荷密度是决定聚合物性能特征的关键因素。

3. 共聚物的制备方法

(1)溶液聚合。溶液聚合是将单体溶解于溶剂中进行聚合，特点是聚合反应条件容易控制，生成的产品的相对分子质量较低，分布均匀。

聚丙烯酸类化合物可以由相应的单体直接在水介质中聚合而得。一般配方中包括水、丙烯酸系单体、引发剂和活性剂等。引发剂可用过硫酸铵、过硫酸钾、过氧化氢等，聚合温度在50～100℃。为了控制聚合物的链长，常使用一些链转移剂，如巯基琥珀酸、次磷酸钠、醋酸铜、醇类化合物等。

丙烯酸酯类单体也可以在一定的溶剂中进行聚合，常用的溶剂为醋酸乙烯、甲苯、二甲苯、乙醇等。引发剂要选择可溶于溶剂的引发剂，如过氧化苯甲酰、偶氮二异丁腈等。

(2)乳液聚合。聚丙烯酸酯类化合物大多采用乳液聚合法制得聚丙烯酸酯类乳液。聚合过程易于控制，速度快，成本低，环境污染小。乳液聚合体系通常由以下几种成分组成：

①单体。单体的组成将影响聚合物的性能。如亲水性、柔顺性、黏合性能等。

②乳化剂。乳化剂通常为表面活性剂，对生成乳液的粒度、乳液稳定性等重要的影响。主要采用阴离子、非离子表面活性剂。

③引发剂。引发剂普遍采用水溶性、热分解型无机过氧化物(如过硫酸铵、过硫酸钾)，热分解后产生游离基而引发单体聚合。

④链转移剂。链转移剂用来调节聚合物分子链的长度,控制相对分子质量,可采用醇类、硫醇类化合物。

⑤pH 值缓冲剂。pH 值缓冲剂用来调节乳液的 pH 值,使乳液具有最佳的储存稳定性和应用效果。常用的缓冲剂有碳酸氢钠、醋酸、氨水等。

⑥胶体保护剂。胶体保护剂有助于乳液的储存稳定性和机械稳定性。如羟乙基纤维素、聚乙烯醇等。

(3)核壳乳液聚合法。核壳结构乳液聚合物属于异种高分子复合乳液,它是由性质不同的两种或多种单体分子在一定条件下按阶段聚合,使乳液颗粒的内侧和外侧分别富集不同成分的物质而得到的非均相乳胶。以涂料印花染色黏合剂为例,核壳乳液聚合是先将易黏辊的软单体用乳液聚合法制成核心,然后再滴加不易黏辊的硬单体构成壳的分阶段聚合过程,形成芯软壳硬的黏合剂。在这种乳液颗粒中,核聚合物提供柔软性、手感、黏附性和耐冷裂性,壳聚合物提供耐磨性、不黏性和耐溶剂性。此法制成的黏合剂对改善印花织物手感、防止黏结辊筒及塞网均有好处。

关于核壳之间如何结合这一问题,已有接枝聚合、互穿网络和离子键等机理。影响核壳粒子形成的因素很多,如单体性质、加料方式和速度、温度等。一般说来,活性相差较大的单体共聚有利于产生相分离,从而形成核壳结构,加入一定量水溶性单体分别与形成核和壳的单体进行共聚,聚合时加入特种功能性单体进行接枝以及交联、反应温度低等都有利于形成核壳结构。分阶段加料并在"饥饿"条件下进行聚合是制备核壳乳液的常用方法。反应中确保单体的加料速度小于聚合速度是形成核壳结构的重要条件。

(4)从其他聚合物制得。相应聚合物的水解反应也是制备聚丙烯酸类化合物的方法之一。例如,可以在聚丙烯酸酯的悬浮液或乳液中加入氢氧化钠水溶液,并加热至 $100℃$,维持几个小时,即可获得聚丙烯酸钠。

以聚丙烯腈(PAN)废丝为原料,通过水解制备的丙烯酸类防泳移剂。碱性条件下丙烯腈水解的化学反应如下:

$$\left[CH_2{-}CH\right]_n + H_2O \xrightarrow{NaOH} \left[CH_2{-}CH\right]_x \left[CH_2{-}CH\right]_y \left[CH_2{-}CH\right]_z$$
$$\quad\ \ |\qquad\qquad\qquad\qquad\qquad\quad\ |\qquad\qquad\ |\qquad\qquad\ |$$
$$\quad\ \ CN\qquad\qquad\qquad\qquad\qquad\ CN\qquad\quad CONH_2\qquad\ COO^-$$

反应中,x、y、z 的比例可以通过水解条件的选择而加以控制。

二、聚氨酯

聚氨基甲酸酯简称聚氨酯(PU),是分子链中含有氨酯基(—NHCOO—)和/或异氰酸酯基(—NCO)类的高分子化合物。聚氨酯重复的结构单元是氨基甲酸酯链段。聚氨酯的结构如下:

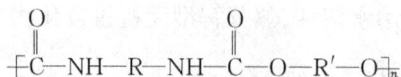

$$\left[\overset{O}{\overset{\|}{C}}{-}NH{-}R{-}NH{-}\overset{O}{\overset{\|}{C}}{-}O{-}R'{-}O\right]_m$$

1. 聚氨酯的制备

聚氨酯是由二异氰酸酯和聚合物二元醇加聚而成。二异氰酸酯包括脂肪族异氰酸酯与芳香族异氰酸酯,称为硬链段;二元醇是指末端为羟基的聚酯或聚醚的低聚物,称为软链段。聚氨酯是一种含软段和硬段的嵌段共聚物。制备过程分为预聚反应和扩链反应。第一步是二异氰酸酯与二元醇低聚物进行加成聚合得到预聚体。

$$OCN-R-NCO+HO-R'-OH \longrightarrow \underset{n}{\left[\overset{O}{\underset{\|}{C}}-NH-R-NH-\overset{O}{\underset{\|}{C}}-O-R'-O\right]}$$

根据二异氰酸酯和低聚物多元醇的用量不同,生成的预聚体的组成结构也有所不同。设 $r=$—NCO：—OH。

当 $r<1$ 时,得到的预聚体结构为 $HO\underset{n}{[\cdots]}OH$

当 $r>1$ 时,得到的预聚体结构为 $OCN\underset{n}{[\cdots]}NCO$

第二步扩链反应分两种情况,一种情况是以异氰酸酯基封端的预聚体,用二元醇、二元胺进行扩链,或用三元醇进行扩链交联,得到聚氨酯弹性体。

$$OCN\underset{n}{[\cdots]}NCO+HOR''OH \longrightarrow OCN-\boxed{}-NCO$$

另一种情况是以羟基封端的预聚体,与二异氰酸酯反应进行扩链。

$$HO\underset{n}{[\cdots]}OH+OCN-R-NCO \longrightarrow OCN-\boxed{}-NCO$$

(1)聚氨酯合成的基本原料。

①二异氰酸酯。NCO—上的氧原子和氮原子均呈电负性。氮原子的电负性比氧原子更强,碳原子的电子云密度最低,呈正电性,反应时易被亲核试剂进攻。其取代基对它的反应性有显著影响,若 R 为芳基,负电荷就由氮吸引到芳环上,使碳原子上的正电荷增加。因此,芳香族异氰酸酯的反应性显著高于脂肪族异氰酸酯。常用的二异氰酸酯列于表 4-3。

表 4-3 常用的二异氰酸酯

名　称	结　构　式
2,4-甲苯二异氰酸酯	OCN—⬡—CH₃ / NCO
2,6-甲苯二异氰酸酯	NCO / ⬡—CH₃ / NCO
二苯甲烷-4,4′-二异氰酸酯	OCN—⬡—CH₂—⬡—NCO
二苯甲烷-2,4′-二异氰酸酯	NCO / ⬡—CH₂—⬡—NCO
1,6-六亚甲基二异氰酸酯	OCN(CH₂)₆NCO

名　称	结　构　式
异佛尔酮二异氰酸酯	
对苯二亚甲基二异氰酸酯	
二环己基甲烷二异氰酸酯（氢化二苯甲烷二异氰酸酯）	OCN—◯—CH₂—◯—NCO

②低聚物二元醇。在聚氨酯产品中，低聚物二元醇通常占其质量的 $60\%\sim70\%$，主要为末端上含有两个或两个以上羟基的低聚物，分子中间可以含有酯基、醚键等。低聚物二元醇主要有聚酯二元醇、聚醚二元醇。有时也用聚丁二烯二元醇及其加氢化合物和有机硅多元醇等。它们的相对分子质量通常为 $500\sim3000$，低聚物二元醇的种类决定聚氨酯的弹性和硬度。常用的聚合物二元醇列于表 4-4。

表 4-4　常用的低聚物二元醇

名　称	结　构　式
聚氧丙烯二醇	$HO{\leftarrow}CH_2{-}CH{-}O{\rightarrow}_n CH_2{-}CH{-}OH$（侧链 CH_3）
聚氧乙烯二醇	$HO{\leftarrow}CH_2{-}CH_2{-}O{\rightarrow}_n CH_2 CH_2 OH$
环氧乙烷—环氧丙烷共聚醚	$HO{\leftarrow}CH_2{-}CH{-}O{\rightarrow}_n{\leftarrow}CH_2 CH_2 O{\rightarrow}_n OH$（侧链 CH_3）
聚四氢呋喃二醇	$HO{\leftarrow}CH_2 CH_2 CH_2 CH_2{-}O{\rightarrow}_n H$
聚己二酸乙二醇酯二醇	$HO{\leftarrow}CH_2 CH_2 O{-}\overset{O}{\overset{\|}{C}}(CH_2)_4\overset{O}{\overset{\|}{C}}{-}O{\rightarrow}_n CH_2 CH_2 OH$
聚己二酸一缩二乙二醇酯二醇	$HO{\leftarrow}(CH_2)_2 O(CH_2)_2 OOC(CH_2)_4 COO{\rightarrow}_n O(CH_2)_2 O(CH_2)_2 OH$
聚己二酸-1,4-丁二醇酯二醇	$HO{\leftarrow}(CH_2)_4{-}O\overset{O}{\overset{\|}{C}}(CH_2)_4\overset{O}{\overset{\|}{C}}{-}O{\rightarrow}_n(CH_2)_4 OH$
聚己二酸-1,6-己二醇酯二醇	$HO{\leftarrow}(CH_2)_6{-}O\overset{O}{\overset{\|}{C}}(CH_2)_4\overset{O}{\overset{\|}{C}}{-}O{\rightarrow}_n(CH_2)_6 OH$
聚癸二酸二元醇酯二醇	$HO{\leftarrow}R{-}O\overset{O}{\overset{\|}{C}}(CH_2)_8\overset{O}{\overset{\|}{C}}{-}O{\rightarrow}_n ROH$
聚-ε-己内酯二醇	$HO{\leftarrow}(CH_2)_5\overset{O}{\overset{\|}{C}}{-}O{\rightarrow}_n ROH$

③扩链剂或交联剂。在聚氨酯的合成过程中,低聚物二元醇与二异氰酸酯反应先生成端异氰酸酯基的预聚体,然后再与低分子量的醇和胺反应,延长其分子链,增长聚氨酯的相对分子质量。所用的低分子量醇和胺称为扩链剂。醇类扩链剂一般为低分子二元醇。采用胺类扩链剂可以是二元胺或多乙烯多胺,如乙二胺、二乙烯三胺、三乙烯四胺等。

为提高聚氨酯的官能度,使固化物具有一定的交联度,可采用多元醇类化合物,如三羟甲基丙烷、甘油己三醇等交联剂,这类交联剂不仅能延长聚氨酯的分子链,而且还能在分子链上产生交联点,使线型结构转化为网状结构,改善聚氨酯的耐热、耐溶剂、耐蠕变等性能。

亲水性扩链剂就是能引入亲水性基团的扩链剂。这类扩链剂中常含有羧基、磺酸基或仲氨基和叔氨基,当其结合到聚氨酯分子中,使聚氨酯链段上带有能被离子化的功能性基团。这类扩链剂赋予聚氨酯亲水性,可提高聚氨酯的自乳化能力,也称为内乳化剂。如二羟甲基丙酸(DMPA)是国内外制备聚氨酯乳液常用的一种亲水性扩链剂。DMPA 因其相对分子质量小,较少的用量就能提供足够多的羧基量,其分子中—COOH 与叔碳相连,空间位阻大,扩链过程中—COOH 与—NCO 反应的机会少,得到的聚氨酯自乳化能力强,形成的乳液中微粒粒径小,稳定性高,可制成稳定性优良的自乳化性水性聚氨酯。

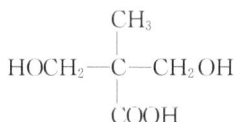

$$HOCH_2-\overset{\overset{\displaystyle CH_3}{|}}{\underset{\underset{\displaystyle COOH}{|}}{C}}-CH_2OH$$

2,2-二羟甲基丙酸(DMPA)

④溶剂。为降低聚氨酯黏度,使聚氨酯在制备、配置和使用过程中便于操作常采用溶剂。聚氨酯所用的溶剂必须是不含水、醇等含有活泼氢的化合物。溶剂的选择可根据溶解度参数相近、极性相似以及溶剂本身的挥发性等因素确定。聚氨酯的溶解度参数为 10 左右,故选酮类(甲乙酮、丙酮、环己酮)、低级烷基酯(乙酸乙酯、乙酸丁酯)、氯代烃(三氯乙烯、二氯甲烷)、芳香烃(甲苯、二甲苯)以及二甲基甲酰胺、四氢呋喃、矿质松节油等。常用混合溶剂,以提高溶解度,调节挥发度,适应不同工艺的要求。

(2)溶剂型聚氨酯的制备。溶剂型聚氨酯通常可由溶液聚合或本体聚合的方法制备。在纺织品整理剂中一般有以下两种产品。

①单组分溶剂型聚氨酯。以聚醚型湿法聚氨酯涂层剂为例,先将二异氰酸酯(MDI)与聚醚二元醇反应制得端基为异氰酸酯基的预聚体,然后以丁二醇作为扩链剂进行扩链反应形成弹性体,加入添加剂和溶剂 DMF,使含固量为 20%。

②双组分溶剂型聚氨酯。以双组分聚氨酯胶黏剂为例,通常由甲、乙两个组分组成,两个组分是分开包装的,使用前按一定比例配制即可。甲组分(主剂)为二异氰酸酯与低聚物二元醇反应制得端基为羟基的预聚体组分,乙组分(固化剂)为含游离异氰酸酯基的组分。使用时,甲组分和乙组分按一定比例混合生成聚氨酯树脂。两个组分的用量可在一定范围内调节,两组分的—NCO 与—OH 的摩尔比在一般情况下大于或等于 1,当固化时,一部分—NCO 参与胶的固化反应,产生化学黏合力,多余的—NCO 在加热固化时,还可产生脲基甲酸酯、缩二脲等,增加

交联度,提高了胶层的内聚强度和耐热性。

(3)水性聚氨酯的制备。水性聚氨酯是以水代替有机溶剂作为分散介质的二元胶态体系,聚氨酯粒子分散于连续的水相中。水性聚氨酯包括水溶性型、水乳化型、水分散体等。聚氨酯的水性化主要是通过乳化剂或在聚合物主链上引入亲水基团,生成的聚合物主链上含有氨基甲酸酯的多重结构单元。

①自乳化型聚氨酯。自乳化型聚氨酯是在聚氨酯结构中引入一些亲水基团,使聚氨酯分子具有一定的亲水性,不外加乳化剂,凭借这些亲水基团使之乳化,从而制成水性聚氨酯。亲水基团的引入方法可采用亲水单体扩链法、聚合物反应接枝法以及将亲水基团直接引入大分子聚合物中等方法。亲水单体扩链法是制备水性聚氨酯的主要方法。目前,自乳化型水性聚氨酯的合成方法有以下几种。

a. 丙酮法。该法是由二异氰酸酯和二元醇在丙酮体系中反应得到预聚体。然后用亲水单体进行扩链,在高速搅拌下加入水,通过强剪切力作用使之分散于水中,乳化后减压蒸馏回收溶剂,即得到水分散体系。该反应易控制、重复性好、乳液粒径范围大、性能好,是目前水性聚氨酯合成中最为流行的方法之一。溶剂除丙酮外,还可以用丁酮和四氢呋喃等来降低体系的黏度。

b. 预聚体合成法。该法是由低聚物二元醇、二异氰酸酯、亲水单体反应,先制备带亲水基团并含—NCO端基的预聚物,不加入或加入少量的溶剂,在高速搅拌下将其分散于水中,再利用二胺类物质在水中扩链,生成水性聚氨酯。此工艺条件简单,无需大量的有机溶剂,可以制取含支链的PU乳液,适合于工业化生产。

②反应性水系聚氨酯。由于异氰酸酯基非常活泼,与水接触马上发生反应而失去活性,为使其在水中稳定存在,可利用特定的封闭剂,先将活性—NCO保护起来,然后在水中分散制成特定的乳液。形成涂膜后,利用加热使—NCO解封,恢复到原来的异氰酸酯基,与含活性氢的化合物反应,形成致密的涂层。封闭剂种类很多,关键在于选择解封温度低的高效封闭剂。目前较为常用的封闭剂是亚硫酸氢钠。以水溶性聚氨酯抗起毛起球剂为例,制备方法为:首先聚醚多元醇与二异氰酸酯化合物在二异氰酸酯过量的条件下反应,生成末端带—NCO的预聚体。再用封闭剂与上述预聚体反应,就生成封闭型水溶性聚氨酯。反应式如下:

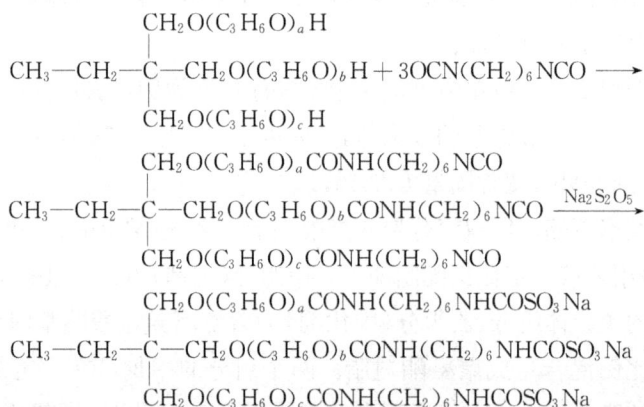

$$CH_3-CH_2-\overset{CH_2O(C_3H_6O)_aH}{\underset{CH_2O(C_3H_6O)_cH}{\overset{|}{\underset{|}{C}}-CH_2O(C_3H_6O)_bH}} + 3OCN(CH_2)_6NCO \longrightarrow$$

$$CH_3-CH_2-\overset{CH_2O(C_3H_6O)_aCONH(CH_2)_6NCO}{\underset{CH_2O(C_3H_6O)_cCONH(CH_2)_6NCO}{\overset{|}{\underset{|}{C}}-CH_2O(C_3H_6O)_bCONH(CH_2)_6NCO}} \xrightarrow{Na_2S_2O_5}$$

$$CH_3-CH_2-\overset{CH_2O(C_3H_6O)_aCONH(CH_2)_6NHCOSO_3Na}{\underset{CH_2O(C_3H_6O)_cCONH(CH_2)_6NHCOSO_3Na}{\overset{|}{\underset{|}{C}}-CH_2O(C_3H_6O)_bCONH(CH_2)_6NHCOSO_3Na}}$$

这种封闭型水溶性聚氨酯具有热反应性,将其处理到织物上,在催化剂存在下经高温焙烘可分解出封闭物产生异氰酸酯基,能发生自身交联或与纤维大分子中的羟基和氨基反应,在织物上形成网状交联结构。

2. 聚氨酯的性质

聚氨酯结构中具有类似酰氨基及酯基的结构,因此聚氨酯的化学性质和物理性质介于聚酰胺和聚酯之间。除氨酯键外,还可能含有醚键、酯键、脲键、脲基甲酸酯键以及油脂的不饱和键等。聚氨酯具有许多优良的物理化学性能,概括起来有以下几点:

(1)由于聚氨酯分子结构中含有氨基甲酸酯基、脲基、酯基和醚基等极性基团,使其分子间通过氢键可产生强内聚力。分子结构中又含有异氰酸酯基等高性能、高活性基团,可与含有活泼氢的化合物反应,或与极性基团间形成氢键和范德华力,故对多种材料具有优良的粘接性能。

(2)聚氨酯中的氨酯键不和酸、碱、油反应,具有类似酰氨基的特性,具有优良的耐化学性、耐油性、耐磨性及力学强度。

(3)聚氨酯分子可视作由异氰酸酯与扩链剂等形成的硬段结构以及由聚醚、聚酯等软段结构相嵌段的共聚物。改变软、硬段比例和结构可大幅度调整聚氨酯的物化性能,满足不同用途的需要,具有多功能性。

(4)聚氨酯分子链的柔韧性赋予产品高度的弹性和柔软性,使其固化物耐振动、耐冲击、耐疲劳,剥离强度较高。

(5)游离的异氰酸酯对人体有害,但彻底固化后的聚氨酯涂膜是无毒的。

三、有机硅类化合物

有机硅类化合物由于其独特的表面性能和优异的消泡、柔软、抗静电、拒水、拒油、防污和易去污等性能,被用作染整助剂的原料。染整助剂用的有机硅化合物一般为有机基团取代的聚硅氧烷(硅油),其在织物整理中作为拒水剂应用始于 1947 年,最早由美国道康宁公司用含氢有机硅聚合物作织物拒水剂的主要成分,用于织物拒水整理。20 世纪 70 年代以来,各种以聚硅氧烷为原料的功能性整理剂不断被开发,聚硅氧烷类化合物在染整加工中的应用越来越广泛。

1. 硅油的特点与性能

(1)结构特点。以 Si—O—Si 为主链,硅原子上连接甲基的线型二甲基硅油,聚硅氧烷的主链十分柔顺,甲基朝外排列并可自由旋转,围绕 Si—O 键旋转所需的能量几乎是零,这表明聚硅氧烷的旋转是自由的,可以 360°旋转。从基本的几何分子构型看,聚硅氧烷是一种易挠曲的螺旋形直链结构,由硅原子和氧原子交替组成。在聚二甲基硅氧烷的每一个硅原子上连有两个甲基,这两个甲基垂直于两个相近氧原子的价键所构成的平面上,结构如下:

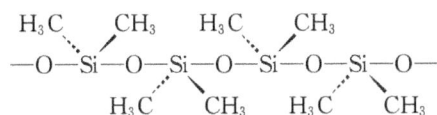

$$\begin{array}{ccccccc} & H_3C & CH_3 & H_3C & CH_3 \\ & \diagdown & \diagup & \diagdown & \diagup \\ -O- & Si & -O- & Si & -O- & Si & -O- & Si & -O- \\ & \diagup & \diagdown & \diagup & \diagdown \\ & H_3C & CH_3 & H_3C & CH_3 \end{array}$$

硅原子上的每个甲基可以绕 Si—O 键轴旋转、振动。而每个甲基上的三个氢原子就像向外撑开的雨伞,这些氢原子由于甲基的旋转要占据较大的空间,从而增加了相邻分子间的距离,使聚硅氧烷分子间的作用力比碳氢化合物弱得多,因此聚硅氧烷比同相对分子质量的碳氢化合物黏度低、表面张力小、成膜性强。

(2)硅油的性能。

①硅油的耐高低温性能。二甲基硅油的热氧化稳定性大大优于矿物油及植物油,它在150℃的空气中加热1000h,黏度仅增加2%左右。只有在200℃以上,甲基才逐步被氧化。二甲基硅油具有优异的耐寒性,低、中黏度的二甲基硅油,其流动点均在-50℃以下,支链型甲基硅油由于分子中的支链破坏了直链的对称性使其在-80℃下仍具有流动性。

②黏度特性。二甲基硅油可在广泛的摩尔质量范围(162~500000g/mol)内保持液体状态,这是其他聚合物体系所无法比拟的。甲基硅油的黏温系数很小,即其黏度随温度变化很小。

③界面特性。二甲基硅油具有很低的表面张力和较高的表面活性,极易在材料表面铺展成膜,二甲基硅油的低表面张力赋予其高度憎水性。故可用作高效憎水剂、消泡剂、脱膜剂及匀泡剂。由于硅油的表面张力小及与其他物质的溶解性差,即硅油的特殊界面性质,赋予其优异的消泡性。

④化学性质。二甲基硅油及支链硅油均为化学惰性物质,常温下对水、空气、氧、金属等稳定,甚至对10%以下的碱性水溶液及30%以下的酸性水溶液也稳定。但它能被高浓度的酸、碱所分解,高温下低浓度的碱也可使硅油裂解或交联。

⑤生理相容性。二甲基硅油、甲基苯基硅油及甲基氢硅油均属生理惰性物质。特别是它们的低沸物被除去以后,对人体无毒无害。二甲基硅油、甲基苯基硅油及甲基含氢硅油的半致死量(LD_{50})均大于34g/kg,可广泛用于食品、化妆品、药物及医疗中作基本原料及添加剂。

2. 有机硅类化合物的制备

(1)有机硅单体。

①有机氯硅烷。含氯的有机硅单体是制备有机硅材料不可缺少的原料,它是整个有机硅工业的基础原料。主要单体有二甲基二氯硅烷(Me_2SiCl_2)、甲基二氯硅烷($MeHSiCl_2$)、三甲基氯硅烷(Me_3SiCl)等。绝大部分的有机硅产品都是以聚甲基硅氧烷为主要组分制备而成的,而聚甲基硅氧烷又是由甲基氯硅烷经水解、聚合而制得的。

②含烷氧基单体。含烷氧基单体有一定活性,可转化为其他单体或参与聚合、交联反应,起到氯硅烷的作用。例如,$Si(OEt)_4$、$MeSi(OMe)_3$。

③含乙烯基单体。硅氧链侧基上有乙烯基便可进行交联或接枝,末端有乙烯基则可进行加成扩链或与别的高分子共聚。常见品种有甲基乙烯基二氯硅烷($CH_2=CHSiCl_2Me$)、四甲基二乙烯基二硅氧烷$[CH_2=CHSi(Me)_2OSi(Me)_2CH=CH_2]$等。

④环硅氧烷。环硅氧烷比较稳定,便于储存运输,在引发剂的作用下可作为双官能度的单体进行开环聚合。大多数有用的聚硅氧烷都是由开环聚合得来,因为这一方法更安全、环保,工艺简便,生产成本低。常用环硅氧烷有八甲基环四硅氧烷(D_4)、六甲基三硅氧烷(D_3)、四甲基环四硅氧烷(D_4^H)、含官能侧基的环硅氧烷(D_4^R)等。

⑤硅烷偶联剂。硅烷偶联剂是指同时具有碳官能基和可水解基团的硅烷,在染整助剂用改性硅油的制备中,常用的主要有含乙烯基和环氧基的硅烷偶联剂以及氨基硅烷偶联剂,几种常

见品种列于表 4-5。

表 4-5　常用偶联剂

名　　称	结　　构
乙烯基三乙氧基硅烷	$(C_2H_5O)_3SiCH\!=\!CH_2$
环氧丙氧丙基三甲氧基硅烷	$(CH_3O)_3Si(CH_2)_3OCH_2CH\!\!\underset{\text{O}}{\overset{\diagup\diagdown}{-}}\!\!CH_2$
N-β-氨乙基-γ-氨丙基甲基二甲氧基硅烷	$(CH_3O)_2\underset{\underset{CH_3}{\|}}{Si}(CH_2)_3NHCH_2CH_2NH_2$
N-氨乙基-γ-氨丙基三甲氧基硅烷	$(CH_3O)_3Si(CH_2)_3NHCH_2CH_2NH_2$
N-环己基-γ-氨丙基甲基二甲氧基硅烷	$(CH_3O)_2\underset{\underset{CH_3}{\|}}{Si}(CH_2)_3NH\!-\!\bigcirc$
γ-吗啉基丙基三乙氧基硅烷	$(C_2H_5O)_3Si(CH_2)_3N\!\!\diagup\diagdown\!\!O$
γ-吗啉基丙基甲基二甲氧基硅烷	$(CH_3O)_2\underset{\underset{CH_3}{\|}}{Si}(CH_2)_3N\!\!\diagup\diagdown\!\!O$
γ-哌嗪基丙基甲基二甲氧基硅烷	$(CH_3O)_2\underset{\underset{CH_3}{\|}}{Si}(CH_2)_3N\!\!\diagup\diagdown\!\!NH$

(2)甲基硅油的制备。工业生产中,二甲基硅油主要通过以下方法制备。

①以浓硫酸为催化剂,从二甲基二氯硅烷(Me_2SiCl_2)水解物制备甲基硅油,$Me_3SiOSiMe_3$ 或 $Me_3SiO(Me_2SiO)_{2\sim5}SiMe_3$ 为止链剂。二甲基二氯硅烷的水解物为($Me_2SiO)_n$ 和 $HO(Me_2SiO)_nH$的混合物,调节止链剂与二甲基二氯硅烷水解物的比例,可制备任意黏度的甲基硅油。反应式可表示如下:

$$(Me_2SiO)_n + HO(Me_2SiO)_nH + Me_3SiOSiMe_3 \xrightarrow[-H_2O]{cat} Me_3SiO(Me_2SiO)_nSiMe_3 + D_m$$

②加热环状有机硅氧烷发生平衡反应,以 $Me_3SiOSiMe_3$ 或 $Me_3SiO(Me_2SiO)_{2\sim5}SiMe_3$ 为止链剂。调节两者比例,控制反应条件可以得到各种相对分子质量的硅油。由环硅氧烷,如八甲基环四硅氧烷(D_4)制备甲基硅油,反应式可表示如下:

$$n(Me_2SiO)_4 + Me_3SiOSiMe_3 \xrightarrow{cat} Me_3SiO(Me_2SiO)_{4n}SiMe_3$$

③由低摩尔质量的聚二甲基硅氧烷二醇与三甲基硅基封端的低分子量的二甲基聚硅氧烷进行缩合反应。

$$n\,HO(Me_2SiO)_xH + Me_3SiOSiMe_3 \xrightarrow[-H_2O]{cat} Me_3SiO(Me_2SiO)_{nx}SiMe_3$$

(3)甲基含氢硅油的制备。甲基含氢硅油可分为全氢型和部分含氢型。结构式如下：

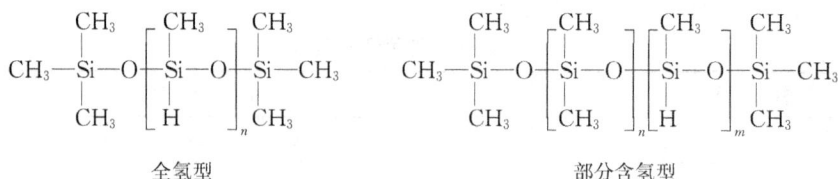

全氢型　　　　　　　　部分含氢型

全氢型甲基含氢硅油可采用甲基二氯硅烷在碱性介质中水解缩合，六甲基二硅氧烷为止链剂聚合而成，反应式如下：

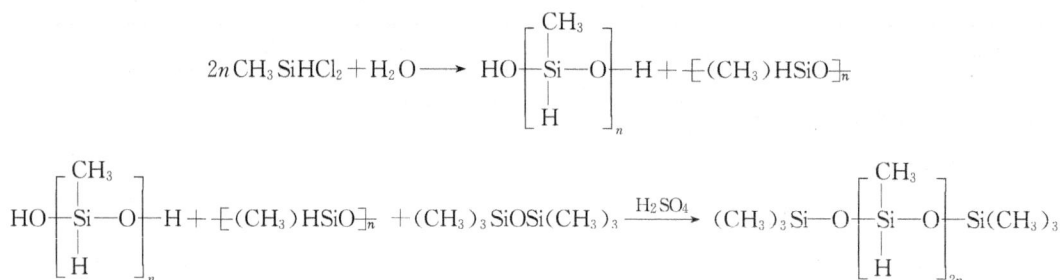

$$2n\,CH_3SiHCl_2 + H_2O \longrightarrow HO-\left[\begin{array}{c}CH_3\\|\\Si-O\\|\\H\end{array}\right]_n H + \left[(CH_3)HSiO\right]_n$$

$$HO-\left[\begin{array}{c}CH_3\\|\\Si-O\\|\\H\end{array}\right]_n H + \left[(CH_3)HSiO\right]_n + (CH_3)_3SiOSi(CH_3)_3 \xrightarrow{H_2SO_4} (CH_3)_3Si-O-\left[\begin{array}{c}CH_3\\|\\Si-O\\|\\H\end{array}\right]_{2n} Si(CH_3)_3$$

部分含氢甲基硅油由二甲基二氯硅烷、甲基二氯硅烷在碱性介质中水解缩合而成的，再由三甲基氯硅烷封端。

(4)羟基硅油的制备。羟基硅油的合成是由二甲基二氯硅烷在碱性介质中水解缩合而成的。反应式如下：

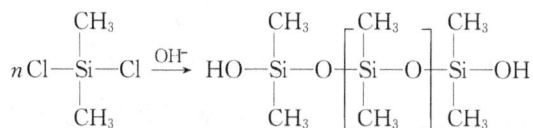

$$n\,Cl-\begin{array}{c}CH_3\\|\\Si\\|\\CH_3\end{array}-Cl \xrightarrow{OH^-} HO-\begin{array}{c}CH_3\\|\\Si-O\\|\\CH_3\end{array}\left[\begin{array}{c}CH_3\\|\\Si-O\\|\\CH_3\end{array}\right]_n \begin{array}{c}CH_3\\|\\Si-OH\\|\\CH_3\end{array}$$

反应中有二甲基硅氧烷的环三聚体(D_3)和环四聚体(D_4)生成。

(5)氨基改性聚硅氧烷的制备。

①由含氢聚硅氧烷与烯丙基胺或N-取代烯丙基胺反应而制得，反应式如下：

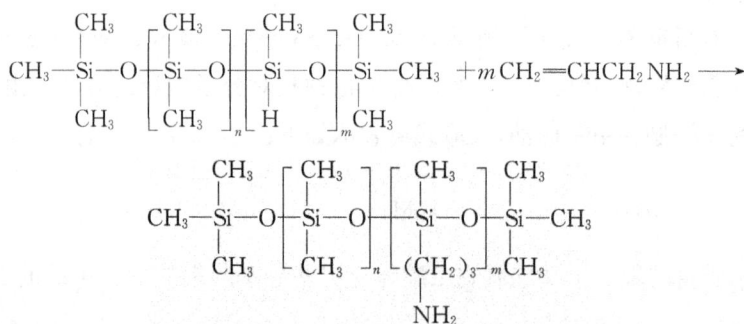

②由二氨丙基四甲基二硅氧烷与D_4在碱催化下开环聚合而得到端基氨基改性聚硅氧烷，反应式如下：

$$H_2NC_3H_6 \underset{\underset{CH_3}{|}}{\overset{\overset{CH_3}{|}}{Si}} - O - \underset{\underset{CH_3}{|}}{\overset{\overset{CH_3}{|}}{Si}} - C_3H_6NH_2 + n\left[(CH_3)_2SiO\right]_4 \longrightarrow H_2NC_3H_6 \underset{\underset{CH_3}{|}}{\overset{\overset{CH_3}{|}}{Si}} - O \left[\underset{\underset{CH_3}{|}}{\overset{\overset{CH_3}{|}}{Si}} - O\right]_{4n} \underset{\underset{CH_3}{|}}{\overset{\overset{CH_3}{|}}{Si}} - C_3H_6NH_2$$

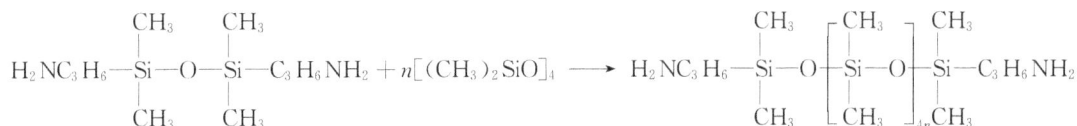

③由偶联剂在 KOH 催化下水解,与 D_4、六甲基二硅氧烷开环聚合、重排而制得。这是氨基改性聚硅氧烷最主要的合成方法,控制偶联剂量和聚合物的相对分子质量,可以得到不同氨值和不同相对分子质量的产品。以偶联剂 $N-\beta-$氨乙基$-\gamma-$氨丙基甲基二甲氧基硅烷为例,合成反应式如下:

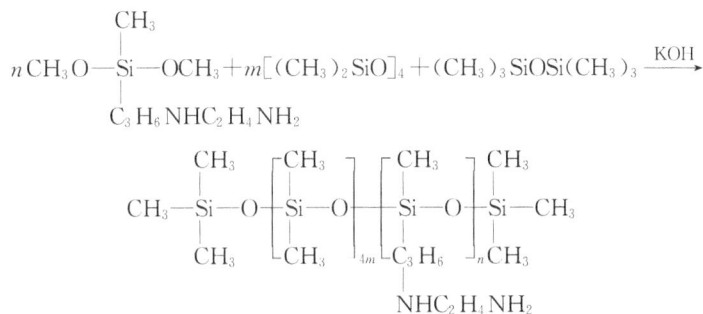

$$n\,CH_3O \underset{\underset{C_3H_6NHC_2H_4NH_2}{|}}{\overset{\overset{CH_3}{|}}{Si}} - OCH_3 + m\left[(CH_3)_2SiO\right]_4 + (CH_3)_3SiOSi(CH_3)_3 \xrightarrow{KOH}$$

$$CH_3 \underset{\underset{CH_3}{|}}{\overset{\overset{CH_3}{|}}{Si}} - O \left[\underset{\underset{CH_3}{|}}{\overset{\overset{CH_3}{|}}{Si}} - O\right]_{4m} \left[\underset{\underset{\underset{NHC_2H_4NH_2}{}}{\overset{\overset{CH_3}{|}}{Si}}}{\overset{}{\underset{C_3H_6}{|}}} - O\right]_n \underset{\underset{CH_3}{|}}{\overset{\overset{CH_3}{|}}{Si}} - CH_3$$

(6)环氧改性聚硅氧烷的制备。制备环氧改性聚硅氧烷最常采用的方法是用不饱和的环氧化合物与含氢聚硅氧烷进行加成反应。反应式如下:

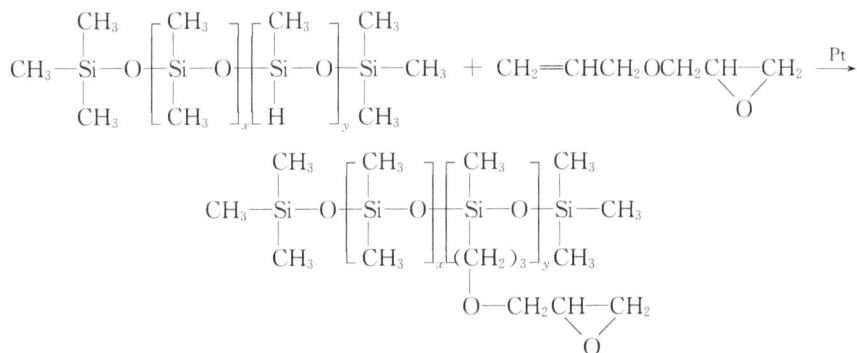

$$CH_3 \underset{\underset{CH_3}{|}}{\overset{\overset{CH_3}{|}}{Si}} - O \left[\underset{\underset{CH_3}{|}}{\overset{\overset{CH_3}{|}}{Si}} - O\right]_x \left[\underset{\underset{H}{|}}{\overset{\overset{CH_3}{|}}{Si}} - O\right]_y \underset{\underset{CH_3}{|}}{\overset{\overset{CH_3}{|}}{Si}} - CH_3 \ + \ CH_2{=}CHCH_2OCH_2CH{-}CH_2 \underset{\underset{O}{\diagdown\diagup}}{} \xrightarrow{Pt}$$

$$CH_3 \underset{\underset{CH_3}{|}}{\overset{\overset{CH_3}{|}}{Si}} - O \left[\underset{\underset{CH_3}{|}}{\overset{\overset{CH_3}{|}}{Si}} - O\right]_x \left[\underset{\underset{O-CH_2-CH-CH_2}{}}{\overset{\overset{CH_3}{|}}{Si}}\right]_y \underset{\underset{CH_3}{|}}{\overset{\overset{CH_3}{|}}{Si}} - CH_3$$

(7)亲水性聚硅氧烷的制备。制备聚醚改性硅油最常用的方法是由部分含氢的聚硅氧烷与分子末端含有不饱和基团的聚醚在铂催化剂的存在下发生加成反应,反应式如下:

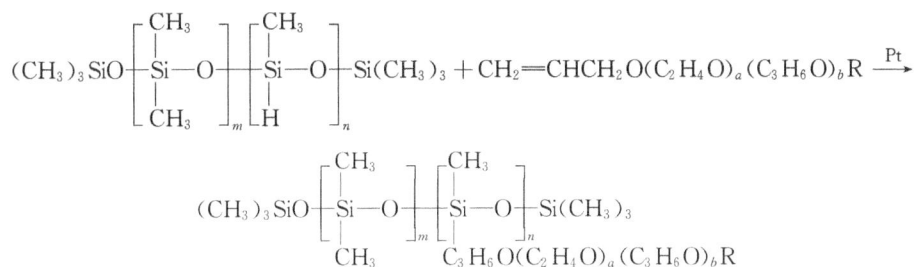

$$(CH_3)_3SiO \left[\underset{\underset{CH_3}{|}}{\overset{\overset{CH_3}{|}}{Si}} - O\right]_m \left[\underset{\underset{H}{|}}{\overset{\overset{CH_3}{|}}{Si}} - O\right]_n Si(CH_3)_3 + CH_2{=}CHCH_2O(C_2H_4O)_a(C_3H_6O)_bR \xrightarrow{Pt}$$

$$(CH_3)_3SiO \left[\underset{\underset{CH_3}{|}}{\overset{\overset{CH_3}{|}}{Si}} - O\right]_m \left[\underset{\underset{C_3H_6O(C_2H_4O)_a(C_3H_6O)_bR}{}}{\overset{\overset{CH_3}{|}}{Si}} - O\right]_n Si(CH_3)_3$$

四、聚乙烯吡咯烷酮

聚乙烯吡咯烷酮(PVP)是由 $N-$乙烯基吡咯烷酮(NVP)经聚合而成的线型高分子聚合物,

结构式如下：

$$\left[\begin{array}{c} CH-CH_2 \\ | \\ N \\ | \qquad | \\ CH_2 \quad C=O \\ | \qquad | \\ CH_2-CH_2 \end{array}\right]_n$$

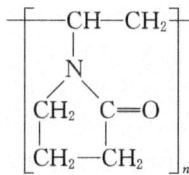

1. 聚乙烯吡咯烷酮的性质

从单体 N−乙烯基吡咯烷酮的结构看,分子中含有一个偶极矩为 40 的极性较大的内酰氨基,有亲水和亲极性基团的能力,而其分子环上及长链中又具有非极性的亚甲基及次甲基,使其具有疏水性。而具有偶极矩的酰氨基的两端所处的环境也不同:氧原子的一端是裸露的,而含氮原子的一端则处于甲基和亚甲基的包围中。PVP 的这种结构使其带有表面活性,其降低表面张力的能力、渗透能力等虽然比低分子表面活性剂弱,但其对固体表面的吸附作用及亲水性能所形成的立体屏蔽能力,使固体离子具有良好的分散稳定性。PVP 同时具有高分子化合物的特性,有广泛地调节分散体系或溶液流变性的能力。此外,PVP 与许多无机、有机化合物的氢键络合能力又使其具有优良的凝聚作用或增溶作用。以上这些综合特性使 PVP 成为高分子表面活性剂的主要品种之一。

PVP 主要以白色、微黄色固体粉末形式存在,需要时也可制成透明水溶液。PVP 以其良好的溶解性、生物相容性、低毒性、成膜性、胶体保护能力、与其他化合物良好的复配能力以及对盐、酸及热的稳定性,被广泛地用于医药、日用化学品、食品加工、纺织工业、感光材料和电子工艺等众多领域。

PVP 不是原发刺激物质、皮肤疲劳物质或致敏物质。经长期临床观察和毒性试验表明,将 PVP 注入人体,未发现有害影响,对皮肤和组织无刺激性。PVP 的 LD_{50} 为 12～15g/kg;在老鼠和狗的饲料中加入 1‰～3‰ PVP(K − 30),喂养 24 个月,没有发现毒性和不良反应症状;以兔子眼睛做试验,结果表明 PVP 对眼睛无刺激性。因此,PVP 是一种安全无毒的绿色化学品。

2. PVP 的制备

PVP 是 N−乙烯基吡咯烷酮在自由基引发剂(或催化剂)作用下均聚而成。聚合方式可采用本体聚合、溶液聚合、悬浮聚合或乳液聚合等。反应式如下:

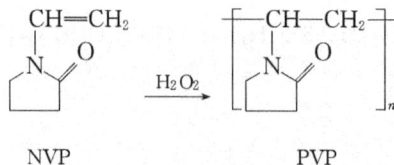

$$\underset{NVP}{\left(\begin{array}{c}CH=CH_2\\ |\\ N \quad O\end{array}\right)} \xrightarrow{H_2O_2} \underset{PVP}{\left[\begin{array}{c}CH-CH_2\\ |\\ N \quad O\end{array}\right]_n}$$

影响 PVP 相对分子质量的因素有引发剂用量、投料方式、助剂用量、单体浓度以及溶液中氧的含量。不同反应条件下制得 PVP 相对分子质量及其分布不同,PVP 的平均分子量习惯上用 K 值表示,不同的 K 值代表相应的 PVP 平均分子量水平。一般分为四级,如表 4 − 6 所示。

表 4－6　PVP 平均分子量与 K 值

K 值	K－15	K－30	K－60	K－90
黏均分子量	8000	40000	200000	700000

目前,工业生产 PVP 最典型的是采用溶液聚合和悬浮聚合。溶液聚合是在含有引发剂(双氧水、偶氮二异丁腈)和原料 NVP 的介质(如水作介质)中,在 40～70℃ 进行聚合。该法散热快,温度容易控制,产物的相对分子质量比较均匀,且不易生成交联物,但聚合速率慢,聚合物的相对分子质量不高,K 值较小。悬浮聚合在少量分散剂(约为单体质量的 0.1%)存在下快速搅拌进行的聚合反应,可制得 K 值在 10～100 的 PVP,有时可添加分子量调节剂控制 PVP 的聚合度。

☞ 复习指导

1. 内容概览

本章主要介绍高分子化合物的概念、种类及其结构特点、制备高分子的化学反应、高分子化合物的溶解性能和溶液特性等有关高分子的基本知识;染整加工中常用高分子化合物的相关知识,包括淀粉改性物、纤维素醚、海藻酸钠及其改性物、壳聚糖及其衍生物等天然高分子改性物、丙烯酸及其酯类聚合物、聚氨酯、有机硅类化合物、聚乙烯吡咯烷酮等合成高分子化合物。

2. 学习要求

(1)熟悉高分子化合物的基本概念和基本知识。

(2)熟悉各类高分子化合物的制备方法和基本性能。

☞ 思考题

1. 何谓高分子化合物? 说明高分子化合物的种类。

2. 说明表征高分子化合物结构的因素。

3. 简述高分子化合物制备的途径和相关反应。

4. 分析高分子化合物的溶解性能和溶液特性。

5. 简述淀粉改性的方法和相关产品,分析影响改性淀粉性能的因素。

6. 举例说明纤维素醚制备方法和制备过程。

7. 说明海藻酸钠的来源和性质。

8. 说明壳聚糖及其衍生物的物理性质,分析壳聚糖的化学性质和改性途径。

9. 分析影响聚丙烯酸及其酯类化合物性能的因素,如何调节聚合物的性能?

10. 从聚氨酯的合成原料分析改变聚氨酯性能的途径。

11. 说明聚二甲基硅氧烷的结构特点和性能。举例说明有机硅类化合物的制备方法。

12. 从聚乙烯吡咯烷酮的结构分析其性能特点。

第五章　染整前处理助剂

在纺织品的染整加工过程中,前处理工序所用的助剂数量占助剂总用量的一半左右。前处理助剂的作用是:提高前处理产品的质量,缩短加工时间,快速高效,简化工艺过程,节约能源消耗,并保护纤维不受损伤。根据织物种类的不同,前处理工序有所不同,所用的助剂也将不同。

第一节　精练助剂

一、纤维素纤维及其混纺织物的精练助剂

精练是以棉为主的纤维素纤维及其混纺织物印染前处理工艺中非常重要的工序,目的在于去除纤维中所含的各种天然杂质。例如,在天然棉纤维中含有 10% 左右的天然杂质,包括果胶物质、含氮物质(主要是蛋白质)、蜡状物质、灰分(无机盐类)、棉籽壳等。这些物质影响了织物的吸水性和色泽,给后道加工带来困难。一般来说,这些杂质在碱性条件下能转化为可溶性物质而除去,所以烧碱是精练加工的主要助剂。但有些物质如一些蜡状物质必须借助乳化作用才能去除。为了加快精练速度,提高织物毛细效应和白度,在精练加工中,除了碱剂以外,还需要加入一定量的高效精练剂,以利于煮练液均匀快速地渗透到织物内部,充分发挥煮练液的作用,并且乳化、分散去除下来的杂质,防止杂质再沾污到织物上去。近年来随着纺织印染工业的发展,提高精练速度,节约能耗,减少用水量,缩短工艺流程等成为一个突出的问题,精练剂必须符合渗透迅速、乳化力强、去污力高,耐高温、浓碱、硬水,低泡沫,生物降解性好,安全无毒等要求。要达到上述性能及要求,单一表面活性剂已不能满足,须从协同效应和增效作用出发,研制多种类型表面活性剂及其他无机、有机助练剂复配的新型高效精练剂。

1. 精练剂的作用机理

根据以上分析,精练过程是一个复杂的物理化学过程,有渗透、乳化、分散、净洗、螯合等作用。精练过程中精练剂的基本作用主要包括以下几方面。

(1)润湿和渗透作用。精练过程中渗透是较重要的作用。一是由于棉花生长过程中,果胶物质的半乳糖醛酸慢慢地同地下水中的 Ca^{2+}、Mg^{2+} 等结合,生成不溶于水、难膨化的果胶酸盐。果胶质分布于纤维素表面的初生壁上,阻碍占 98% 纤维素的内层次生壁的吸湿性。棉纤维中蜡状物质和残存浆料中的油性污垢使精练液不易渗入由大小不同,相互连接的毛细管所组成的纤维纱线空隙。二是精练加工是在一定浓度的烧碱溶液中进行的,由于烧碱溶液的表面张力很高,也使精练液的渗透变得困难。为了使精练能够顺利进行,需要使纤维膨化并提高溶液

与纤维间的界面性质,即需要加入适当的能降低溶液表面张力和溶液与纤维间界面张力的表面活性剂,从而使纤维与精练液更多、更好地接触,加速润湿、渗透作用。

根据润湿和渗透的基本理论,表面活性剂通过在界面上的吸附,可以大大降低 γ_{LG} 和 γ_{LS},使得润湿较易进行。同时可提高毛细管上升的液柱静压,有利于精练液向纤维内部的渗透。精练剂质量的好坏,很大程度上取决于它降低表面张力的能力和渗透速度。

(2)净洗作用。精练过程的净洗作用十分复杂。首先,使织物上的蜡质皂化物及油性物质与织物的黏附力减弱,界面逐渐缩小,在机械作用下使油污从织物上脱离,乳化为油—水乳液,以防止其再沾污。非离子表面活性剂常是优良的乳化剂,而阴离子表面活性剂,将会在油蜡/水界面上形成双电层,防止油粒相互聚集,有利于形成比较稳定的乳液体系。

其次,必须迅速分散碱作用的分解物而防止再沾污。这将利用表面活性剂的分散作用,也可用借助其他无机或有机螯合分散剂的作用。

单一类型或结构的表面活性剂很难同时有效地达到以上的作用,因此必须把两种以上不同类型和不同结构的表面活性剂进行复配。可以适当地调配其类型,结构与组成,使之具有适宜的亲水亲油平衡值(HLB),满足乳化油污的要求;足够大的胶束量和足够低的 CMC 及表面张力(γ_{CMC})。使精练液体系保持优良的润湿性,并兼有优良的乳化、分散性及净洗性能。

2. 精练剂的组成

根据精练剂的作用原理,作为高效精练剂必须具备渗透迅速,乳化、分散能力强,净洗力高,低泡性,耐高温、浓碱、硬水,易生物降解,安全无毒等条件。因此,单一表面活性剂不能满足要求,通常是多种组分的复配物。

在选择高效精练剂组分时,首先要从结构和性能上分析各种单一表面活性剂所具有的润湿、渗透,乳化、分散和净洗性能,以及化学稳定性、安全性、生物降解性等;其次要分析两种或两种以上表面活性剂或其他助剂,按一定比例复配后各组分之间的相溶性以及可能产生协同和增效作用。

综合各类精练剂产品的组成,主要组分均为阴离子和非离子表面活性剂的混合物,除此之外,还要添加消泡剂、电解质、螯合分散剂、助溶剂、纤维保护剂等。采用阴离子、非离子表面活性剂混合组分的原因是由于这两种表面活性剂的复配具有十分明显的增效作用,可提高精练剂的润湿、渗透、乳化、净洗能力,同时又弥补了非离子及阴离子表面活性剂各自存在的不足之处。这一点已在第二章第四节有关表面活性剂之间的相互作用部分进行了详细的叙述。下面介绍一下用于精练剂的主要原料。

(1)阴离子表面活性剂。在阴离子表面活性剂中以往最常用的是直链烷基苯磺酸盐(LAS),它有良好的净洗性能,以及良好的耐碱、耐高温、耐氧化等特性,但由于 LAS 的生物降解性较差,为了适应环保的要求,用量已逐渐减少。烷基磺酸钠(SAS)由于具有优良的渗透性能,良好的耐碱性,生物降解性而被广泛应用,综合水溶性、表面活性(CMC 及 γ_{CMC})、去污力、发泡力及润湿渗透性能等因素,烷基磺酸钠以 $C_{14} \sim C_{16}$ 最为有效。此外,还有 α-烯烃磺酸盐(AOS)、脂肪酰胺烷基磺酸盐(胰加漂 T)、脂肪醇磷酸酯盐及醇醚硫酸酯盐(AES)等也被用于精练剂配方中。

烷基磷酸酯盐或烷基聚氧乙烯醚磷酸酯盐类表面活性剂在高温、浓碱条件下具有优良的润湿渗透性能,并具有良好的分散性和乳化稳定作用,耐硬水、电解质及氧化剂,同时具有低泡性,因此也被用于高效精练剂配方中。

(2)非离子表面活性剂。非离子表面活性剂比阴离子表面活性剂具有较低的 CMC 和 γ_{CMC}。拼混入精练剂中可提高乳化、分散能力和润湿性能。聚氧乙烯型非离子表面活性剂化学性质稳定,耐强酸、浓碱、高温,对某些氧化剂,如次氯酸钠、过硼酸钠及过氧化物不易被氧化,泡沫少,毒性极低,与阴离子表面活性剂混合可提高其浊点。

常用的非离子表面活性剂有脂肪醇和烷基酚聚氧乙烯醚。一般 HLB 值在 $10 \sim 14$,HLB 值较低时,有利于润湿,随着 HLB 值增加至高限时,乳化分散效果提高。从结构上看,脂肪醇的碳链在 C_{12} 为佳,而烷基酚的碳氢链在 $C_8 \sim C_9$ 左右为宜。通过拼混不同聚氧乙烯基个数的非离子表面活性剂,使其具有较高的润湿性能,又兼顾乳化性能和净洗性能。由于烷基酚的生态问题,目前已较少使用,取而代之的是一些新型的脂肪醇聚氧乙烯醚,特别是一些异构醇的聚氧乙烯醚。此外,聚醚类表面活性剂由于其低泡性,常被用于作为低泡型精练剂的组分。

(3)中性电解质。由第二章第四节有关添加剂对表面活性剂性能影响的内容可知,中性电解质使离子型表面活性剂离子胶束的扩散双电层受到压缩,使表面活性剂离子端之间相互排斥减小,从而使更多的表面活性剂进入胶束,使胶束聚集数增大,CMC 下降。中性电解质的加入也有利于表面活性剂在溶液表面的吸附,使溶液表面张力下降。因此,在精练剂中复配一定量的中性电解质有利于提高精练剂的润湿、乳化和净洗作用。但如果无机盐浓度太高,将导致胶束电势降低,将影响乳液稳定性,另外,中性电解质会使非离子表面活性剂的浊点下降,影响应用效果。因此中性电解质的用量不能太多。

(4)螯合分散剂。印染厂精练所用的水虽已经过一定的处理,但还含有一定量的钙、镁离子,这些离子能促使洗下的杂质在纤维表面再沉积。这是由于在溶液中吸附了阴离子表面活性剂的杂质颗粒带负电荷,纤维表面也带负电荷,两者之间通过钙、镁离子的作用,导致杂质再沉积。螯合剂可以螯合钙、镁离子,而起到软水作用,防止杂质的再沉积。因此,精练剂中添加多价螯合剂是有利的。

以往常用的无机聚磷酸盐,如三聚磷酸钠、焦磷酸钠作为螯合剂等,这些化合物除了有螯合作用之外,还因它在水中电离后生成的多价负离子吸附在杂质颗粒表面能提高其负电势,增加杂质颗粒在精练液中的稳定性,有利于阻止聚结。但这些磷酸盐过多使用会使排放水的水质富营养化,而导致环境污染,现在已禁止使用。目前使用较多的是高分子螯合分散剂,典型产品有聚丙烯酸盐、马来酸—丙烯酸共聚物等,此外羟基多羧酸盐(如柠檬酸、葡萄糖酸等)、亚甲基膦酸酯盐类化合物(氨三亚甲基膦酸盐、二乙烯三胺五亚甲基膦酸盐等)也是常用的螯合剂。

(5)消泡组分。使用阴离子和非离子表面活性剂会产生大量泡沫,泡沫的外溢既浪费了助剂,影响煮练效果,又给生产应用带来麻烦。新型的煮练剂都要求低泡性。研制低泡煮练剂可以有两种途径:一种是选用低泡的表面活性剂,疏水基带有弱亲水基的表面活性剂,如聚醚具有低泡性,可作为低泡精练剂的主成分。烷基磷酸酯类表面活性剂也具有低泡性;另一种制成低泡煮练剂的方法是在配方中加入消泡组分,可采用直接复配入有机硅消泡剂的方法制成低泡煮练剂,有机硅化合物以微乳状液分散在煮练剂中,十分稳定,能在高温精练条件下保持低泡性能,效果很好。

(6)其他添加剂。硅酸钠(俗称水玻璃)在溶液中能形成硅胶,吸附水中的铁或氢氧化铁,形成胶体凝聚体,防止在织物上生成锈斑,具有较为理想的吸附作用及保护胶体的性能。

脂肪醇类极性有机物,可与阴离子表面活性剂一起形成胶束,使 CMC 下降,形成的胶束坚实而使乳化稳定。有些水溶性较强的极性有机化合物,如尿素、N−甲基甲酰胺、二甲基苯磺酸等能使表面活性剂在水中溶解度大大增加。这些物质可作为表面活性剂的助溶剂用于精练剂配方。有机溶剂对棉蜡、油剂具有溶解作用,可以提高精练剂的效率。

多糖类物质具有弱还原性,以减少纤维的氧化降解,可作为纤维保护剂加入精练剂中。亚硫酸钠也可防止煮练浴中空气与纤维素发生作用,而形成氧化纤维素,同时亚硫酸钠可使木质素还原分解,提高织物白度。但在退煮漂一步法或煮漂二步法工艺中,由于亚硫酸钠会减弱氧化退浆剂及氧化漂白剂的作用,故精练剂要求无还原性,不应添加。

二、真丝织物的精练助剂

蚕丝中除了纤维的主体丝素外,还含有丝胶等其他组分,而织造过程中还要经过泡丝工序,施加乳化白油、矿物油或乳化石蜡等油剂。因此,蚕丝织物都要经过精练加工,去除这些天然和人为的杂质,使真丝织物呈现出柔软、光亮的优良特性,同时便于下一步的染色印花加工。

蚕丝织物的精练加工是以除去丝胶为主的,丝胶与丝素虽然都是蛋白质,但是它们的氨基酸组成、排列以及超分子结构都存在着很大的差异。丝胶蛋白中的极性氨基酸含量比丝素蛋白高得多,而且分子间的排列远不如丝素整齐,结晶度低,几乎是无取向的。因而水、化学药品和蛋白水解酶等对丝胶和丝素的作用有着明显的不同。丝胶对化学、物理和生物等因素的稳定性较低。因此可利用这些特点,采用适当的方法和工艺条件,将丝胶去除而不损伤丝素,以达到脱胶的目的。

真丝织物的精练工艺可分为酸精练、碱精练、酶精练、表面活性剂精练等,目前在生产中应用较为普遍的是碱精练工艺。为了提高精练产品的质量,配合精练加工的各类高效精练剂相继被开发应用。大多为表面活性剂、螯合剂、碱剂等的复配物。除了高效精练剂外,丝绸练染厂在挂练槽精练中常采用肥皂、雷米邦 A、分散剂 WA 等表面活性剂,添加螯合分散剂、硅酸钠、纯碱等作为真丝织物精练的精练剂。

真丝织物还可以采用生物酶精练。

第二节 双氧水漂白稳定剂

一、双氧水漂白稳定剂的作用机理

双氧水是一类优良的氧化型漂白剂,它具有漂白产品纯正,白度稳定性良好,没有污染,没有设备腐蚀等优点。因此,双氧水漂白广泛应用于纤维素纤维及其他纤维的漂白。

过氧化氢像弱酸一样可以离解为过氧化氢负离子(HO_2^-)。

$$H_2O_2 \rightleftharpoons H^+ + HO_2^-$$
$$HO_2^- \rightleftharpoons H^+ + O_2^{2-}$$

漂液中碱的存在可使反应活化。HO_2^- 又是一种亲核试剂,具有引发过氧化氢形成游离基的作用:

$$HO_2^- + H_2O_2 \longrightarrow HO_2 \cdot + HO \cdot + OH^-$$

过氧化氢在一些易变价的重金属离子,如 Ca^{2+}、Fe^{2+} 等的催化下,可产生 $HO_2 \cdot$、$HO \cdot$、HO_2^- 和 O_2,其催化过程如下:

$$Fe^{2+} + H_2O_2 \longrightarrow Fe^{3+} + HO \cdot + OH^-$$
$$Fe^{2+} + HO \cdot \longrightarrow Fe^{3+} + OH^-$$
$$H_2O_2 + HO \cdot \longrightarrow HO_2 \cdot + H_2O$$
$$Fe^{2+} + HO_2 \cdot \longrightarrow Fe^{3+} + HO_2^-$$
$$Fe^{3+} + HO_2 \cdot \longrightarrow Fe^{2+} + H^+ + O_2$$

一般认为,在碱性条件下 HO_2^- 是漂白的活性物质,它使色素的发色团中的共轭双键氧化而破坏。由于在碱性溶液中,纤维素纤维为负离子而具有亲核性,因此不受 HO_2^- 进攻而氧化。$HO_2 \cdot$、$HO \cdot$ 也有氧化性,都有可能参与漂白作用,但同时也会使纤维损伤。抑制重金属离子等催化性物质,减少 $HO_2 \cdot$、$HO \cdot$ 的生成,可以防止纤维受到损伤。因此,为了使双氧水在漂白过程中均匀有效地分解,避免织物遭受剧烈的损伤,漂白液中常加入一定量的双氧水稳定剂,使双氧水主要分解成 HO_2^-,减少 $HO_2 \cdot$、$HO \cdot$ 的生成。

氧漂稳定剂按其稳定机理可分为吸附型和络合型两种。吸附型稳定剂大多数为无机化合物或高分子有机物,可以在一定条件下为胶体状物质,对金属离子具有较强的吸附能力,从而抑制重金属离子对双氧水的催化分解,起到稳定作用;络合型稳定剂大多为有机酸多价络合剂,能与金属离子发生络合作用而形成稳定的水溶性络合物,使重金属离子不发生催化作用。

二、双氧水漂白稳定剂的结构及种类

理想的双氧水漂白稳定剂要符合下列要求:

第一,有高效的稳定作用,能将双氧水分解率控制在生产要求的范围内。一般来说,漂白液在 95~100℃ 存放时,1h 以内双氧水的分解率不能超过 40%,且越低越好,而在加入织物后,经 1h 漂白,双氧水的分解率宜控制在 70% 左右。有的工艺则要求在 60℃,经 48h,双氧水的分解率不大于 20%,加入织物后,双氧水分解率应在 50% 左右。

第二,漂白过程对纤维的损伤要小。漂白对纤维素纤维聚合度的损伤与使用双氧水的浓度、碱性、温度有关,也与稳定剂的性能有关。一般要求漂白后纤维素聚合度下降在 15% 左右。

第三,具有一定的化学稳定性,在漂白所需的碱浓度下稳定。一定的碱性能催化双氧水的分解,而双氧水漂白又需在 pH 值为 10 的环境中进行,这就要求稳定剂能抑制碱性催化反应。由于煮漂一步法所用的烧碱量远远大于原来双氧水漂白所需的碱性,有时可达到 80g/L,因此就要求稳定剂具有较高的耐碱性能。

第四,漂白织物白度要好。稳定剂对白度的影响主要取决于稳定剂的吸附能力,凡具有胶体性能的稳定剂,其漂白后织物的白度较无吸附能力的稳定剂好。稳定性吸附杂质能力越强,其漂白后织物的白度越好。

第五,不结垢,不在纤维和设备上沉积不溶物。

第六,稳定剂本身要生物降解性,不造成环境污染。

第七,具有优良的水溶性,应用方便。

1. 吸附型稳定剂

(1)硅酸盐。自双氧水作为漂白剂使用以来,硅酸盐一直作为其稳定剂应用于织物的漂白,硅酸钠为网络型晶格结构,在水中溶胀成为似海绵状胶体,有很大的比表面积,它具有较强的吸附能力,能吸附 Fe^{2+} 和封闭 HO_2^-,使 Fe^{2+} 不发生催化反应,同时抑制 $HO\cdot$ 的形成和分解。硅酸盐能与漂液中的碱土金属离子(Ca^{2+}、Fe^{2+} 等)形成高度分散的硅酸镁、硅酸钙胶体,吸附在重金属杂质的表面使其失去活性,从而抑制重金属离子所引起的催化,起到稳定作用。硅酸钠除做稳定剂外,对双氧水漂液的 pH 值具有缓冲作用。硅酸钠的稳定效果好,具有价廉、效果优良的特点。但易形成硅垢,沉积在织物或设备上,很难去除,并影响织物的白度和手感。常将硅酸钠与其他物质进行复配。复配的途径是:可采用具有多官能团的、有分散性的表面活性剂复配物与硅酸盐共用作稳定剂,使硅酸盐在溶液中均匀分散,不沉积在织物及设备上,大大减少硅垢;与磷酸盐、柠檬酸盐、高分子稳定剂等复配,以取长补短。

(2)吸附型高分子化合物。丙烯酸、马来酸、丙烯酰胺等聚合而成的聚羧酸及其改性物。如聚丙烯酰胺水解物(约 30% 酰氨基水解成羧基):

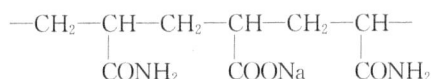

$$\begin{array}{ccc} -CH_2-CH-CH_2-CH-CH_2-CH- \\ | & | & | \\ CONH_2 & COONa & CONH_2 \end{array}$$

聚丙烯酰胺水解物形成络合物的稳定常数较小,对重金属离子的络合能力较差,但它含有大量的—COOH,在碱液中形成带负电荷的高分子胶体(又称亲液溶胶),能吸附水中的铁、铜等的氢氧化物或氧化物的正电性溶胶,抑制重金属离子的催化分解作用,对重金属离子具有吸附、分散能力,辅以碱土金属离子及少量络合剂可增加对重金属离子的螯合能力,可有效地抑制双氧水的催化分解。这类化合物具有对 pH 值很高的缓冲能力,可在很宽的 pH 值范围内作为双氧水漂白的稳定剂。

2. 络合型稳定剂

络合型稳定剂大多为有机酸多价络合剂,按官能团的不同,可分为氨基羧酸盐类、有机膦酸类及羟基羧酸类等。

(1)氨基羧酸盐类。氨基羧酸盐类为在氨基上连接有羧甲基的盐类。常见的有氨基三乙酸钠(NTA)、乙二胺四乙酸钠(EDTA)、二乙烯三胺五乙酸钠(DTPA)等。

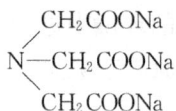

NTA

EDTA

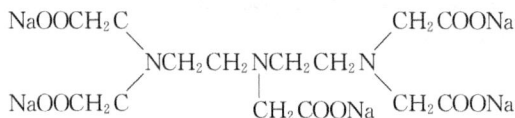

DTPA

　　它们能和钙、镁离子结合生成不溶性金属络合物,沉积在重金属离子表面,使其失去催化作用。因此,可作为氧漂稳定剂。但这类螯合剂效果较差,且价格较贵,目前使用较少。

　　(2)有机膦酸类。与氨基羧酸结构相似的有机膦酸类化合物主要有氨三亚甲基膦酸盐(ATMP)、乙二胺四亚甲基膦酸盐(EDTMP)、二乙烯三胺五亚甲基膦酸盐(DTPMP)。

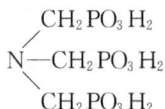

ATMP

EDTMP

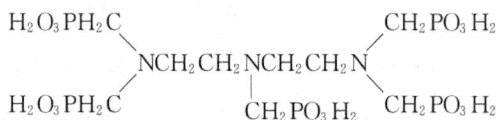

DTPMP

　　有机膦酸类化合物具有比氨基羧酸盐类还要强的络合能力,络合容量高、络合稳定常数大,且耐一定浓度的碱。因此,具有更好的氧漂稳定效果。

　　羟基亚乙基二膦酸(HEDP)等化合物也常作为氧漂稳定剂的主要成分,结构式如下。

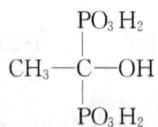

　　国外专利报道了下列结构的膦酸化合物具有优良的双氧水稳定作用。

$$R-C-N \begin{array}{c} PO_3H_2 \quad R' \\ | \\ | \\ CH_2OH \end{array}$$

（式中的结构顶部为 PO_3H_2，底部为 PO_3H_2）

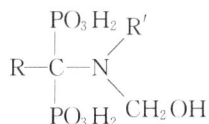

式中:R 为 H 或 $C_1 \sim C_3$ 的烷基;R′为 H 或—CH_2OH。这类螯合剂中,加入一定量的钙、镁盐,可提高其络合金属离子的能力,增加氧漂稳定性。

（3）羟基羧酸类。葡萄糖酸、苹果酸、柠檬酸、酒石酸及羟乙酸等羟基羧酸类化合物,可与重金属离子形成环状螯合物,从而抑制其对双氧水的分解催化作用。并且它们在强碱条件下表现出对重金属离子更大的络合能力。因此,可用于浓碱条件的碱氧一浴法前处理工艺。另外,这类化合物的生物降解性好,环境污染少,因此,具有广阔的应用前景。

3. 混合型稳定剂

混合型稳定剂就是既有吸附性能又具有络合作用的稳定剂。它集中吸附型稳定剂和络合型稳定剂的优点,弥补各自的不足。混合型稳定剂有两种:一种是将吸附型稳定剂与络合型稳定剂进行物理性的拼混,例如,将丙烯酸—丙烯酰胺共聚物与 DTPA 进行拼混,则具有吸附能力的高分子物使悬浮和分散于漂液中的重金属离子及其氢氧化物浓集,然后由 DTPA 与之形成络合物,从而失去对双氧水分解的催化作用;丙烯酸—丙烯酰胺共聚物还能吸附其他对双氧水分解有催化作用的杂质。另一种是稳定剂本身既有吸附作用又有络合作用,例如,α-羟基丙烯酸及其衍生物的聚合物既有吸附功能又有络合功能,结构式如下。

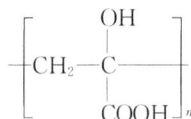

$$\left[CH_2-C \begin{array}{c} OH \\ | \\ | \\ COOH \end{array} \right]_n$$

聚-α-羟基丙烯酸

首先它具有很强的络合能力,能与 Mg^{2+} 形成五元环的络合物,而 Mg^{2+} 的缺电子性可结合 HO_2^-,抑制其下一步分解成 $HOO \cdot$ 和 $[O]$。同时,它又有很强的吸附作用,使重金属离子和天然杂质浓集而降低双氧水的分解速度。浓集的重金属离子可取代上述络合环上的镁离子形成络合物,失去催化分解能力。

聚膦酸酯类是一种新型的既具吸附又有络合功能的优良稳定剂,分子结构中含有膦酸酯基及羟基等空间配位基团,结构式如下。

$$H_3C-C \begin{array}{c} PO_3H_2 \\ | \\ | \\ PO_3H_2 \end{array} \left[O-P-C \begin{array}{c} O \quad PO_3H_2 \\ \| \quad | \\ | \quad | \\ OH \quad CH_3 \end{array} \right]_n H \quad (n=10\sim12)$$

这类膦酸酯低聚物可以通过以下的反应合成。

（1）三氯化磷在水中强烈水解,生成亚磷酸和氯化氢,并放出大量热。

$$PCl_3 + 3H_2O \longrightarrow H_3PO_3 + 3HCl$$

（2）亚磷酸与醋酸发生还原脱水反应，形成膦酸酯。

$$2HO-\overset{\overset{\displaystyle O}{\|}}{\underset{\underset{\displaystyle H}{|}}{P}}-OH \ + \ CH_3\overset{\overset{\displaystyle O}{\|}}{C}-OH \longrightarrow HO-\overset{\overset{\displaystyle O}{\|}}{\underset{\underset{\displaystyle OH}{|}}{P}}-\overset{\overset{\displaystyle CH_3}{|}}{\underset{\underset{\displaystyle OH}{|}}{C}}-\overset{\overset{\displaystyle O}{\|}}{\underset{\underset{\displaystyle OH}{|}}{P}}-OH$$

（3）膦酸酯在较高温度下，脱水聚合成膦酸酯的低聚物。

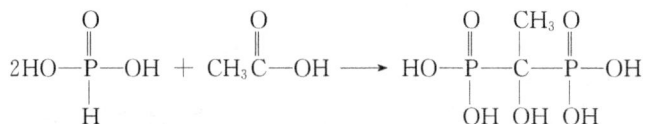

第三节　其他前处理助剂

一、退浆助剂

1. 氧化退浆剂

棉和涤/棉织物上浆所用的浆料一般为可溶性淀粉、聚乙烯醇（PVA）及其混合物等。淀粉不溶于水，通常需用淀粉酶分解或在酸性，或碱性条件下使其水解，然后水洗去除。此外，还可用氧化法退浆。PVA 的水溶性按其聚合度和醇解度不同而有很大差异，目前我国主要采用型号为 1799 的 PVA 作纺织浆料，该型号的 PVA 水溶性很差，遇碱时，PVA 又会发生凝聚，因此用热水退浆和淡碱退浆均不能获得良好的效果。利用 PVA 与氧化剂作用可使大分子发生氧化降解，采用 PVA 上浆的织物主要采用氧化法退浆。

氧化退浆法适用于各种浆料，对许多混合浆料都有退浆作用，退浆效率又高，对强碱浴又有良好的稳定性，因此受到普遍欢迎。复配型的氧化退浆剂便应运而生。这类复配型的氧化退浆一般由过氧化物和表面活性剂及稳定剂、纤维素保护剂等复配而成。

常用的氧化剂有过硫酸盐、过碳酸盐、亚溴酸钠和过氧化氢等，其中以过硫酸盐应用最为广泛。氧化剂能使淀粉或合成浆料发生降解作用变为易溶于水的低分子化合物，去除率较高，操作迅速。为了使退浆作用均匀而快速地进行，并使降解的浆料从织物上洗去，必须加入表面活性剂。一般加入一些特殊的阴离子和非离子表面活性剂，其中阴离子表面活性剂应选用使过硫酸盐具有活化作用的品种，可提高过硫酸盐的活性，而大大降低过硫酸盐的用量。

复配的表面活性剂还必须具有高度润湿、渗透作用以及良好的洗涤、分散作用。退浆一般在烧毛后进行，由于烧毛车速很快，故织物润湿时间很短，且烧毛时高温熔化的脂蜡在纤维上形成薄膜使纤维不易润湿。为了克服这个问题必须采用具有快速高效的润湿剂。另外，表面活性剂还要把降解的浆料从织物上洗除。

由于氧化剂的氧化分解不只对浆料起作用，也对纤维素发生氧化脆损作用，因此，氧化退浆剂中常复配有稳定剂、纤维素保护剂等，以减少对纤维素的脆损。

2. 合纤用退浆剂

聚酯等合纤织物织造时主要采用聚丙烯酸酯类浆料。聚丙烯酸酯类可在碱性条件下转化为丙烯酸钠而易溶于水，因此少量的聚丙烯酸酯在碱和表面活性剂的作用下，一般退浆不成问题。但由于近年来新合纤织物的蓬勃发展，相对于传统织造方式的改变，所用浆料在聚丙烯酸酯类基础上添加了蜡质、矿物油、酯化油和非离子乳化剂等组分，水溶性聚酯也被用于各种化纤织物的上浆。另外，上浆率大大提高。合纤织物的退浆也因此变得困难起来。必须开发专用的高效退浆剂来满足染整加工行业的需求。

聚酯类和聚丙烯酸酯类浆料品种很多，其性能各异，但它们均可在碱性条件下发生水解。因此，碱剂是退浆剂的主要成分。以聚丙烯酸酯浆料为例，它们是以丙烯酸、α-甲基丙烯酸、α-甲基丙烯酸甲酯及丙烯酸丁酯等单体聚合而成，并形成铵盐，在退浆时与碱发生水解而除去。

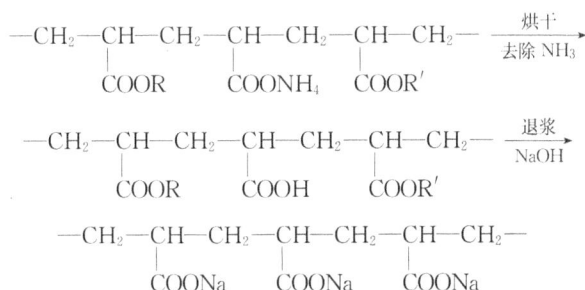

$$-CH_2-CH-CH_2-CH-CH_2-CH-CH_2-\quad\xrightarrow[\text{去除}NH_3]{\text{烘干}}$$
$$\qquad\qquad\; COOR \qquad\quad COONH_4 \qquad\; COOR'$$

$$-CH_2-CH-CH_2-CH-CH_2-CH-CH_2-\quad\xrightarrow[\text{NaOH}]{\text{退浆}}$$
$$\qquad\qquad\; COOR \qquad\quad COOH \qquad\quad COOR'$$

$$-CH_2-CH-CH_2-CH-CH_2-CH-CH_2-$$
$$\qquad\qquad\; COONa \qquad\; COONa \qquad\; COONa$$

一般聚酯类浆料在 pH 值为 8 时就可去除，聚丙烯酸酯类浆料含有丙烯酸剩基，可用烧碱调节 pH 值至 8.0～8.5，使之形成可溶性钠盐而除去。

为了使浆料退尽和使水解后的水解物不再沾污在合纤织物上，常在退浆剂中添加非离子表面活性剂作为渗透剂和乳化剂。最常用的非离子表面活性剂为：脂肪醇聚氧乙烯醚类、聚醚类等。主要利用这些表面活性剂的润湿、净洗作用将浆料在水中溶胀而被表面活性剂乳化呈分散状态而除去。由于退浆一般在高温下进行，所以选择表面活性剂时要注意其浊点不能太低。同时还应考虑到合纤织物组织紧密，溶液的润湿与渗透困难，所以，添加的非离子表面活性剂必须具有强渗透性。

二、涤纶碱减量促进剂

涤纶仿真丝绸织物在精练处理后还需进行碱减量加工。碱减量是在浓碱溶液中，碱对聚酯纤维大分子中的酯键起水解作用，这种作用从纤维表面开始，逐渐向内部渗透，使纤维表面腐蚀,组织变松弛,纤维本身的质量随之减少,从而得到真丝般的柔软手感、柔和光泽及良好的悬垂性。在涤纶织物的碱减量加工中,为了促进纤维的碱性水解,提高减量加工的效率,常常加入碱减量促进剂。常用的碱减量促进剂是季铵盐类表面活性剂。

1.碱减量促进剂的作用机理

以季铵盐表面活性剂作为涤纶碱减量促进剂,聚酯分子的碱水解是一种液—固相转移催化反应。将季铵盐表面活性剂加入热的涤纶碱减量处理浴中,首先,季铵盐表面活性剂迅速吸附在涤纶表面,降低纤维表面张力;其次,季铵盐分子中的负离子与处理浴中的氢氧根负离子发生离子交换反应,浴液中的氢氧根负离子转移并富集在纤维表面,使氢氧根负离子有更多的机会,也更容易进攻涤纶分子中带部分正电荷的羰基中的碳原子,造成聚酯分子断裂,从而完成水解反应。

促进剂的促进效果则取决于季铵盐表面活性剂的分子结构和浓度。首先,阳离子表面活性剂随着碳氢链的增长在涤纶表面的吸附增加,表面张力降低越多,促进碱减量效果越好。实验表明,短碳链季铵盐无表面活性,对碱减量无催化促进作用。其次,从理论上分析,季铵离子体积大,则它与所携带的 OH^- 的结合力越弱,OH^- 越裸露,因此亲核性越强,催化能力大;季铵离子与聚酯大分子亲和力越大,季铵盐与聚酯大分子中酯键的有效碰撞概率越大,催化能力越大。例如,1227 等带苄基的季铵盐,由于苯环的存在,增大了季铵盐与聚酯大分子的亲和力,催化作用较大。

关于季铵离子的结构与减量均匀性的关系,郑旭明等研究发现:减量均匀性和季铵盐表面活性剂的 HLB 值大小有关。HLB 值高的季铵盐减量均匀性好,纤维表面凹坑少而浅;反之均匀性较差。这是因为 HLB 值大,水溶性好,有利于它以分子状态均匀地吸附于纤维表面和进入纤维孔隙,使减量均匀。

2.常用的碱减量促进剂

目前所用的碱减量促进剂主要是季铵盐类表面活性剂,常见品种列于下表。

常见季铵盐类碱减量促进剂

名　　称	结　构　式
阳离子表面活性剂 1227 (十二烷基二甲基苄基氯化铵)	$\left[C_{12}H_{25}-\overset{\overset{\displaystyle CH_3}{\mid}}{\underset{\underset{\displaystyle CH_3}{\mid}}{N}}-CH_2-\bigcirc \right]^{+}\ Cl^-$
阳离子表面活性剂 1231 (十二烷基三甲基溴化铵)	$\left[C_{12}H_{25}-\overset{\overset{\displaystyle CH_3}{\mid}}{\underset{\underset{\displaystyle CH_3}{\mid}}{N}}-CH_3 \right]^{+}\ Br^-$
阳离子表面活性剂 1631 (十六烷基三甲基溴化铵)	$\left[C_{16}H_{33}-\overset{\overset{\displaystyle CH_3}{\mid}}{\underset{\underset{\displaystyle CH_3}{\mid}}{N}}-CH_3 \right]^{+}\ Br^-$

续表

名　称	结　构　式
抗静电剂 SN （十八烷基二甲基羟乙基硝酸铵）	$\left[\begin{array}{c}CH_3\\\|\\C_{18}H_{37}-N-CH_2CH_2OH\\\|\\CH_3\end{array}\right]^{+}NO_3^{-}$
促进剂 1242 （N,N'-聚氧乙烯基烷基苄基氯化铵）	$\left[\begin{array}{c}(CH_2CH_2O)_pH\\\|\\R-N-CH_2-\bigcirc\\\|\\(CH_2CH_2O)_qH\end{array}\right]^{+}Cl^{-}$

随着人们对碱减量促进剂的开发,一些新型表面活性剂被用作涤纶碱减量促进剂,如环氧类季铵盐表面活性剂对涤纶碱减量具有催化促进作用并具有较好的减量均匀性。

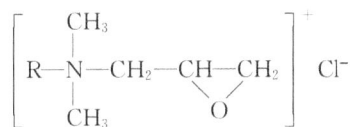

$$\left[\begin{array}{c}CH_3\\\|\\R-N-CH_2-CH-CH_2\\\|\qquad\ \ \diagdown\!\!\diagup\\CH_3\qquad\quad O\end{array}\right]^{+}Cl^{-}$$

式中:R 为 $C_{12}H_{25}-$、$C_{16}H_{33}-$、$C_{18}H_{37}-$。

具有以下结构的 Gemini 型季铵盐表面活性剂被用作碱减量促进剂,具有明显的促进作用,并且作用温和、减量均匀性好,减量处理后织物具有良好的性能。

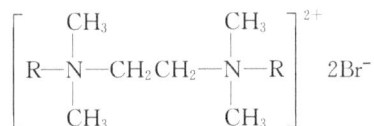

$$\left[\begin{array}{c}CH_3\qquad\qquad CH_3\\\|\qquad\qquad\quad\|\\R-N-CH_2CH_2-N-R\\\|\qquad\qquad\quad\|\\CH_3\qquad\qquad CH_3\end{array}\right]^{2+}2Br^{-}$$

式中:R 为 $C_{12}H_{25}-$、$C_{16}H_{33}-$。

实验表明,由多个阳离子组成的聚胺类阳离子聚合物,对碱减量具有较高的催化作用,催化力远高于季铵盐表面活性剂类 4～5 倍。其结构通式为:

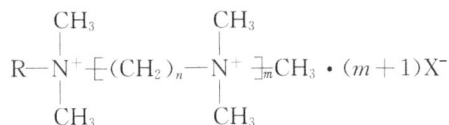

$$R-\underset{\underset{CH_3}{|}}{\overset{\overset{CH_3}{|}}{N^{+}}}\!\!-\!\!\left[(CH_2)_n-\underset{\underset{CH_3}{|}}{\overset{\overset{CH_3}{|}}{N^{+}}}\right]_m\!\!CH_3\cdot(m+1)X^{-}$$

式中:R 为 $C_{10}\sim C_{14}$;n 为 2～10;m 为 1～5。

在选用减碱量促进剂时,必须注意,如果促进剂的促进效果过大,织物强力下降较多。另外,阳离子表面活性剂在涤纶上的吸附较多,较难去除。

残存在织物上的阳离子表面活性剂会引起染色不匀,若遇到阴离子物质会产生聚集而沉积在织物上,甚至引起泛黄。

☞ 复习指导

1. 内容概览

本章介绍染整前处理加工中常用助剂的组成和作用机理，包括精练助剂、双氧水漂白稳定剂、退浆助剂、涤纶碱减量促进剂。

2. 学习要求

(1)熟悉染整前处理的方法和各类前处理助剂的作用机理。

(2)熟悉前处理助剂的种类、制备方法、结构及组成对性能的影响。

☞ 思考题

1. 说明棉织物精练助剂的作用，分析精练剂的组成以及各组分的作用。

2. 说明氧漂稳定剂的作用机理以及常用稳定剂的种类。

3. 根据织物上浆料的种类，分析退浆剂的组成及作用机理。

4. 说明涤纶织物碱减量促进剂的作用机理，分析结构与性能的关系。

第六章 染色印花助剂

第一节 匀染剂

一、匀染剂的作用机理

在纺织品实际染色加工中,往往会出现不均匀的现象。产生原因较为复杂,一方面可能是纤维本身的原因或前处理的不均匀性造成纤维对染料吸附的不均匀,也有可能是纤维对染料的亲和力较大,染料上染速率较快,且在纤维上扩散系数较低,容易造成染料上色的不均匀。此外,如果需要几种染料进行拼色,则各种染料之间的吸附和扩散性能不一定完全一致,也会引起染色不匀或在连续染色时造成头尾色差。

为了达到染色的均匀性,首先必须保证纤维具有均匀的吸附性能和织物与染液之间应有良好的接触。前者可以通过充分的前处理去除纤维、织物表面的杂质来实现。但有些纤维很难达到这一点,例如,羊毛纤维的根部与纤维的尖端具有不同的染色性能,因此羊毛染色后常显示出纤维尖端与其余部分色泽不同的现象。后者可通过加入润湿剂,加大织物与染液间的相对运动等来达到。

通常所说的匀染剂是通过以下两方面起到匀染作用的:一方面,在染色一开始就通过延缓染料的吸附速率、减缓上染速率使纤维表面均匀的吸附染料,提高染色均匀性;另一方面,在出现染色不均匀现象时,通过移染作用进行纠正。

匀染剂延缓染料的吸附速率和减缓上染速率的作用机理主要有两种形式:一种是,匀染剂和染料对纤维表面染座的竞争;另一种是,染浴中匀染剂和染料之间的相互作用。

由此,常用匀染剂也可分为亲纤维型匀染剂和亲染料型匀染剂两类。

1. 亲纤维型匀染剂

亲纤维型匀染剂在化学结构上与染料有相似的性质,对纤维有亲和力,在染色时与染料相互竞争夺取纤维上的染座,从而减缓染料的吸附速率,达到匀染的目的。以元明粉对羊毛染色的匀染作用为例,染浴中羊毛对酸、元明粉和染料的吸附可用以下的反应式来表示。

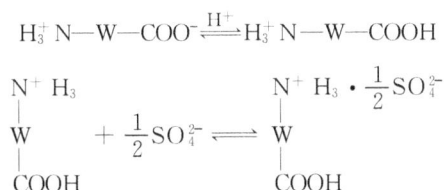

$$H_3^+N-W-COO^- \xrightleftharpoons{H^+} H_3^+N-W-COOH$$

$$\begin{array}{c} N^+H_3 \\ | \\ W \\ | \\ COOH \end{array} + \frac{1}{2}SO_4^{2-} \rightleftharpoons \begin{array}{c} N^+H_3 \cdot \frac{1}{2}SO_4^{2-} \\ | \\ W \\ | \\ COOH \end{array}$$

$$\underset{\underset{COOH}{\overset{\overset{N^+H_3 \cdot \frac{1}{2}SO_4^{2-}}{|}}{W}}{}} + D\!-\!SO_3^- \rightleftharpoons \underset{\underset{COOH}{\overset{\overset{N^+H_3 \cdot D\!-\!SO_3^-}{|}}{W}}{}} + \frac{1}{2}SO_4^{2-}$$

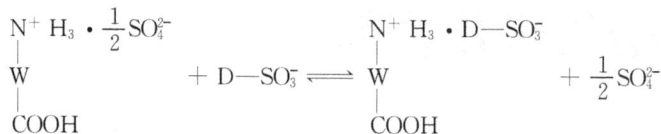

在含有元明粉和酸性染料的酸性染浴中浸入羊毛纤维,则流动性很强的氢离子首先被羧基吸附在盐键上,生成带正电荷的位置,即染座。由于硫酸根离子较小,流动性大,且浓度较高,正电荷氨基吸附硫酸根离子要先于染料阴离子,妨碍了染料直接占据纤维上的染座。由于染料离子对羊毛的亲和力较硫酸根离子大得多,因此,随着染色过程的进行,硫酸根离子逐渐被染料阴离子取代。由于元明粉对染座的竞争过程,使羊毛纤维吸附染料的速度减慢,则染料上色均匀。

2. 亲染料型匀染剂

亲染料型匀染剂对染料有亲和力,在染浴中能与染料分子形成某种稳定的聚集体,随着染色过程的进行,再逐渐将染料释放出来,从而减缓染料与纤维分子的结合速度,获得匀染效果。

平平加 O 等聚氧乙烯型非离子表面活性剂作为匀染剂时,属于亲染料型匀染剂。在一些染料的染浴中加入非离子表面活性剂,则染料与非离子表面活性剂之间将发生相互作用。染浴中染料—表面活性剂聚集体与染料分子(或离子)之间存在着平衡,使染浴中单个染料分子的浓度减少,纤维吸附染料的速度减慢,有助于纤维均匀地吸附染料,达到匀染的目的。随着染色的进行,染料—表面活性剂聚集体逐渐释放出染料分子,继续上染纤维。

对于非离子表面活性剂是如何与染料形成聚集体的,仍还有不同的看法。有研究表明,表面活性剂与染料之间的相互作用随着染料疏水性的增大而增大;疏水性大的染料受非离子表面活性剂的缓染作用较大,而疏水性小的染料所受的影响较小。所以认为缔合作用发生于表面活性剂分子与染料分子的疏水基之间,形成的聚集体是亲水性的。

另外的实验证明,染料与非离子表面活性剂的作用随着表面活性剂聚氧乙烯链的增长而增强。因此,认为缔合作用发生于染料分子与表面活性剂的亲水基团之间。也有人认为,在酸性条件下,表面活性剂分子中聚氧乙烯链上的氧原子由于吸附了溶液中 H^+ 形成正电性物质,因而能与染料阴离子结合。

由于亲染料型匀染剂对染料有亲和力,故在染色不均匀时,还能将织物上色泽较深处的染料剥下来,再上染到色泽较浅的地方,这种作用称为移染作用。若这种亲和力较大,则能将织物上的染料较多地剥下来,起到剥色作用。所以这类匀染剂若用量太大,会使染料的上染百分率下降,造成染料的浪费。

二、常用匀染剂的组成

1. 腈纶染色用匀染剂

腈纶是以丙烯腈为主单体的三元共聚物,聚合时常引入 1‰～3‰ 具有负电性的第三单体,常用的第三单体有丙烯磺酸钠、甲基丙烯磺酸钠、衣康酸单钠盐、苯乙烯磺酸钠等。由此,腈纶可采用阳离子染料进行染色,染料通过离子键的形式而上染。当在腈纶的玻璃化温度以上染色时,由于纤维大分子链的剧烈运动,聚丙烯腈纤维的上染速率随温度的上升而急剧增高,对温度的差异极为敏感,阳离子染料会在比较狭窄的温度范围内集中上染,极易产生染色不匀现象,特别是染浅色时更易染花,为了获得均匀的染色效果,常加入一些季铵盐阳离子表面活性剂作为匀染剂。此时,季铵盐表面活性剂属于亲纤维型匀染剂,通过与阳离子染料争夺腈纶的染座,减缓染料上染速率。在阳离子染料和阳离子表面活性剂共存的染浴中浸入腈纶,阳离子表面活性剂由于分子较小,扩散较快,首先占据了腈纶上的阴离子染座,阻碍了阳离子染料的上染,在升温过程中匀染剂脱附而使阳离子染料缓慢地上染纤维。

阳离子表面活性剂的结构将直接影响其匀染性能。缓染作用随烷基链长的增加而增强,并取决于与氮原子相连接的各基团的大小和种类。在实际染色过程中匀染剂与纤维的亲和力及其在纤维上的扩散系数应与所用的染料有相适宜的数量级,在匀染剂与染料共存的染浴中,若匀染剂对纤维的亲和力较大,且染浴中匀染剂的浓度较高时,匀染剂可能占据纤维上较多的染座,即匀染剂过分强烈地与染料争夺纤维上的染座,而阳离子染料在纤维上吸附的量减少。这种情况下,会造成染料的利用率下降以及染色织物上出现空白斑。

目前,用作腈纶匀染剂的阳离子表面活性剂主要为烷基三甲基卤化铵、烷基二甲基苄基卤化铵等。例如,十二烷基三甲基溴化铵(匀染剂 1231)、十二烷基二甲基苄基氯化铵(匀染剂 1227,匀染剂 TAN)、十八烷基二甲基苄基氯化铵(匀染剂 1827,匀染剂 DC)。

在阳离子染料染腈纶时,也可在非离子分散剂的存在下加入阴离子表面活性剂作为亲染料型匀染剂,通过形成表面活性剂—染料复合物,降低自由染料离子浓度,并在上染过程中逐渐释放染料离子而达到缓染的目的。例如,油醇磺酸酯、改性聚乙二醇醚、石油磺酸等组合被用于腈纶的阴离子染料染色。

2. 涤纶高温分散匀染剂

涤纶的染色是采用分散染料,在高温条件(120～130℃)下进行的。在涤纶的染色过程中,经常出现染斑和条花等染色疵病,造成染色不均匀的原因很多,纤维本身的结构不均匀以及染色前处理不当会引起染色的不均匀;高温条件下纤维吸附染料的速度较快,会造成染色的不均匀;另外,分散染料在高温条件下的分散稳定性较差,容易产生团聚而在纤维表面吸附,也会造成染色的不均匀。

针对这几方面的问题,分散染料染色常用的匀染剂一般均为特殊非离子和阴离子表面活性剂的复配物,具有分散和匀染的双重功能。下面以典型产品:丙三醇聚氧乙烯醚油酸酯与三苯乙烯基苯酚聚氧乙烯醚硫酸铵的混合物对匀染剂的作用机理进行分析。

匀染剂中的非离子表面活性剂组分对分散染料有亲和力,酯型聚氧乙烯醚与染料分子形成氢键,以亲染料型匀染剂的作用方式延缓染料的上染,降低分散染料染涤纶织物时染料的上染速率。同时,匀染剂对涤纶也具有亲和力,可在涤纶表面成膜,控制染料在纤维表面的吸附,具有亲纤维型匀染剂的作用。由于匀染剂与染料存在相互作用,所以具有移染作用,促进染料在纤维表面的移染效果,使吸附均匀。

匀染剂中的阴离子表面活性剂可提高染料在高温条件下的分散能力和热稳定性,克服亲染料型组分使染料凝聚的负效应,增加非离子表面活性剂的移染能力。若在非离子表面活性剂的结构中再引入硫酸酯基,则同样可增强分散能力,防止染料的凝聚,提高匀染性。引入阴离子表面活性剂或阴离子亲水基团,还可大大提高非离子表面活性剂的耐高温性,使之可适用于分散染料的高温染色。另外,疏水基具有苯环结构的表面活性剂比脂肪烃基表面活性剂的匀染性和高温分散性好,这和染料与表面活性剂亲和力的提高有关。

3. 棉用匀染剂

直接染料、还原染料对棉纤维进行染色时,最常用的匀染剂为非离子表面活性剂。如平平加 O 等,这类匀染剂属于亲染料型匀染剂,非离子表面活性剂能与染料作用,能控制染料的初染速率,随着升温,结合解离,使缓染发展为匀染。另外,非离子表面活性剂还有利于提高染料的分散性、渗透性、移染性。

采用活性染料染色与直接染料的染色有所不同,提高活性染料染色均匀性的途径是多方面的。目前,用于活性染料染色的匀染剂除常规的非离子表面活性剂外,近年来还出现了一些新的结构类型。弱阳离子系非离子表面活性剂,是利用与阴离子系染料的离子结合效果较好的一类含氮非离子表面活性剂。当烷基胺的碱性过大时,由于染料与表面活性剂的作用增大,缓染效果增强,造成最终上染率较低。另外,可能会产生染料和表面活性剂聚集体的析出,造成色斑。因此通常采取同时附加非离子基团和末端阳离子化的方法,使其结构变化,调整碱性强弱。如下列结构的表面活性剂符合作为匀染剂的要求:

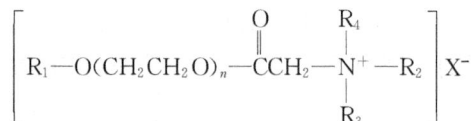

$$\left[R_1 - O(CH_2CH_2O)_n - \overset{\overset{O}{\|}}{C}CH_2 - \overset{\overset{R_4}{|}}{N^+} - R_2 \right] X^-$$
$$\underset{R_3}{|}$$

式中:$R_1 \sim R_4$ 为烷基($C_1 \sim C_{20}$),烷苯基;$n = 5 \sim 100$;X 为卤素。

活性染料在碱性条件下与纤维反应生成共价键而固着在纤维上,一旦共价键形成,移染就变得非常困难。碱剂添加过程中,若染浴的 pH 值变化过快,该反应速度变化将会增大,同时会出现各部位反应速度不均匀,从而引起色斑。添加在弱碱范围内具有缓冲作用的化合物,可使染浴的 pH 值缓慢地变化,降低出现色斑的机会,这将有利于匀染。

另外,添加一些具有封闭重金属离子、软化水质功能的化合物,或活性染料的助溶剂,可减小重金属离子与染料作用引起染料溶解度的下降,增进染料溶解,从而改善染料染色状态,得到色泽均匀的染色织物。

4. 羊毛染色匀染剂

元明粉是最早采用的羊毛纤维匀染剂,其作用方式为亲纤维型匀染剂,这在前面已有所论述。一些类似的无色阴离子,例如,阴离子表面活性剂作为酸性染料染羊毛的匀染剂,则其对染座的亲和力将比元明粉强,匀染效果也比元明粉好。但如果亲和力太高,则与染料竞争的结果是有较多的染料将留在染浴中而不能上染,这将造成染料的浪费。另一个问题是作为亲纤维型匀染剂,要达到好的匀染效果,匀染剂用量必须很大。

羊毛染色的匀染剂还可以采用亲染料型匀染剂,目前采用的主要为脂肪胺聚氧乙烯醚及其复配物,结构式如下:

$$R-N \Big\langle {}^{(CH_2CH_2O)_m H}_{(CH_2CH_2O)_n H}$$

在染料溶液中,阴离子染料上的磺酸基和脂肪胺聚氧乙烯醚表面活性剂分子中带弱正电性的氨基发生相互作用。由于一定长度的聚氧乙烯亲水链的存在,当表面活性剂用量达到一定值时,生成的染料—表面活性剂聚集体是亲水性的,不会产生沉淀。这类结构的匀染剂广泛应用于毛用活性染料、酸性染料、酸性媒介染料、中性染料的染色。

具有两性结构的表面活性剂也常作为羊毛匀染剂。下列结构的两性表面活性剂与非离子表面活性剂进行复配后的产物,被用作羊毛染色的匀染剂。两性表面活性剂可与阴离子染料形成复合物吸附在纤维表面,从而降低了染料在羊毛纤维根部和尖端的吸附差异,产生较好的匀染效果。

$$C_{18}H_{37}-N^+-CH_2CH_2CH_2SO_3^- \quad \genfrac{}{}{0pt}{}{CH_3}{CH_3}$$

5. 锦纶匀染剂

酸性染料是锦纶染色的主要染料,锦纶可以通过离子键、范德华力、疏水性作用与染料结合,酰氨基可与染料形成氢键结合。但用酸性染料染色时竞染现象明显,染色均匀性差,易产生经柳、横档,因此染色过程中常需要加入匀染剂。亲纤维型匀染剂和亲染料型匀染剂在锦纶染色中均有应用。

脂肪胺聚氧乙烯醚等用于羊毛染色的匀染剂,也可作为锦纶染色的亲染料型匀染剂。例如具有下列结构烷基氨基聚氧乙烯醚,被用于作为锦纶染色的匀染剂。

$$R-N-(CH_2)_x-N \Big\langle {}^{(CH_2CH_2O)_m H}_{(CH_2CH_2O)_n H}$$
$$\genfrac{}{}{0pt}{}{|}{(CH_2CH_2O)_p H}$$

式中:R 为含杂原子或被取代的无环烃基($C_{12} \sim C_{26}$);$x = 2 \sim 6$;m, n, p 均为 $4 \sim 92$,且 $m+n+p \leqslant 100$。

由于锦纶中的氨基含量较少($0.035 \sim 0.040$ mol/kg),采用阴离子表面活性剂作为匀染剂,用量较少时就能与酸性染料产生竞染作用。所以一些阴离子表面活性剂被用来作为亲纤维型匀染剂。例如,十六烷—油醇硫酸钠、脂肪醇聚氧乙烯醚硫酸钠等被用来改善酸性染料染锦纶时的匀染性。

6. 防泳移剂

在活性染料轧染、涤纶热熔法染色中,织物浸轧染液后,由纤维空间形成的毛细管中充满了染液,染料分散体能够在毛细管网络中自由地流动,当水分开始从织物上蒸发,由于织物上水分蒸发是不规则的,染料颗粒将跟随水分从湿处向干处泳移,使先干燥处织物的染料浓度增大,颜色变深,容易使织物表面产生染色不匀或正反面色差,这种现象称为泳移现象。为了减少染料的泳移,常从两方面入手:一方面尽量减小轧液率;另一方面在染浴中加入能使染料颗粒凝聚的助剂,即防泳移剂。

防泳移剂一般都是高分子电解质,主要可分为两类:一类是海藻酸钠等天然高分子物质,另一类是丙烯酸、丙烯酰胺等的共聚体。以丙烯酸与丙烯酰胺二元共聚物为例(结构式如下),将其加入分散染料的染液中,防泳移作用主要体现在两个方面,一是其结构中含有—COOH、—CONH$_2$等基团,易于吸附染料颗粒,使细小的染料颗粒絮凝成大颗粒,由于受到几何形状的限制而不能够通过纱线和织物的毛细管空间;二是高分子物质的加入,使染液黏度有所增加,使染料难以产生泳移。

$$\begin{array}{c} -\!\!\left[\!\begin{array}{c} CH_2\!-\!CH \\ | \\ CONH_2 \end{array}\!\right]_{\!y}\!\!\left[\!\begin{array}{c} CH_2\!-\!CH \\ | \\ COO^- \end{array}\!\right]_{\!z}\!\!- \end{array}$$

第二节　固色剂

在纺织品染色后,染色牢度往往不能达到要求,造成染色织物牢度不能满足要求的原因是多方面的,主要原因是染料与纤维的结合力较小,另外,大多数染料分子结构中存在磺酸基、羧基等亲水基团,在洗涤时,染料易溶于水中而脱离纤维,导致其湿处理牢度较差。为了提高牢度,需要加入特殊的助剂进行处理。一般把能使染料和纤维之间更有效地固着,改善和提高染色织物的各类牢度的助剂称为固色剂。

一、固色剂的作用机理

1. 提高染色湿牢度的方法

针对染色织物牢度差的原因,提高水溶性染料在纤维上的染色湿牢度的主要方法如下。

(1)利用固色剂分子中的季铵盐或叔铵盐等正电性基团与阴离子型染料结构中的阴离子基团以离子键结合,使染料与固色剂形成不溶性的色淀在纤维上沉着,降低其水溶性而提高染物的皂洗和白布沾色牢度。

(2)利用固色剂分子中的反应性基团与染料分子上的反应性基团、纤维素分子上的羟基交联,从而降低染料水溶性而提高染物的皂洗和湿烫牢度。

(3)利用固色剂在染物上的成膜性能以提高其染色牢度。固色剂处理后的被染织物在烘干过程中,固色剂分子上的反应性交联基团自行交联成大分子,在织物和纤维表面形成一层具有一定强度的保护膜,从而把染料包覆在纤维上,使染料不易脱落。

(4)固色剂分子上的亲染料的结构基团,使固色剂与染料之间形成氢键与范德华力结合。

(5)固色剂分子中所含的基团,如亚氨基等,和染料分子上的—OH、—NH$_2$等以配位键结合,形成络合物。

除提高染色织物的湿牢度以外,固色剂还可提高织物的其他牢度。利用固色剂的 pH 值缓冲能力以提高染色物的汗渍牢度,活性染料染色织物在酸性环境中,染料与纤维形成的共价键会水解断裂,容易导致汗渍牢度的降低,因为汗液中常含有酸性物质,欲提高汗渍牢度,固色剂分子结构中应有较强的吸附酸的能力,也就是要有良好的缓冲能力。在分子结构中具有氮原子的固色剂,例如,多元醇胺缩合物作为固色剂可提高染色织物的耐汗渍牢度。

利用固色剂中的平滑组分使纤维表面平滑柔软,从而提高染物的摩擦牢度。能够防止染料发生光氧化的物质或对紫外线具有吸收作用的物质可以提高活性染料的耐日晒牢度。

2. 对固色剂的要求

根据固色剂的固色机理,要全面提高染色织物的色牢度,理想的固色剂在化学结构上要具有以下特点。

(1)带有正电荷,易与染料分子的阴离子以离子键结合。

(2)含有活性基团,能与纤维上的极性基团—OH、—NH_2 等以共价键结合。

(3)具有反应性交联基团,能自行交联成大分子网状不溶性薄膜。

(4)含有与染料具有亲和性的结构基团。

(5)具有对金属离子的沉淀作用和络合作用。

(6)产品不含甲醛,使用过程中也不会释放甲醛。

(7)根据需要引入平滑组分、柔软组分、pH 值缓冲组分、抗紫外线组分等。

二、常用的固色剂

除特殊要求外,常用的固色剂主要是针对提高染色织物的湿处理牢度而言的。从结构和作用机理上大致可以分为树脂型固色剂(含甲醛树脂型固色剂,含多胺树脂型固色剂)、阳离子聚合物型固色剂、交联反应型固色剂。

1. 树脂型固色剂

树脂型固色剂是印染加工中应用最多的一类固色剂。最早使用的是固色剂 Y,即双氰胺和甲醛缩合的树脂初缩体,加醋酸水解而生成可溶性阳离子型固色剂,结构式如下:

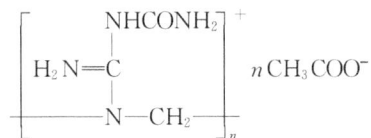

$$\left[\begin{array}{c} NHCONH_2 \\ H_2N-C \\ N-CH_2 \end{array} \right]_n^+ \quad n\,CH_3COO^-$$

固色剂 Y 可与染色织物上的阴离子染料生成不溶性盐,其本身还能在一定条件下发生交联,形成空间网状结构,从而提高染色物牢度。但这类固色剂含有游离甲醛,对人体有一定的危害,现已被禁止使用。

由多乙烯多胺与双氰胺缩合、脱氨并环构化,可制得咪唑啉结构的树脂型固色剂。这类固色剂是目前代替含醛固色剂的主要品种,产品种类较多。其结构式如下:

$$\left[NH-C-NH-C-N-CH_2CH_2 \right]_n$$
$$\quad\ \ \overset{|}{NH}\quad\ \ \overset{\|}{N}\quad\ \overset{|}{CH_2}$$
$$\qquad\qquad\qquad\ \overset{|}{CH_2}$$

多胺树脂型固色剂可以借助自身的网状结构与染料形成大分子,从而使染色织物的湿处理牢度得到改善,广泛应用于活性染料的固色处理,也可用于直接染料的固色。这类树脂还可以进一步与环氧氯丙烷缩合,成为具有反应性基团的固色剂,提高固色效果,结构式如下。

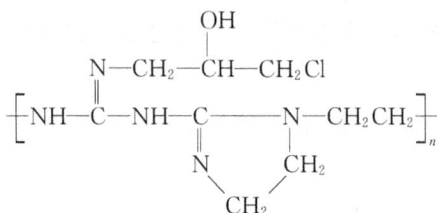

$$N-CH_2-\overset{OH}{\underset{|}{CH}}-CH_2Cl$$
$$\left[NH-C-NH-C-N-CH_2CH_2 \right]_n$$
$$\qquad\qquad\quad\ \overset{\|}{N}\quad\ \overset{|}{CH_2}$$
$$\qquad\qquad\qquad\qquad\ \overset{|}{CH_2}$$

2. 阳离子聚合物型固色剂

阳离子聚合物型固色剂是带有正电性的烯烃化合物,通过一定方法聚合得到的阳离子线型聚合物。不含游离甲醛,能显著提高染色织物的湿牢度,目前主要用于活性染料染色织物的固色处理。

聚乙烯胺、二烯丙基胺盐酸盐聚合物、聚-4-乙烯吡啶盐酸盐、聚丙烯腈系衍生物等胺类聚合物均被报道作为固色剂使用。但使用较多的还是季铵盐聚合物,如 N-聚乙烯咪唑啉季铵盐、聚乙烯亚胺季铵化合物、二甲基二烯丙基季铵盐聚合物、聚丙烯酸酯季铵化合物、聚丙烯酰胺季铵化合物、环氧氯丙烷与三甲胺反应物的聚合物等。其中,二烯丙基二甲基氯化铵聚合物是目前使用较多的一类。这类固色剂的合成反应分为两步,首先有二甲胺与烯丙基氯反应生成中间体二甲基二烯丙基氯化铵,其次是二甲基二烯丙基氯化铵在引发剂存在下发生聚合反应。反应式如下:

$$\overset{CH_3}{\underset{CH_3}{\diagdown}}NH + ClCH_2CH=CH_2 \xrightarrow{NaOH} \overset{H_3C}{\underset{H_3C}{\diagdown}}NCH_2CH=CH_2$$

$$\overset{CH_3}{\underset{CH_3}{\diagdown}}NCH_2CH=CH_2 + ClCH_2CH=CH_2 \longrightarrow \left[\overset{CH_3}{\underset{H_3C}{\diagdown}}\overset{+}{N}\overset{CH_2CH=CH_2}{\diagup_{CH_2CH=CH_2}} \right] Cl^-$$

$$n\left[\overset{CH_3}{\underset{CH_3}{\diagdown}}\overset{+}{N}\overset{CH_2CH=CH_2}{\diagup_{CH_2CH=CH_2}} \right] Cl^- \longrightarrow \left[\begin{array}{c} CH_2-CH\quad CH-CH_2 \\ CH_2\quad CH_2 \\ \overset{+}{N} \\ H_3C\quad CH_3 \end{array} \right]_n nCl^-$$

由二甲基二烯丙基季铵盐与二氧化硫在自由基引发剂与光辐射下聚合而成的聚氨砜类固色剂,具有十分优良的性能,结构式如下。

$$\left[\begin{array}{c} CH_2 \\ CH \quad CH-CH_2-S \\ CH_2 \quad CH_2 \\ N^+ \\ H_3C \quad CH_3 \end{array} \begin{array}{c} O \\ \| \\ \| \\ O \end{array}\right]_n n\,Cl^-$$

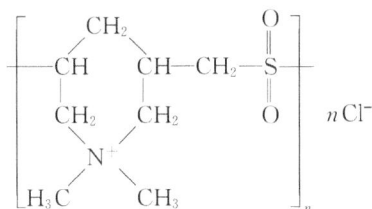

3. 交联反应型固色剂

为了提高固色效果,常在带正电性的固色剂分子中引入反应性基团,固色时反应性基团可以和纤维发生反应形成共价键,阳离子基团与染料分子中的阴离子亲水基以离子键结合,从而提高染色牢度。根据引入的反应基团的不同,这类固色剂的种类较多。其中,最常用的反应性基团为环氧基,一般通过环氧氯丙烷引入。例如,固色交联剂 DE 是这类固色剂的代表产品,其结构为环氧丙基二甲基氨基亚甲基苯酚的甲醛缩合物,结构式如下。

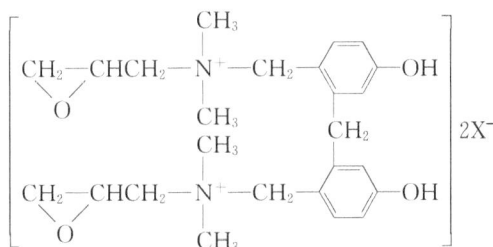

$$\left[\begin{array}{c} CH_3 \\ CH_2-CHCH_2-N^+-CH_2-\bigcirc-OH \\ O \quad\quad CH_3 \\ CH_3 \quad\quad CH_2 \\ CH_2-CHCH_2-N^+-CH_2-\bigcirc-OH \\ O \quad\quad CH_3 \end{array}\right] 2X^-$$

该固色剂在碱性条件下,一方面可与纤维素纤维上的羟基、蛋白质纤维上的氨基等反应;另一方面可与染料分子中的氨基、酰氨基、羟基、磺酰氨基等反应,使染料与纤维之间形成一个整体。固色剂分子中的季铵盐还可与染料阴离子以离子键结合,从而使染色牢度明显提高。但由于是甲醛缩合物,产品中含有一定量的甲醛,应用受到限制。

胺类化合物,如甲胺、二甲胺、乙二胺、二乙烯三胺等与环氧氯丙烷的缩合。可得到一系列反应性固色剂。例如,乙二胺与环氧氯丙烷缩合物结构如下:

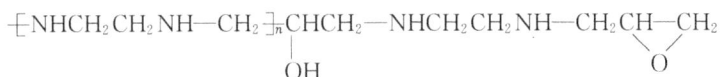

$$[NHCH_2CH_2NH-CH_2]_n CHCH_2-NHCH_2CH_2NH-CH_2CH-CH_2$$
$$\quad\quad\quad\quad OH \quad\quad\quad\quad\quad\quad\quad\quad\quad\quad O$$

二乙烯三胺与环氧氯丙烷的缩合物若经过高温环构化,可生成具有反应性基团的咪唑啉结构,可用醚化剂,如 3-氯-2-羟丙基氯化铵进行醚化而引入季铵盐,从而增加固色剂的阳离子性,提高固色牢度。

含两个或两个以上羟基的化合物,如多乙醇胺、多羟基萘在催化剂存在下缩合成聚醚,再与环氧氯丙烷反应的产物可作为反应性固色剂。例如,二乙醇胺缩合而成的聚醚与环氧氯丙烷的反应产物结构如下:

$$CH_2-CHCH_2[OCH_2CH_2NHCH_2CH_2]_n OCH_2CH-CH_2$$
$$\quad O \quad\quad\quad\quad\quad\quad\quad\quad\quad\quad\quad\quad\quad\quad O$$

这类固色剂还可进行阳离子化,得到既有反应性基团又有季铵基的固色剂。

反应性不饱和基团也可作为活性基,例如,固色剂 P,结构式如下:

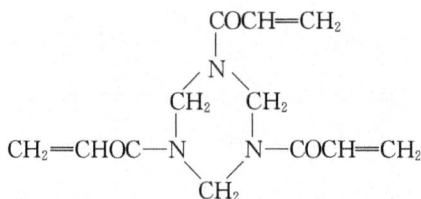

$$COCH=CH_2$$

对于活性染料而言,采用交联固色剂处理,除可与已上染的染料形成交联外,还能与未反应染料和水解染料进行交联,另外,固色剂分子中的正电性基团还能与染料分子中的磺酸基形成离子键结合。因此,对染色牢度的提高特别有利。

反应性基团二氯均三嗪也被用作反应性固色剂,例如,下列结构的化合物用于乙烯砜型活性染料的固色处理。该化合物既能与纤维发生反应,又能与水解染料(含有羟乙基的砜基)发生反应,从而提高了染色牢度,同时还能提高染料固着率。

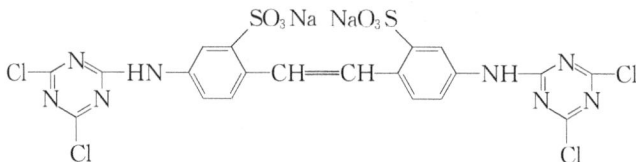

第三节 涂料印花助剂

所谓涂料染色印花是借助黏合剂的成膜作用,将不溶于水、对织物没有亲和性和反应性的颜料固着在织物上,从而达到着色的目的。涂料染色和印花过程中,所用的染液和色浆除着色用的颜料外,还有许多助剂,包括黏合剂、增稠剂、交联剂、乳化剂、柔软剂、润湿剂、抗泳移剂等。本节主要介绍黏合剂、交联剂和增稠剂。

一、涂料印花黏合剂

1. 黏合剂的作用机理

黏合剂是涂料染色印花浆的主要成分,涂料印花成品质量的优劣直接受印花黏合剂性能的影响。目前常用的涂料印花黏合剂大多为高分子聚合物的油/水型乳液,即内相是聚合物颗粒,外相是水,聚合物颗粒分散在水相之中。在一定条件下能在织物表面成膜而将涂料固着于织物,在成膜过程中,除交联剂的交联作用以及自交联型黏合剂的自交联是化学过程外,基本上是物理过程。其成膜过程一般经过水分的蒸发、乳液中聚合物颗粒变形、分子扩散成膜三个阶段,如图 6-1 所示。

黏合剂随着水分的蒸发、乳液粒子逐步接近并紧密接触,在颗粒间空隙处形成毛细管并产生毛细管压强,毛细管越细,压强越大,当毛细管压强大于乳液粒子的抗变形力时,乳液粒子就会变形,变形后的乳液粒子之间产生高聚物分子的相互渗透、相互扩散,导致分子相互纠缠,最终形成膜。

较好的黏合剂应尽量满足以下要求。

(1)能在织物上形成黏着力强的薄膜,使印花织物具有较好耐摩擦牢度。

(2)成膜无色透明,不影响颜料色泽,且厚度均匀、光滑,使颜料的色相得以良好表现。

(3)结膜速度适当,不发黏,膜强度高,成膜柔软富有弹性,手感好。

(4)所形成的皮膜应有良好的耐光、耐热、耐老化性能,高温焙烘不泛黄,能耐常用的化学药品。

(5)黏合剂乳液粒子大小均匀,具有良好的储存稳定性。

图6-1　油/水型乳液黏合剂成膜过程示意图

(6)印花时不易塞网,不沾辊筒,易于从印花辊筒、筛网、印花衬布或印花橡胶带上清除。

2. 黏合剂的种类

涂料印花黏合剂都是高分子聚合物乳液,根据单体的不同主要有:丁苯或丁腈合成乳液与其他线型高聚物的复配物;丙烯酸(酯)的衍生物以及丁二烯、苯乙烯、醋酸乙烯酯等的共聚物。根据应用性能,可分为以下几类。

(1)非交联型黏合剂。此类黏合剂是一种不能交联的高分子成膜聚合物。因为其黏合剂分子中没有可以发生交联的反应性基团,成膜时不发生交联,如丁苯橡胶或丁腈橡胶乳液、丙烯酸酯与丙烯腈或苯乙烯的共聚乳液,都是线型高分子。此类涂料印花黏合剂黏合力差,色牢度差,给色量低,现已淘汰。

(2)外交联型黏合剂。外交联型黏合剂的共聚物中含有羟基、羧基、氨基、酰氨基等活性基团,加热过程中能与外加的交联剂发生反应,从而提高成膜性能,配合乳化型增稠剂,以改进手感。这类黏合剂品种较多,是七十年代开发的品种,通常为丙烯酸酯与丙烯腈、苯乙烯、醋酸乙烯等的共聚物。这类共聚物具有较好的黏着力,耐老化性能也较好,而且它们的性能随单体的性质、用量以及单体在分子链中的排列情况有较大的变化。因此,黏合剂膜的柔软度和牢度,可以通过调整共聚物组分的相对含量来改善。如网印黏合剂为丙烯酸丁酯、甲基丙烯酸甲酯、丙烯酰胺的共聚物。结构如下:

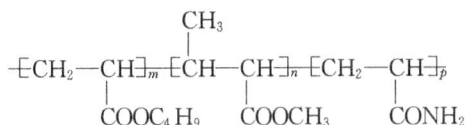

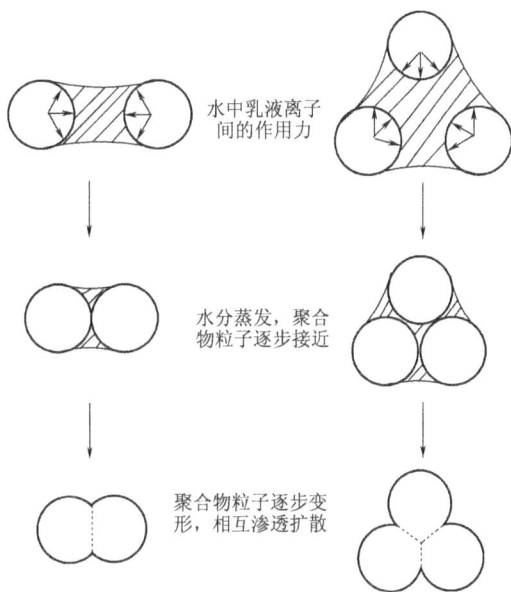

$$\begin{array}{c} CH_3 \\ | \\ -CH_2-CH_{m}-CH-CH_{n}-CH_2-CH_{p} \\ | | | \\ COOC_4H_9 COOCH_3 CONH_2 \end{array}$$

其中丙烯酰胺上的酰氨基可与外加的交联剂交联,以提高牢度。该黏合剂可用于棉、黏胶、真丝、涤纶、维纶及其混纺织物的涂料印花。

(3)自交联型黏合剂。自交联型黏合剂虽然也是丙烯酸酯类共聚物乳液,但将活性单体引入了黏合剂的组成中,常用的活性单体有羟甲基丙烯酰胺、羟甲基(甲基)丙烯酰胺、醚化羟甲基丙烯酰胺等,印花产品在高温(150℃以上)焙烘过程中,两个羟甲基自相缩合交联,使线型分子形成网状结构,可以提高皮膜的坚韧性,较少的用浆量即可获得满意的牢度,从而大大改善织物手感。此类黏合剂,如国产黏合剂7601是丙烯酸丁酯、丙烯腈、N-羟甲基丙烯酰胺的共聚物,结构式如下:

$$-\text{[}CH_2-CH\text{]}_m\text{[}CH_2-CH\text{]}_n\text{[}CH_2-CH\text{]}_p$$
$$\qquad\quad|\qquad\qquad|\qquad\qquad|$$
$$\qquad COOC_4H_9\qquad CN\qquad CONHCH_2OH$$

(4)低温型黏合剂。为了适应节约能源的需要,以低温焙烘固着为特点的低温型黏合剂得到开发,它不仅能节能,还能应用于不耐高温织物的涂料印花。这类黏合剂达到低温交联的一个途径是改变交联基团的活性,在乳液聚合时添加不同的低温活性单体,用种子乳液聚合法制备,使黏合剂能低温交联。

(5)环保型黏合剂。以N-羟甲基丙烯酰胺类作交联单体的自交联黏合剂,需在$140\sim150$℃高温焙烘交联固化,能量消耗较大,且会长期释放出有毒的甲醛,因此不能满足人们对环保的要求。研究和开发性能优良的低甲醛、无甲醛节能型织物黏合剂,已成为印染助剂行业的科技工作者共同致力的方向。研究者们提出了两种解决办法:一是在N-羟甲基丙烯酰胺作交联单体的黏合剂中加入能与羟基反应的物质,降低甲醛释放量;二是用其他活性单体,如甲基丙烯酸环氧丙酯、烯丙基缩水甘油醚代替羟甲基丙烯酰胺,从根本上解决甲醛释放问题。

二、涂料印花增稠剂

1.增稠剂的作用与要求

涂料印花与其他染料印花一样,需要用增稠剂来提高色浆的黏度,并以此来防止色浆的渗化,它与一般染料印花不同的是:染料印花使用的糊料,只是在印花过程中使色浆具有一定的黏度和印花特性,当印花、固色过程完成后,糊料的职能也就完成了,因而需要从织物上洗除。而涂料印花使用的增稠剂在黏合剂将涂料固着在纤维表面的同时,也被固着在纤维表面难以洗除,而成为印花的组成部分之一,保留在织物上。作为涂料印花用的增稠剂,应具有以下性能。

(1)用很低的含固量,可调制较高黏度的原糊。

(2)调成的原糊稳定性要好。

(3)具有较小的印花黏度指数(PVI值),即增调剂在受到切应力的情况下,黏度能瞬时降低;当切应力撤去时,又重新恢复较高的黏度。

(4)同颜料、黏合剂、交联剂等化学品的相容性好。

(5)对机械运动稳定、起泡性小。

(6)水稀释抵抗性好,遇电解质时黏度变化小。

(7)印花织物得色量高,对色泽鲜艳度和手感影响小。

2. 增稠剂的种类

用于染料印花工艺的天然增稠剂会在印花织物上留下固体薄膜,这种薄膜仍具有水溶性和膨润性,且手感较硬,使印花织物手感粗糙、牢度较差,在涂料印花中难以适用。用于涂料印花的增稠剂主要有以下几种:

(1)乳化糊。乳化糊是煤油和水经乳化后的 O/W 型乳化浆,又称为 A 邦浆。这类增稠剂在织物印花后烘干固着时能全部或基本挥发去除,极少残留在黏合剂薄膜中,因此,印花效果好、色泽鲜艳、手感柔软。乳化糊的引入,克服了天然增稠剂的缺点,使涂料印花得到广泛应用。但由于这种乳化糊含有 50% 以上的煤油,使用过程中大量挥发会引起环境污染及影响安全生产。

(2)合成增稠剂。合成增稠剂具有增稠能力极强、原糊含固量极低等优点,而且根据其组成情况除了具有增稠作用外,还可兼具乳化、柔软、催化、保护胶体等功能。合成增稠剂分为非离子型和阴离子型两大类:非离子型应用范围广,但增稠效果较差,而且仍需一定量的煤油;阴离子型增稠剂增稠效果好,用量少,是一种最理想的印花增稠剂。

①非离子型增稠剂。非离子增稠剂大多为聚乙二醇醚的衍生物,代表性结构如下:

$$RO \underbrace{(CH_2CH_2O)_m} A \underbrace{(OCH_2CH_2)_n} OR$$

这类增稠剂使用方便、实用性强、可用于防染和拔染印花,但增稠效果比阴离子型差,对印花牢度也有一定的影响,且仍需加入一定数量的火油,因此不够理想。

②阴离子型增稠剂。阴离子型增稠剂是应用较为广泛的合成增稠剂,其结构为从取代的乙烯基化合物衍生而来的长链聚合物,是一种高分子电解质,目前使用较多的是以含有羧基的单体为主要成分的阴离子型高分子聚合物。其结构通式可表示如下:

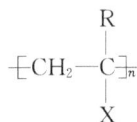

$$\underbrace{\left(CH_2 - \overset{\overset{\textstyle R}{|}}{\underset{\underset{\textstyle X}{|}}{C}} \right)_n}$$

式中:R 为 H 或 CH₃;X 为官能团基。

这类高分子聚合物的分子结构中含有大量可供电离的羧基,并呈轻度交联。其增稠作用是借助于分子结构中羧基在电离状态下呈负电性基而相互排斥,使交联的大分子链迅速扩张与伸展开来,发生局部溶解和溶胀,使原来的颗粒急剧增大,黏度显著提高。以碱性溶胀型聚丙烯酸系增稠剂为例,增稠机理如图 6-2 所示。

交联的共聚物乳化体本身以酸的形式和较小的颗粒状态存在,当加入碱剂后,立即使不电离的羧基转变为离子化的羧酸盐形式,结果沿着共聚物大分子链的阴离子产生静电排斥,大分子链产生扩张与伸展,使原来的颗粒大小增加许多倍,黏度显著提高。

这类增稠剂增稠效果显著,在很低含固量时就有很高的黏度,对印花织物的色光、鲜艳度、刷洗牢度和手感均无不良影响,而且还能提高得色量,减少涂料印花色浆的用量。其不足之处

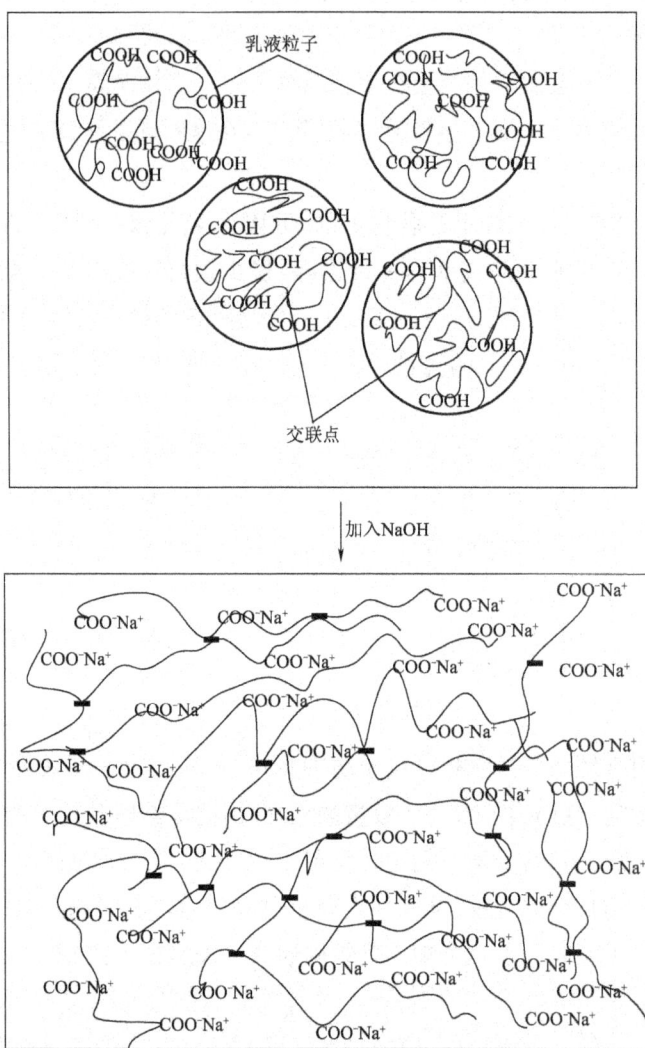

图 6-2　碱性溶胀型聚丙烯酸系增稠剂的增稠机理示意图

是对电解质相当敏感,当加入硫酸铵、氯化钠等电解质以后,将产生黏度下降现象。

　　阴离子型合成增稠剂一般由三种或更多的单体聚合而成。第一单体是主单体,是含有羧基的烯酸,如丙烯酸、马来酸或马来酸酐、甲基丙烯酸;第二单体使合成糊料的相对分子质量增大,从而增加涂料的表观给色量,一般为丙烯酸酯、甲基丙烯酸酯或苯乙烯,其质量分数为 $15\% \sim 20\%$;第三单体是具有两个烯基的化合物,又称为交联单体,如二乙烯基苯、邻苯二甲酸二丙烯酯、双丙烯酸丁二酯等,其用量不多于($1\% \sim 4\%$),但它能使合成糊料的分子间伸展开形成网状结构,因此也是不可缺少的组分。另外,一些特殊单体的加入可改善增稠剂的性能,如在丙烯酸、甲基丙烯酸、甲基丙烯酸甲酯、N-亚甲基双丙烯酰胺等单体中加入单体甲基丙烯酸十八酯,使之在聚合过程中能生成具有乳化性能的高分子产物,从而反相乳液聚合反应能更平稳地进行,还可利用其特定的化学结构,使其在分子间产生物理缔合作用,使增稠剂的耐电解质性能明显改善。

三、涂料印花交联剂

1. 交联剂的性能和要求

交联剂常被添加于外交联黏合剂或自交联黏合剂的涂料印花浆中,以提高黏合剂的固着能力,改善涂料印花织物的耐水洗和耐摩擦牢度,提高它们的耐热和耐溶剂性能。同时还可以降低焙固温度,缩短焙固时间,还有助于提高印花的均匀性和得色量。

交联剂一般为具有两个或两个以上反应性基团的化合物,经过适当处理,其反应性基团或者与纤维上的活性基团反应,形成纤维分子间的交联;或者与黏合剂反应,形成网状结构的黏着剂膜。有些交联剂分子本身间也可发生反应。因此,即使应用非反应性能黏合剂印花,由于交联剂和纤维或它们本身分子间反应形成网状结构后,通过机械的挂钩作用,也可提高耐水洗、耐摩擦、耐热、耐溶剂牢度,近年来也有用交联剂作为涂料染色固着使用的报道。

交联剂中的反应性基团主要有环氧乙基、丙烯酰氨基和羟甲基酰氨基,以环氧乙基最为常用。作为交联剂应具有以下性能。

(1)具有良好的存放稳定性。

(2)不与黏合剂发生低温交联,不影响印花色浆的稳定性。

(3)交联密度高,能提高印花织物的耐水洗、耐摩擦等色牢度。

(4)不影响印花织物的手感,不影响黏合剂膜的透明度。

(5)不影响同浆印花的染料的色泽和牢度。

(6)不释放游离甲醛,或布面释放甲醛量要符合不同用途的织物的有关要求和规定。

(7)可明显地降低黏合剂的交联温度,但不增加黏合剂结膜、塞网的有害倾向。

2. 交联剂的种类

醚化改性的羟甲基三聚氰胺树脂,如交联剂 MF 是早期使用的涂料印花交联剂,结构式如下。

由于醚化改性的羟甲基三聚氰胺树脂含有一定量的甲醛,应用已减少。目前,涂料印花用交联剂中多胺类化合物与环氧氯丙烷的缩合物较多,如交联剂 EH 为己二胺与环氧氯丙烷的缩合物,交联剂 FH 为 N,N'-二氨丙基甲胺与环氧氯丙烷的缩合物,它们的结构式如下:

交联剂 EH

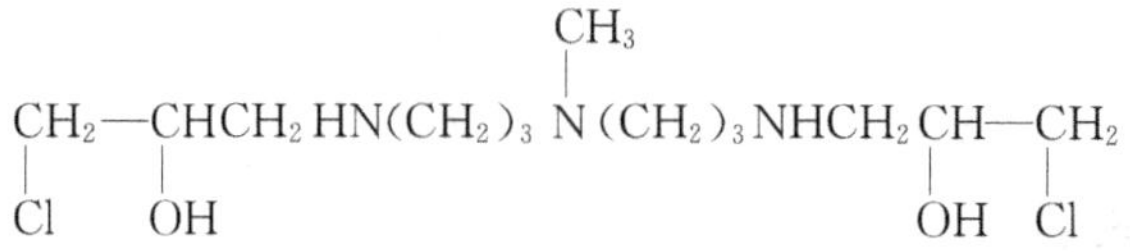

$$CH_2-CHCH_2HN(CH_2)_3 \overset{\overset{\displaystyle CH_3}{|}}{N}(CH_2)_3NHCH_2CH-CH_2$$

Cl   OH   OH Cl

交联剂 FH

第四节　其他染色印花助剂

一、消泡剂

在一般的染整加工中,泡沫的产生往往给生产带来不利因素,影响生产的顺利进行和产品质量。前处理过程中,采用了大量以表面活性剂为主成分的退浆、煮练、漂白和洗涤助剂,因此容易产生泡沫。为了不影响加工的顺利进行,提高前处理效果,也要求前处理剂最好是低泡或无泡,除了选用低泡性表面活性剂作为前处理助剂的主成分外,可添加一定量的消泡剂。

染色过程中消泡剂的使用十分重要,如果染液中存在泡沫,织物上就会形成色点、色斑和色泽不匀,严重影响产品质量。因此,各种染色机在加工工艺中均采用消泡剂。特别是涤纶和化纤混纺织物染色,大量采用高温高压喷射溢流染色,在高温和机械振动下,易产生泡沫,影响成品质量。若采用小浴比快速染色,由于浴比小,染液浓度高,升温速度快,起泡性增大,使循环泵流量降低,布速变慢,导致织物纠缠打结,影响匀染,造成色花色差。为了保证质量,必须加入消泡剂。织物印花过程中,若浆料中含有泡沫,易产生白点、斑点或使花型颜色不匀,花色模糊等,为保证质量,必须加入一定的消泡剂。

1. 消泡剂消泡机理

常用的消泡剂都是易于在溶液表面铺展的液体。此种液体在溶液表面铺展时,会带走邻近表面的一层溶液,使液膜局部变薄;于是液膜破裂、泡沫被破坏,如图 6-3 所示。

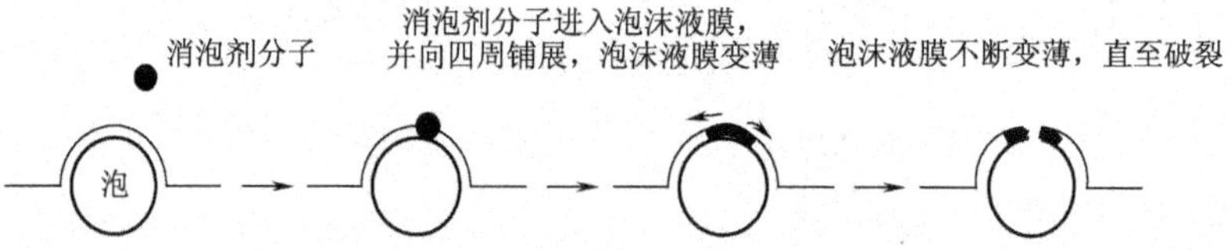

图 6-3　消泡机理

在一般情况下,消泡剂在溶液表面上铺展得越快,则使液膜变得越薄,消泡作用也就越强。一般能在表面上铺展,起消泡作用的液体,其表面张力较低,易于吸附于溶液表面,使溶液表面局部表面张力降低,铺展即从此局部开始,逐渐扩展。总体来说,消泡剂的消泡作用分两方面:一是消泡剂具有较低的表面张力,易于在表面铺展、吸附,消泡剂分子取代了起泡剂分子,形成强度较差的液膜;二是在铺展过程中带走了邻近表面层的部分溶液,使泡沫液膜变薄,降低了泡沫稳定性,使之易于破坏。

根据上述消泡机理,一种优良的消泡剂必须具备以下性能。

(1)具有很低的表面张力,能强烈地吸附在泡沫液膜表面,在溶液表面铺展速度快,消泡力强。

(2)不溶于发泡溶液,不易被发泡剂增溶、乳化,用量少。

(3)不改变起泡体系原来的性质。

(4)化学稳定性好,耐热性好。

(5)无生理活性,无毒,无害,环境污染小。

2. 消泡剂的种类

实际应用的消泡剂种类很多,应用领域也十分广泛。品种包括油脂类、脂肪酸类、脂肪酸酯类、醇类、醚类、磷酸酯类、胺类、酰胺类、金属皂类、有机极性化合物类等。印染加工中使用的消泡剂种类也较多,习惯上可分为含硅消泡剂和不含硅消泡剂。

(1)含硅消泡剂。含硅消泡剂其表面张力很低,容易在表面上吸附,易于铺展。由于其分子间作用力较小,形成的表面膜强度不高,使泡沫稳定性下降,具有优良的消泡作用。由于聚硅氧烷分子疏水性强,在水中溶解度极小,导致大部分分子富集于气/液表面上,因此其使用浓度很低时就具有良好的持久的消泡作用。另外,由于 Si—O 键的键能较大,产品的热稳定性好,因此,这类消泡剂高温使用效果较好。有机硅消泡剂常用于印染加工的喷射、溢流染色机染色时的消泡。该类消泡剂化学性质不活泼,无毒,对环境无污染,是纺织工业上效果好,应用范围较广的一类消泡剂。

含硅消泡剂产品有硅油、硅油溶液、硅油加其他填料(如 SiO_2、Al_2O_3 等)、硅油乳液四种。纺织印染加工中使用的主要为硅油乳液,是由硅油、改性硅油、不同相对分子质量的混合硅油或硅油加无机硅(SiO_2)等强加剂制成。组分中含有乳化剂,使硅油乳化或分散于水中,形成 O/W 型乳液。有机硅消泡剂所用的硅氧烷的主链长短,聚合度低,常温消泡效果好;聚合度高,在高温时有突出的消泡、抑泡性能。为了使产品在高温或低温下都有优良的消泡性能,可采用几种不同聚合度的混合硅油加以乳化,加入 SiO_2 也可改善高温消泡性能。控制乳液粒子大小也是消泡的关键。如果粒子过小就难以在表面活性剂液膜上扩展,无消泡效果,粒子过大,易于破乳使硅油凝聚,沾污织物。

采用亲水性的有机硅化合物,在聚硅氧烷分子中引入聚醚结构,可以改善产品的乳化性能,并可使消泡剂的高温稳定性得到提高,可用于高温条件。例如,聚硅氧烷—乙二醇共聚物的结构,有一个相反的溶解性能,即在冷水中溶解而在热水中不溶。在高温下使用时,由于溶解度降低,使其具有很低的表面张力,能有效地发挥消泡作用,但染液冷却后(低于浊点)就能很好地溶于水中,不会成为油污聚集在织物上,产生油斑。

(2)不含硅消泡剂。不含硅消泡剂品种多,国内外需求量很大。其中少量品种为单组分,大部分为复配混合物,性能各不相同,有些产品用于印染加工,还具有一些独特的优点。

①由于消泡剂不含硅油,对设备器壁和织物不会造成沾污或产生油斑。

②有些产品除能消泡外,对织物同时具有渗透、洗涤、缓染和匀染等性能,可作多功能助剂,比含硅消泡剂应用广泛。

③部分消泡剂与各类表面活性剂复配后,具有协同效应,同时具有分散或匀染作用,能阻止染料凝聚,并使织物易于清洗。

④有些产品耐高温性能较好,适用于高温工艺。

用于纺织印染加工的不含硅消泡剂主要有以下组分:

①醇、醚、脂肪酸及其酯、动植物油或矿物油以及聚乙二醇丙二醇等物质,具有一定的消泡效果,在纺织印染加工中单独使用或经复配使用。

②磷酸酯类消泡剂,消泡效果较好,应用较普遍。

③醇类和环氧乙烯(EO)和环氧丙烯(PO)的加成物。醇类包括脂肪醇、二元醇(主要为丙二醇)、三元醇(以丙三醇为主)及其他醇。该类消泡剂品种多,效果较好,有时也单独称为聚醚类消泡剂。

二、染色增深剂

1. 涤纶织物染色用增深剂

涤纶结构上基本没有活性基团,上染位置少;结晶度高,纤维结构紧密,染料向纤维内部扩散困难。涤纶一般采用分散染料染色,染色方法有高温高压法、热熔染色法、载体染色法等。为了提高涤纶织物的染深性能,增加表观色量,人们采用了较多的方法,包括改变纤维结构,改进染料的化学结构,降低纤维表面反射率、折射率等。其中在染浴中添加增深助剂也是常用的方法之一。

(1)热熔染色用增深剂。在涤纶织物热熔染色加工中,一些低 HLB 值的非离子表面活性剂被用作增深剂。一般而言,这类增深剂的作用主要体现在两个方面:一是使纤维膨胀松弛,帮助染料向纤维内部扩散;二是这些化合物可提高染料的溶解度,加速染料在纤维表面的吸附。研究表明,表面活性剂的 HLB 值越低,其溶解度参数越接近涤纶的溶解度参数,对涤纶的亲和力越大,越容易吸附于涤纶表面,有效地提高涤纶的膨润性,降低纤维的玻璃化温度(T_g),从而加速分散染料在纤维内部的扩散。另外,由于表面活性剂的增溶作用,分散染料在非离子表面活性剂中的溶解度很高,则吸附在纤维表面的非离子表面活性剂使染料在纤维表面的浓度梯度增加,从而使纤维获得很高的得色量。

常用的这类表面活性剂有脂肪醇或烷基酚的低分子聚氧乙烯醚、脂肪酸酯的聚氧乙烯加成物等。例如,增深剂 HDF 为油酸乙酯的三分子聚氧乙烯加成物,可用于分散染料热熔染色和印花工艺的增深,其化学结构如下:

$$C_{17}H_{33}COO(CH_2CH_2O)_3C_2H_5$$

前面提到的热熔染色防泳移剂,大多为高分子聚合物,如在高分子链节中引入一定量的非离子型极性基团,具有强吸附染料颗粒的能力,能使染料在织物上均匀分布,让染料和纤维充分接触,上染率得到提高;另外,高聚物在烘干时形成薄膜,阻止了染料的升华,使染料更易进入纤维内部,从而具有增深效果。

(2)载体。涤纶织物的载体染色是利用载体对涤纶的增塑膨化性能,使分散染料能在常压条件进行染色。载体一般是一些简单的芳香族化合物,如邻苯基苯酚、水杨酸甲酯、联苯、苯甲酸酯、氯苯及其复配产物。

载体的作用机理主要有以下几方面。

①载体的相对分子质量较小,而对涤纶有较大亲和力,染色时先于染料扩散到纤维内部,对纤维有增塑和膨化作用,使纤维结构变得松弛,降低涤纶的玻璃化温度,从而有利于分散染料向纤维内部扩散,使涤纶能在100℃以下进行染色。

②载体对染料具有增溶作用,吸附在纤维表面层的载体对染料的溶解能力比水高,能使更多的染料溶解于载体中,在纤维表面的染料浓度增加,增大了染料在纤维内外的浓度梯度,进而提高染料的扩散动力和向纤维内部的扩散速率。

③载体也会促进纤维上染料的解吸,增强染料的移染作用,从而获得匀染效果。

上面所述的一些载体存在毒性大,气味重,生物降解性差,染色织物带有异味等不足,在应用上受到很大的限制。近年来,无毒环保型载体的开发在染整助剂领域十分活跃,一些新型的载体被开发应用,但结构和组成公开较少。一些无毒无味、易生物降解的酯类化合物、有机羟基化合物、醚类化合物、芳香酮类化合物、吡咯烷酮类化合物等被用作新型载体的原料。

2. 纤维素纤维阳离子改性增深剂

纤维素纤维在水溶液中略带负电荷,在用阴离子染料染色时,染料和纤维之间存在电性斥力,在染色过程中必须加入大量的电解质来促染,并且染料的利用率较低,特别是活性染料染色时,由于活性染料分子较小,对纤维亲和力较低,这种现象较为明显。

采用阳离子改性剂对纤维素纤维进行改性,可使纤维带有一定的正电性,是改善纤维素纤维对阴离子染料的直接性,提高染深性的一种重要方法。用于纤维阳离子改性的助剂称为阳离子改性剂,又称增深剂。这些化合物一般都含有氨基、季铵基等阳离子性的基团,主要品种有以下几种。

(1)反应型阳离子化合物。这类化合物分子中除含有正电性基团外,还含有可与纤维反应的反应性基团。3-氯-2-羟基丙基三甲基氯化铵(结构式如下)和2,3-环氧丙基三甲基氯化铵是常用的阳离子改性剂,它们在碱性条件下可与纤维素反应形成醚键,从而使纤维具有正电性。

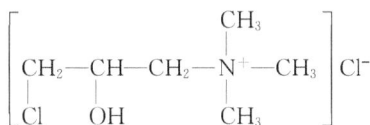

$$\left[\begin{matrix} & & & CH_3 \\ CH_2-CH-CH_2-N^+-CH_3 \\ | & | & | \\ Cl & OH & CH_3 \end{matrix} \right] Cl^-$$

3-氯-2-羟基丙基三甲基氯化铵

带有不饱和键的阳离子单体可在引发剂作用下对纤维素纤维进行接枝改性,如N-羟甲基丙烯酰胺、甲基丙烯酰氧乙基三甲基氯化铵等在硝酸铈铵为引发剂的条件下与纤维素发生接枝聚合,从而将阳离子基团引入纤维。

一些带有羟基的季铵盐,可在交联剂的存在下,固着在纤维表面,例如,氯化胆碱、双聚氧乙烯基烷基季铵盐等,可添加于树脂整理浴中,提高耐久压烫整理织物的可染性。

$$\left[HOCH_2CH_2 \overset{\displaystyle CH_3}{\underset{\displaystyle CH_3}{-N^+-CH_3}} \right] Cl^- \qquad \left[R \overset{\displaystyle (CH_2CH_2O)_a H}{\underset{\displaystyle (CH_2CH_2O)_b H}{-N^+-CH_3}} \right] Cl^-$$

氯化胆碱   双聚氧乙烯基烷基甲基氯化铵

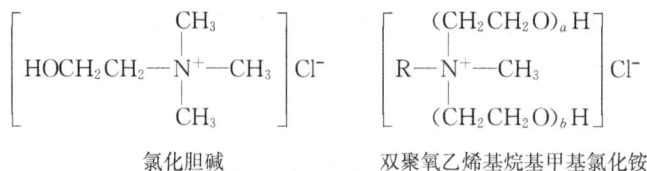

(2)壳聚糖衍生物。壳聚糖大分子上含有大量氨基,若采用壳聚糖醋酸溶液整理棉织物,则织物上会由于—N$^+$H$_3$的存在而减少纤维上所带的负电荷,也即降低纤维的 δ 电位负值,从而减小染色过程中纤维上的负电荷对染料阴离子的库仑斥力,使染料上染速率提高,上染百分率增大。实验结果表明,经 0.1%~0.3% 的壳聚糖醋酸溶液处理后的棉织物,吸附直接染料、活性染料的能力提高,一般情况下可以少加一半盐的用量。

若用壳聚糖醋酸溶液整理羊毛织物,除了增深作用外,还可使羊毛的尖部和根部具有相同的染色性能,在提高染料吸收率、缩短染色时间的同时,提高染色的均匀性。

壳聚糖是一种含氮的阳离子聚合物,可以和各类阴离子染料生成不溶性沉淀,一方面封闭了染料的亲水基团;另一方面增大染料的分子,从而降低染料的水溶性,大大提高染色织物的水洗牢度。因而,壳聚糖具有作为环保型固色剂的条件,若将其氨基季铵化或在氨基上引入反应性基团,则可大大提高其固色效果。

三、印花糊料

织物印花是指将各种颜色的染料或颜料制成色浆,施加在织物上形成各种图案的加工过程。印花糊料是加在印花色浆中,能起增稠作用的高分子化合物。印花糊料在加入印花色浆之前,一般均先分散在水中,制成一定浓度的稠厚的胶体溶液。这种胶体溶液就称为原糊。印花原糊是印花色浆中的重要组成部分。印花原糊制备,色浆的调制,对印花工艺来说十分重要。各类印花糊料的性能将在染整工艺学的课程中进行讲述,本书不再赘述。

1. 糊料的作用和要求

(1)糊料的作用。糊料在印花过程中的作用包括以下几方面。

①增稠作用。使印花色浆具有一定的黏度,以部分抵消因织物的毛细管效应而引起的渗化,从而保证花型、图案的轮廓光洁度。

②稳定作用。能使印花色浆中的染料、化学助剂、溶剂等各个组分均匀地分散,糊料胶体性质能延缓各组分彼此间的相互作用。

③载体作用。印花时染料借助于原糊而传递到织物上,糊料作为染料的传递剂。

④黏着作用。色浆借助糊料先黏着在花筒凹纹内,从而使色浆能黏着到织物上。

⑤吸湿作用。汽蒸时糊料吸湿,使染料转移到织物上而上染。

⑥防泳移作用。烘干过程中,糊料对色浆中的染料以及轧染底色的染料具有防泳移作用,保证印花织物的色泽均匀性。

(2)糊料须具备的条件。为了达到以上的各项作用,印花糊料必须具备的一些条件,主要包括以下几方面。

①糊料在水中膨胀或溶解后，应得到胶体性质的黏稠液体，方可成为印花色浆的原糊。

②原糊应能使染料和化学助剂均匀地分散在胶体分散体系中，从而获得均匀的花型图案。

③糊料在制成色浆后应有一定的压透性和成膜性，使糊料能渗入织物内部，又能克服由于织物的毛效而引起渗化现象。在烘干时，能使织物表面形成一个有一定弹性、挠曲性，耐磨性的膜层。

④糊料要有良好的染料传递作用，在汽蒸时具有一定的吸湿能力，有助于染料向纤维扩散，使所印的织物具有较高的表观得色量，染料的利用率较高。

⑤原糊应具有一定的物理和化学稳定性，有利于存放。存放过程中不产生结皮、发霉、发臭、变薄、变质等现象。与染料和化学助剂有较好的化学相容性。

⑥除非有特殊的要求，糊料的成糊率要高，制糊要方便，工艺适应性要广泛，成本要低。

⑦糊料本身不能具有色素或至少只能略有色素，而这些色素应该对所印的织物没有直接性。

⑧糊料要求在制成色浆后不易起泡或易消泡。

⑨糊料必须具有良好的易洗涤性，退浆要容易，不影响印花织物的手感。

2. 印花糊料的种类

用于各种纤维印花加工的糊料种类很多，一般按原料来源可分为天然糊料、天然变性糊料、合成糊料（合成增稠剂）等。表6－1列举了糊料的分类及其相应的产品。

表6－1　糊料的种类

糊料类型		糊料名称
天然糊料	植物类 淀粉类	小麦淀粉、玉米淀粉、马铃薯淀粉、甘薯淀粉、米粉、木薯淀粉
	天然胶类	天然龙胶、皂荚胶、瓜豆胶、阿拉伯树胶
	海藻酸类	海藻酸钠、鹿角菜胶
	植物蛋白类	大豆酪素
	其他	鸡脚菜、橡子粉、
	动物类	骨胶、皮胶、甲壳质、乳酪素、卵蛋白
	矿物类	膨润土、白黏土、陶土
天然变性糊料	加工淀粉	可溶性淀粉、黄糊精、印染胶、α-淀粉、氧化淀粉、阳离子淀粉
	改性淀粉	羧甲基淀粉、羧乙基淀粉、乙酰化淀粉
	纤维素衍生物	羧甲基纤维素、甲基纤维素、乙基纤维素、羟乙基纤维素
	其他	合成龙胶、硅橡胶、海藻酸酯
合成糊料	聚醋酸乙烯类	聚醋酸乙烯、醋酸乙烯—顺丁烯二酸共聚物、醋酸乙烯—巴豆酸共聚物
	聚丙烯酸类	丙烯酸—丙烯酸酯—甲基丙烯酸共合物、丙烯酸—醋酸乙烯共聚物
	聚乙烯类	聚乙烯醇、变性聚乙烯醇
	聚苯乙烯类	苯乙烯—顺丁烯二酸共聚物、苯乙烯—巴豆酸共聚物
	其他	合成橡胶、树脂

各种糊料有不同的性能，适用于不同染料和织物的印花加工。不同纤维印花加工适用的糊料列于表6-2。

表6-2 糊料的适用性

纤维种类	选用染料	适 用 糊 料
棉	活性染料	海藻酸钠、海藻酸酯、变性淀粉、聚丙烯酸类合成增稠剂、新型复合糊料
	还原染料	黄糊精、变性淀粉
	不溶性偶氮染料	小麦淀粉、羟乙基皂荚胶、海藻酸钠/小麦淀粉混合胶
真丝	酸性染料	瓜耳豆胶、变性淀粉、槐豆胶
	直接染料	瓜耳豆胶、变性淀粉
	活性染料	海藻酸钠、膨润土
	中性染料	瓜耳豆胶、半乳甘露糖、天然龙胶
羊毛	酸性染料	半乳甘露糖、变性淀粉
黏胶纤维	直接染料	小麦淀粉/海藻酸钠/乳化糊、海藻酸钠
	活性染料	海藻酸钠、合成增稠剂、复合糊料
	不溶性偶氮染料	小麦淀粉/合成龙胶
涤纶	分散染料	海藻酸钠、合成增稠剂、复合糊料
腈纶	阳离子染料	槐豆胶、变性淀粉、聚丙烯腈皂化原糊
锦纶	酸性染料	变性淀粉
	分散染料	海藻酸钠、结晶胶
	中性染料	变性淀粉
	还原染料	变性淀粉、黄糊精
维纶	活性染料	海藻酸钠、复合糊料
	还原染料	黄糊精、变性淀粉
Tencel纤维	活性染料	海藻酸钠、复合糊料
涤棉混纺	分散/活性染料	海藻酸钠/半乳化糊、复合糊料
腈棉混纺	还原染料	变性淀粉
腈黏胶混纺	还原染料	变性淀粉
腈黏胶混纺	阳离子/活性染料同印	海藻酸钠/乳化糊
	阳离子/直接染料同印	海藻酸钠/淀粉/乳化糊
锦棉混纺	还原染料	黄糊精、变性淀粉
锦羊毛混纺	酸性染料	瓜耳豆胶、槐豆胶
	中性染料	半乳甘露糖、变性淀粉

☞ **复习指导**

1.内容概览

本章介绍染色和印花加工中所用助剂的种类、作用机理、结构和组成以及影响性能的因素，包括匀染剂、固色剂、涂料印花用黏合剂、增稠剂、交联剂、消泡剂、染色增深剂、印花糊料等。

2.学习要求

(1)掌握匀染剂的作用机理，熟悉各类纤维染色用匀染剂的类型、结构和组成。

(2)掌握固色剂的作用机理和结构要求，了解常用固色剂的种类、结构和性能。

(3)掌握涂料印花黏合剂的作用机理，了解常用黏合剂的基本结构，了解增稠剂和交联剂的作用机理、种类和性能。

(4)掌握消泡剂的作用机理，了解消泡剂的种类；了解染色增深剂的种类和作用机理；了解印花糊料的种类和适用性。

☞ **思考题**

1.说明亲纤维型匀染剂和亲染料型匀染剂的作用机理。

2.分析腈纶阳离子染料染色、羊毛酸性染料染色、涤纶分散染料染色加工中可选择的匀染剂，并说明它们的作用机理。

3.说明固色剂的作用机理，分析作为固色剂的结构要求。

4.分析常用固色剂的结构特点和作用机理。

5.说明涂料印花黏合剂作用机理和结构特点。

6.分析涂料印花增稠剂的种类及作用机理。

7.说明消泡剂的作用机理，并分析作为消泡剂必须满足的条件。

8.说明染色增深剂的作用机理和结构特点。

9.说明印花糊料的作用和要求。

第七章　后整理助剂

第一节　抗皱整理剂

一、抗皱整理机理

以棉纤维为主的纤维素纤维、蚕丝纤维等天然纤维在服用过程中容易出现折皱。织物上折皱的形成可简单地看做是由于外力使纤维弯曲变形,放松后未能完全恢复原状所造成的。起皱机理被认为是纤维无定形区存在大量氢键,缺少化学交联,一旦受外力或在水分作用下,氢键被破坏,分子链发生相对滑移,外力去除时,分子间没有足够的约束力使其回复到原来的位置,变形不能完全回复,从而产生折皱。

为了提高织物的抗皱性能,出现了提高织物从折皱中回复原状能力为主要目的的抗皱整理。织物抗皱整理机理主要有覆盖、树脂沉积和共价交联三种理论。

1. 覆盖理论

该理论认为整理剂处理织物,经高温缩合或加成后,形成网状结构的高弹性薄膜覆盖在纤维外层,并在纤维之间形成黏结点,提高织物回复弹性。

2. 树脂沉积理论

该理论认为整理剂处理织物,经焙烘后在纤维内部形成网状的树脂,沉积在纤维的无定形区,沉积的树脂靠机械摩擦作用或氢键改变了纤维大分子或基本结构单元的相对滑动,给予织物抗皱性。

3. 共价交联理论

该理论认为整理剂在一定条件下能与纤维发生反应,在纤维分子链或基本结构单元间生成共价交联,减小纤维在形变过程中由于氢键拆散而导致的不立即回复的形变,并提高纤维从形变中回复原状的能力,从而达到抗皱的目的。

二、抗皱整理剂的种类

根据以上的抗皱机理,人们开发了不同种类的抗皱整理剂,最初,抗皱整理主要是采用合成树脂的初缩体对织物进行整理,故习惯上称为树脂整理,所用的整理剂称为树脂整理剂。目前,常用的抗皱整理剂主要有 N-羟甲基酰胺类树脂化合物及其改性产品,此外,为了实现无甲醛整理,一些新型整理剂被开发应用。

1. N-羟甲基酰胺类整理剂

N-羟甲基酰胺类树脂整理剂的代表产品有二羟甲基二羟基环次乙基脲(2D 树脂)和三羟

甲基三聚氰胺(TMM 树脂)。它们分别是二羟基环次乙基脲和三聚氰胺和甲醛的加成产物,结构式如下:

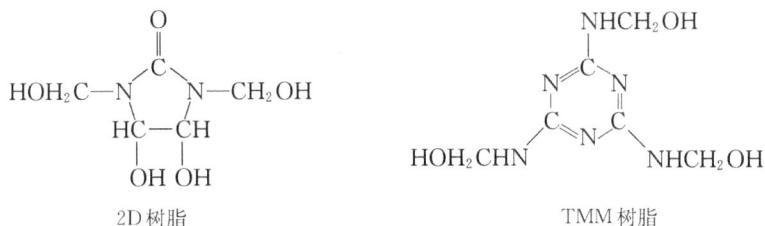

2D 树脂

TMM 树脂

$N-$羟甲基酰胺类树脂整理剂处理织物,焙烘过程中会发生两方面的反应,使织物具有抗皱性能。一是在纤维内部形成网状结构的树脂,沉积在纤维的无定形区,改变纤维大分子或基本结构单元的相对滑动,给予织物抗皱性;二是整理剂与纤维大分子形成共价交联,从而使纤维在形变过程中由于氢键拆散而导致的不立即回复的形变减小。

$N-$羟甲基酰胺类整理剂具有耐久抗皱效果,价格低廉,工艺成熟等优点,曾广泛用于纤维素纤维的抗皱整理。但由于织物强力损伤较大,吸氯、释放甲醛等不足,使用量减少。

为了使这类整理剂达到生态纺织品的要求,必须减少甲醛释放量。较为有效的途径是采用低分子醇类对树脂分子中的羟基进行醚化改性,醚化 $N-$羟甲基酰胺类树脂耐酸、碱,水解稳定性提高,甲醛释放量减少,吸氧、氯损和泛黄现象也有所减轻,整理织物免烫效果的耐久性也更好。醚化 $N-$羟甲基酰胺类树脂是目前使用最较多的低甲醛类树脂整理剂。醚化树脂常用的醚化方法有甲醚化、乙醚化、乙二醇和聚乙二醇醚化等。

减少甲醛释放量的另一个方法是在 $N-$羟甲基酰胺类树脂中拼用无甲醛树脂和其他助剂,特别是添加碳酰肼、环乙烯脲等甲醛吸收剂,可有效地降低游离甲醛的含量。这些含氮杂环化合物能和树脂整理剂中的游离甲醛作用,从而降低甲醛含量。以环乙烯脲为例,反应式如下:

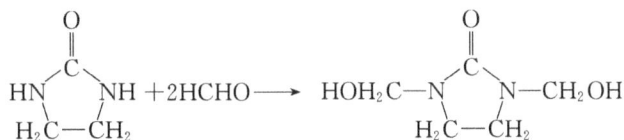

在游离甲醛含量较高时,添加甲醛吸收剂比较有效;在游离甲醛较少时,添加甲醛吸收剂的效果不明显。而且整理后织物释放的甲醛量主要取决于交联键的水解稳定性,不能依靠甲醛吸收剂降低甲醛的释放量。

2. 多元羧酸类化合物

多元羧酸类化合物可与纤维素大分子上的羟基发生酯化交联,其抗皱机理属于共价交联机理。一般认为在催化剂存在的条件下,首先多元羧酸脱水成酸酐,再与纤维上的羟基等反应性基团发生酯化交联。催化剂在体系中所起的作用,是主要催化多元羧酸脱水成酐,还是侧重催化酸酐与纤维素酯化交联,或是既催化成酐又催化酯化交联,仍存在着争议和分歧。反应式表示如下:

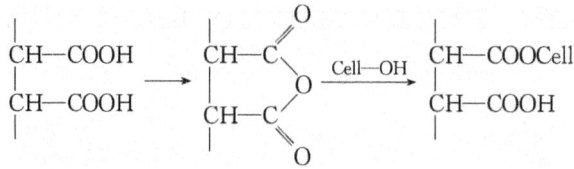

具有三个以上相邻羧基的多元羧酸分子即可与纤维大分子上的羟基发生两次酯交联反应,从而将两个大分子链连接起来,减小纤维在形变过程中不立即回复的形变,并提高纤维从形变中回复原状的能力,从而达到抗皱的目的。

研究较多的多元羧酸有丁烷四羧酸(BTCA)和柠檬酸(CA),它们的结构如下:

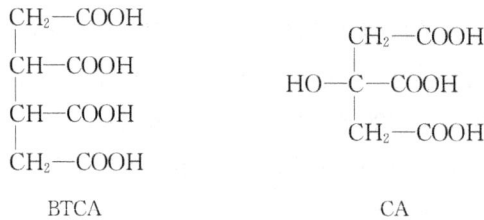

聚马来酸等聚合多元羧酸也被用作织物抗皱整理剂,并且,以其相对分子质量和分子链上的羧基数可以调节控制,原料成本相对比较低等优点越来越被人们所重视。

3. 环氧化合物类整理剂

分子结构中具有两个或两个以上环氧基的化合物可以与纤维发生两次或两次以上的交联反应,使织物获得抗皱效果。环氧化合物具有高度张力的三元环,其键角扭曲、C—O 键极易断裂,导致开环,表现出极大的活泼性,易与纤维分子中含有活泼氢的—OH、—NH$_2$ 等基团反应。生成的 C—C 键或 C—O 键比用 N-羟甲基整理剂生成的 N—C 键具有更好的湿抗皱性。环氧类整理剂主要是环氧氯丙烷与多元醇的缩合物。常用的多元醇有乙二醇、二甘醇、三甘醇、丙二醇、丙三醇、1,4-丁二醇、季戊四醇、山梨糖醇、新戊二醇、己二醇等,乙二醇二缩水甘油醚、丙三醇二缩水甘油醚的结构如下:

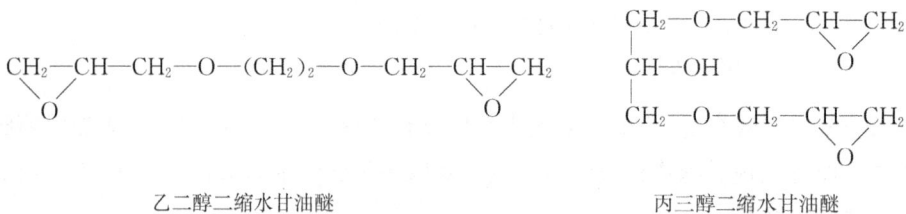

乙二醇二缩水甘油醚　　　　　　　　　丙三醇二缩水甘油醚

环氧类化合物较多的被用于真丝织物的抗皱整理,可显著提高织物的湿弹。整理后的织物无甲醛释放、无毒,对人体无害,生产和服用均符合环保要求,泛黄性很低,耐水洗性良好。不足之处是环氧化合物合成工艺复杂,化学分离提纯成本高,得率较低,且易于自聚,存放期短。

4. 其他抗皱整理剂

乙二醛和戊二醛等二元醛化合物通过生成半缩醛,可与纤维素纤维形成交联,产生抗皱作用。若用乙二醛处理丝织物,可能会出现两种主要反应,即通过丝氨酸和酪氨酸上的羟基形成半缩醛;通过在精氨酸、赖氨酸、组氨酸、脯氨酸、色氨酸中的伯氨基或仲氨基而形成氨基醇。

带有硅醇基、乙烯基、巯基、环氧基、氨基等活性基团的反应型有机硅化合物,可通过两方面达到抗皱整理效果。其一是整理工作液中低分子有机硅初缩体进入纤维内部,利用有机硅分子上的活性官能团和纤维分子的活性基团进行交联,交联程度越高,整理织物弹性越好;其二是整理工作液中高分子有机硅在纤维表面形成高弹性分子膜,从而提高织物折皱回复性能。有机硅整理后的织物还具有手感柔软滑爽、透气性和悬垂性好等特点。但单独用有机硅整理还不能达到耐久压烫的要求,而且加工成本也很高。目前,在抗皱整理液中添加有机硅类化合物的主要目的是改善手感,增强织物的弹性和耐磨性。

水溶性聚氨酯具有热反应性,用其处理织物,在催化剂存在下经高温焙烘可分解出封闭物,产生的异氰酸酯基能发生自身交联,形成聚氨酯弹性薄膜,或与纤维大分子中的羟基和氨基反应,在织物上形成网状交联结构;并且部分聚氨酯树脂沉积在纤维无定形区,依靠摩擦阻力和氢键,限制了纤维中分子链或基本结构单元的相对位移,从而赋予整理后的织物抗皱性和弹性。并使织物具有防缩、耐磨、抗静电、防起毛起球等性能,还能提高织物强力,改善织物手感。但单独使用不足以达到免烫水平,一般与其他树脂拼用。

双羟乙基砜(BHES)在碱性处理条件下可释放出双乙烯砜,与纤维素发生交联反应,产生抗皱效果。

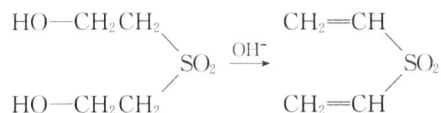

$$HO\text{—}CH_2CH_2 \diagdown SO_2 \xrightarrow{OH^-} CH_2\text{=}CH \diagdown SO_2$$
$$HO\text{—}CH_2CH_2 \diagup \qquad CH_2\text{=}CH \diagup$$

双羟乙基砜可同时增大干、湿回复角,基本无氯损,整理后的织物具有良好的洗可穿性能,免烫效果和耐洗性不亚于2D树脂;缺点是整理后织物泛黄严重,强力损失也较大,故应用较少。

第二节　柔软整理剂

一、柔软整理的原理

所谓纺织品具有柔软舒适的手感是一种凭手指触摸织物而获得的主观感觉。当人们触摸织物时,手指在纤维间滑动、摩擦,手感和柔软性与纤维的动摩擦系数和静摩擦系数有一定的关系;另外,织物蓬松,丰满,有弹性,也使手感觉得柔软,说明手感与纤维的表面积有关。以表面活性剂类柔软剂为例,柔软剂的作用机理一般认为可以从两方面来加以解释,表面活性剂容易在纤维表面进行定向吸附,表面活性剂吸附于一般的固体表面,虽然降低了表面张力,但纤维表面积难于扩张。而纺织纤维是由线型高分子构成的,具有很大的比表面积,形状十分细长,分子链的柔顺性也较好。吸附表面活性剂后,表面张力降低,使纤维变得容易扩张表面,长度伸长,结果是织物变得蓬松,丰满,富有弹性,产生柔软的手感。表面活性剂在纤维表面的吸附作用越强,降低纤维表面张力的程度越大,则柔软效果越明显。阳离子表面活性剂依靠静电引力能较强地吸附在纤维表面(多数纤维表面带负电荷),阳离子基朝向纤维,疏水基朝向空气,降低纤维表面张力的作用较大。

表面活性剂在纤维表面的定向吸附,形成了疏水基向外整齐排列着的一层薄膜,使纤维之间的摩擦发生在相互滑动的疏水基之间;由于疏水基的油性,使摩擦系数大大降低,疏水基链越长越易滑动;摩擦系数的降低,还使织物的弯曲模量和压缩力降低,从而影响手感;同时由于摩擦系数的降低,使织物在受到外力时纱线便于滑动,从而使应力分散,撕破强度得到提高,或者加工过程中受到强力的纤维容易回复到松弛状态,使织物变得柔软。当人体接触纤维时,纤维与人体之间的摩擦阻力也下降,从而获得了较好的柔软手感。一般而言,降低纤维的动、静摩擦系数对织物的柔软性能都有作用,但相对而言,纤维的柔软手感和静摩擦系数的降低关系更大。

柔软整理剂一般是指一种能吸附于纤维并使纤维表面平滑,增加纤维柔软性的化合物。目前,常用的柔软剂主要有表面活性剂和高分子柔软剂两大类,高分子柔软剂主要有有机硅柔软剂和聚乙烯乳液两类。

二、表面活性剂类柔软剂

1. 表面活性剂结构与柔软性能的关系

在表面活性剂类柔软剂中,阳离子表面活性剂对纤维表面的吸附作用强,定向排列较为紧密,所以效果最好。下面以阳离子表面活性剂为例,介绍其疏水基柔软效果的影响。

作为织物柔软剂的表面活性剂,其疏水基结构特征对柔软效果有很大的影响,疏水基碳链对柔软效果的影响可以认为:C—C单键能在保持键角 $109°28'$ 的情况下,绕单键内旋转,使长链呈无规则排列的卷曲状态,从而形成了分子长链的柔曲性,当在受外力的作用下,由于长链分子的柔曲性,能赋予其延伸,收缩的活动性能。这样,柔软剂分子分布在纤维表面起着润滑作用,降低了纤维和纤维之间的动、静摩擦系数,增加了织物的平滑柔软性。

一般认为,疏水基结构对柔软效果的影响有以下规律:疏水基是直链或接近直链的长链脂肪烃的表面活性剂具有良好的柔软效果,支链结构的表面活性剂柔软性差。表面活性剂吸附于纤维的表面,产生定向排列,排列得越整齐越紧密,纤维就越柔软、滑润。支链结构则不利于紧密排列,柔软效果下降。长链单烷基、双烷基、三烷基表面活性剂中,双烷基的阳离子表面活性剂具有更好的效果。烷基链的长度增加,柔软效果更好,但随着碳链增长,拒水性增强,吸水性变差,以 $C_{16} \sim C_{18}$ 为佳。烷基链的不饱和度增加会导致柔软度变差。疏水基链中若含有不饱和双键,双键越远离亲水基,对柔软性影响越大。

为了增加柔软剂的吸水性,可在长链疏水基上引入较弱的亲水基或增加亲水基数目。引入或增加的亲水基都必须集中在主亲水基附近,以保持亲水、疏水两部分的整体结构。既增加了亲水性,又增加了表面活性剂在织物上的吸附牢度。如果这些基团分散在疏水基链中,疏水基链结构就会受到破坏,使柔软性下降甚至丧失。

不同结构的柔软剂体现出不同的性能,通过不同结构柔软剂的复配可制备出性能更优、功能更全的柔软剂。

2. 阳离子类柔软剂

由于大多数纤维本身带有负电荷,阳离子表面活性剂制成的柔软剂可以很好地吸附于纤维表面,有效地降低纤维表面的表面张力以及纤维的静电和纤维间的摩擦,使纤维伸展而不易黏结成团,从而获得柔软效果。阳离子型柔软剂是最为重要的柔软剂。

阳离子型柔软剂还具有以下的优点:与纤维的结合力强,耐水洗,耐高温;用量较少时就能达到较好的柔软效果,是一类高效柔软剂;能赋予织物良好的柔软性能,还能提高织物的耐磨性及撕破强力。

(1)胺盐类柔软剂。胺盐类柔软剂在酸性介质中呈阳离子性,对纤维有较强的吸附作用。这类柔软剂的阳离子性较弱,又称为弱阳离子型柔软剂。为了增强与纤维的作用,提高耐久性,还可在分子中引入反应性基团。代表性产品举例如下:

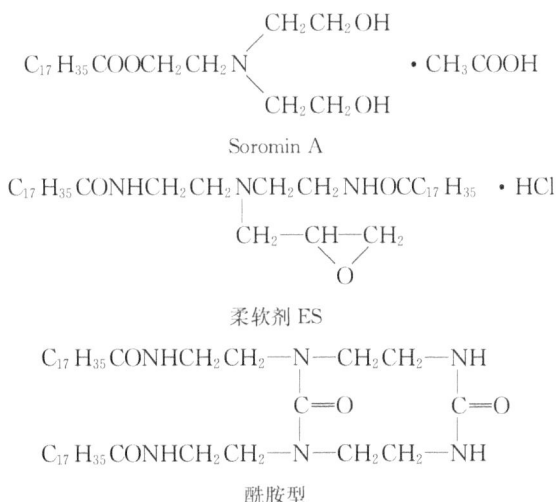

$$C_{17}H_{35}COOCH_2CH_2N \begin{matrix} CH_2CH_2OH \\ \\ CH_2CH_2OH \end{matrix} \quad \cdot CH_3COOH$$

Soromin A

$$C_{17}H_{35}CONHCH_2CH_2NCH_2CH_2NHOCC_{17}H_{35} \quad \cdot HCl$$
$$CH_2—CH—CH_2$$
$$O$$

柔软剂 ES

$$C_{17}H_{35}CONHCH_2CH_2—N—CH_2CH_2—NH$$
$$C=O \qquad C=O$$
$$C_{17}H_{35}CONHCH_2CH_2—N—CH_2CH_2—NH$$

酰胺型

含酰氨基的单烷基、双烷基阳离子型柔软剂是一类较新的柔软剂,脂肪酰氨基的刚性较强。赋予织物柔软性,使织物手感丰满、厚实、回弹性好。这类柔软剂可按下面的方法进行合成。

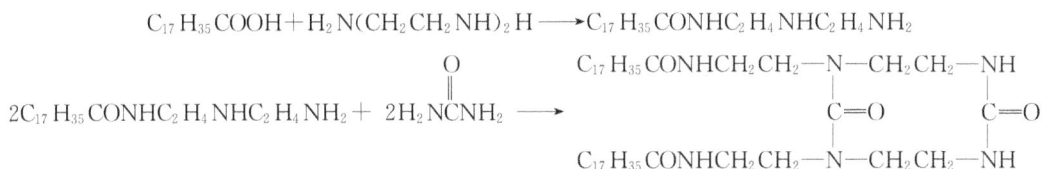

$$C_{17}H_{35}COOH+H_2N(CH_2CH_2NH)_2H \longrightarrow C_{17}H_{35}CONHC_4H_4NHC_2H_4NH_2$$

$$2C_{17}H_{35}CONHC_2H_4NHC_2H_4NH_2 + \begin{matrix} O \\ \| \\ 2H_2NCNH_2 \end{matrix} \longrightarrow \begin{matrix} C_{17}H_{35}CONHCH_2CH_2—N—CH_2CH_2—NH \\ C=O \qquad C=O \\ C_{17}H_{35}CONHCH_2CH_2—N—CH_2CH_2—NH \end{matrix}$$

(2)季铵盐类柔软剂。季铵盐类柔软剂在酸性和碱性介质中均呈阳离子性,应用较为广泛,是品种最多的一类。代表性品种举例如下:

①单链表面活性剂。具有单个疏水链阳离子表面活性剂中,作为柔软剂的主要是疏水基与亲水基通过连接基连接的表面活性剂。

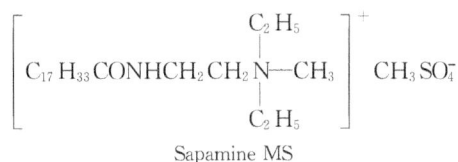

$$\left[C_{17}H_{33}CONHCH_2CH_2N \begin{matrix} C_2H_5 \\ | \\ —CH_3 \\ | \\ C_2H_5 \end{matrix} \right]^+ CH_3SO_4^-$$

Sapamine MS

②双烷基季铵盐。双长链烷基双甲基氯化铵的柔软性优于单长链烷基季铵盐。但双烷基二甲基季铵盐柔软剂疏水性太强,整理后织物的吸湿性降低,抗静电性差,易使整理织物泛黄和色变、褪色,生物降解性差,水溶性差,不易配制高浓度产品。

采用长链烷基通过酯基或酰氨基与亲水基相连的季铵盐结构,可以大大改善双烷基二甲基季铵盐的不足,生物降解性提高,有利于环境保护。如以下结构的产品:

$$\left[\begin{array}{c} RCOOCH_2CH_2 \\ RCOOCH_2CH_2 \end{array} N^+ \begin{array}{c} CH_3 \\ CH_3 \end{array}\right] CH_3SO_4^- \qquad \left[C_{17}H_{33}CONHCH_2CH_2 - N^+ \begin{array}{c} CH_3 \\ | \\ (CH_2CH_2O)_nH \end{array} CH_2CH_2NHOCC_{17}H_{33}\right] Cl^-$$

双烷酰氧乙基双甲基季铵盐　　　　　　二脂肪酰氨基乙基甲基聚氧乙烯基季铵盐

③咪唑啉型季铵盐。咪唑啉型季铵盐不但使织物具有较好的柔软效果,而且还能使织物有较好的抗静电性和再润湿性。咪唑啉型季铵盐广泛用作织物的柔软剂、洗涤柔软剂及抗静电剂,产品结构举例如下。

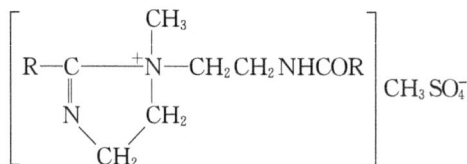

$$\left[R - C \begin{array}{c} CH_3 \\ | \\ {}^+N - CH_2CH_2NHCOR \\ \| \quad | \\ N \quad CH_2 \\ \diagdown \diagup \\ CH_2 \end{array}\right] CH_3SO_4^-$$

3. 两性类柔软剂

两性类柔软剂对合成纤维有很强的亲和力,没有泛黄和使染料色变及抑制荧光增白剂等缺点,能在广泛的 pH 值范围内使用。这类柔软剂中常用的品种主要是疏水链较长的两性甜菜碱和两性咪唑啉结构,如下所示。

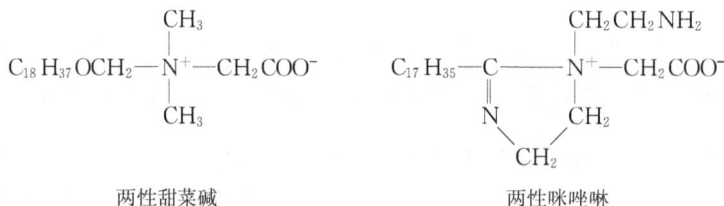

$$C_{18}H_{37}OCH_2 - N^+ \begin{array}{c} CH_3 \\ | \\ | \\ CH_3 \end{array} CH_2COO^- \qquad C_{17}H_{35} - C \begin{array}{c} CH_2CH_2NH_2 \\ | \\ {}^+N - CH_2COO^- \\ \| \quad | \\ N \quad CH_2 \\ \diagdown \diagup \\ CH_2 \end{array}$$

两性甜菜碱　　　　　　　　　　两性咪唑啉

4. 非离子类柔软剂

非离子类柔软剂较离子型的柔软剂对纤维的吸附性差,对合成纤维几乎没有作用,仅可起平滑作用。主要用于纤维素纤维的后整理,特别适合于漂白织物和浅色织物的柔软整理。对其他助剂的相容性好,对电解质稳定性好,并且没有使织物黄变的缺点,可作为非耐久性柔软整理剂。其产品主要有硬脂酸与环氧乙烷的缩合物、季戊四醇脂肪酸酯、失水山梨醇脂肪酸酯及聚醚结构的表面活性剂。

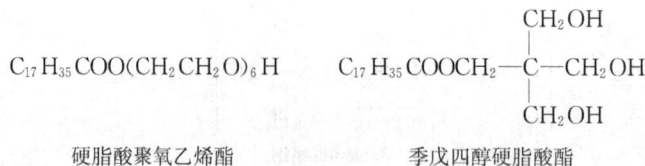

$$C_{17}H_{35}COO(CH_2CH_2O)_6H \qquad C_{17}H_{35}COOCH_2 - C \begin{array}{c} CH_2OH \\ | \\ | \\ CH_2OH \end{array} CH_2OH$$

硬脂酸聚氧乙烯酯　　　　　　季戊四醇硬脂酸酯

5. 阴离子类柔软剂

阴离子类柔软剂具有良好的润湿性和热稳定性,能与荧光增白剂同浴使用,作为特白织物的柔软剂,对色布不会产生色变现象。大多用于棉、黏胶纤维、真丝制品的后整理等。由于纤维在水中带负电荷,阴离子类柔软剂不易被吸附,因此柔软效果比阳离子类柔软剂要差,有些品种适用于作为纺丝油剂中的柔软组分。

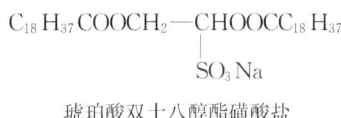

$$C_{18}H_{37}COOCH_2—CHOOCC_{18}H_{37}$$
$$|$$
$$SO_3Na$$

琥珀酸双十八醇酯磺酸盐

三、有机硅类柔软剂

1. 有机硅类柔软剂的特点

有机硅柔软剂的主体结构为聚二甲基硅氧烷。即以 Si—O—Si 为主链,硅原子上连接两个甲基的线型二甲基硅油。结构式如下:

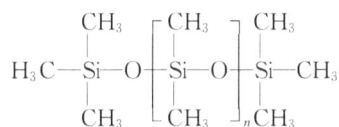

$$H_3C—\overset{\overset{\displaystyle CH_3}{|}}{\underset{\underset{\displaystyle CH_3}{|}}{Si}}—O\left[\overset{\overset{\displaystyle CH_3}{|}}{\underset{\underset{\displaystyle CH_3}{|}}{Si}}—O\right]_n\overset{\overset{\displaystyle CH_3}{|}}{\underset{\underset{\displaystyle CH_3}{|}}{Si}}—CH_3$$

聚二甲基硅氧烷的主链十分柔顺,围绕 Si—O 键旋转所需的能量几乎是零,这表明聚二甲基硅氧烷的旋转是自由的,可以 360°旋转。从基本的几何分子构型看,聚硅氧烷是一种易于挠曲的螺旋形直链结构,分子主链呈螺旋状结构,由硅原子和氧原子交替组成。在聚二甲基硅氧烷的每一个硅原子上有两个甲基,这两个甲基垂直于两个相近的氧原子连接线的平面上,甲基朝外排列并可自由旋转,每个甲基的三个氢原于就像向外撑开的雨伞,这些氢原子由于甲基的旋转要占据较大的空间,从而增加了相邻分子间的距离,因此聚硅酮比同相对分子质量的碳氢化合物黏度低、表面张力小,如图 7 - 1 所示。

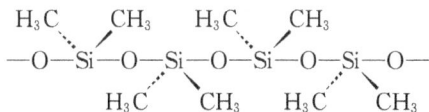

图 7 - 1　聚硅氧烷几何分子构型

聚硅氧烷独特的分子结构符合了纺织品柔软的机理,即其分子能柔顺地自由旋转,不仅可以降低纤维间的静、动摩擦系数,而且其分子间作用力很小,又可降低纤维的表面张力,因此有机硅聚合物作为纺织品的柔软整理剂是最理想的材料。

目前,所有的有机硅柔软剂均是聚二甲基硅氧烷的改性产品。以氨基改性有机硅柔软剂为例,分子中的氨基有较强的极性,能与纤维表面的羟基、羧基等相互作用,非常牢固地吸附在纤维上,Si—O 键主链和硅原子上的甲基使纤维之间的静摩擦系数下降,轻微的力就能使纤维之间产生滑动,给人以柔软的感觉,氨基聚硅氧烷与纤维间的相互作用如图 7 - 2 所示。

2. 有机硅类柔软剂的种类

最简单的有机硅类柔软剂是不同相对分子质量的聚二甲基硅氧烷的乳液。聚二甲基硅

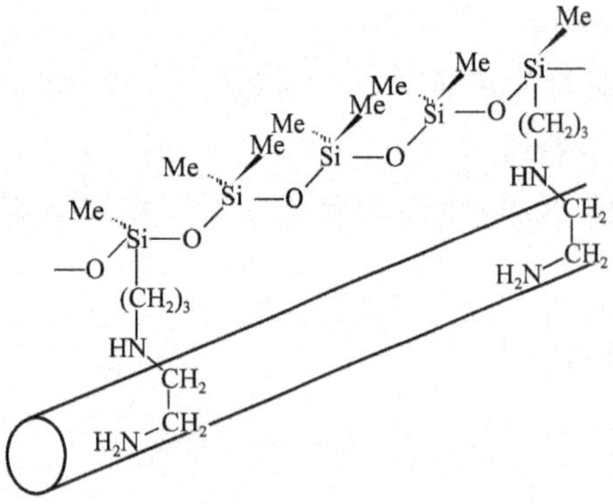

图 7-2 氨基聚硅氧烷与纤维间的相互作用

烷在乳化剂作用下制备成 O/W 型乳液,能赋予织物良好的平滑性、柔软性,可作为柔软剂用于树脂整理液中,提高织物的弹性。但此类有机硅柔软剂没有反应性基团,不能与纤维发生反应,也不能自身交联成网状结构,只是附着在纤维表面上,因此耐洗性较差。为了获得较好的耐久性和特殊的柔软风格,必须对聚二甲基硅氧烷进行一定的改性。

(1)羟基硅油。将二甲基聚硅氧烷线型结构的两端用羟基封闭,使其具有一定的亲水性和反应性,可改善聚硅氧烷的乳化性能和应用性能,羟基硅油的结构式如下:

$$HO-\underset{\underset{CH_3}{|}}{\overset{\overset{CH_3}{|}}{Si}}-O-\left[\underset{\underset{CH_3}{|}}{\overset{\overset{CH_3}{|}}{Si}}-O\right]_n\underset{\underset{CH_3}{|}}{\overset{\overset{CH_3}{|}}{Si}}-OH$$

羟基硅油的合成是由二甲基二氯硅烷在碱性介质中水解缩合而成的。反应式如下:

$$(n+2)Cl-\underset{\underset{CH_3}{|}}{\overset{\overset{CH_3}{|}}{Si}}-Cl \xrightarrow{OH^-} HO-\underset{\underset{CH_3}{|}}{\overset{\overset{CH_3}{|}}{Si}}-O-\left[\underset{\underset{CH_3}{|}}{\overset{\overset{CH_3}{|}}{Si}}-O\right]_n\underset{\underset{CH_3}{|}}{\overset{\overset{CH_3}{|}}{Si}}-OH$$

羟基硅油经乳化后的乳液,根据乳化剂的不同,可分为阳离子羟基聚硅氧烷乳液和阴离子羟基聚硅氧烷乳液。羟基硅油与纤维有一定的反应性,能赋予织物优异的柔软滑爽之感,并有一定的抗皱性,又不降低纤维强力,其相对分子质量越大,柔软和滑爽感越好。高分子量的羟基硅油乳液主要用作织物平滑剂。

(2)氨基聚硅氧烷乳液。在各类改性聚二甲基硅氧烷产品中,氨基改性聚硅氧烷是目前应用最为广泛的有机硅柔软剂。可使织物获得柔软、滑爽、丰满的手感。氨基改性聚硅氧烷是在聚硅氧烷的大分子上引入氨基,其典型结构为采用氨乙基亚氨丙基改性的产品,结构式如下。

$$R-\underset{\underset{CH_3}{|}}{\overset{\overset{CH_3}{|}}{Si}}-O-\left[\underset{\underset{CH_3}{|}}{\overset{\overset{CH_3}{|}}{Si}}-O\right]_n\left[\underset{\underset{(CH_2)_3}{|}}{\overset{\overset{CH_3}{|}}{Si}}-O\right]_m\underset{\underset{CH_3}{|}}{\overset{\overset{CH_3}{|}}{Si}}-R$$
$$NH(CH_2)_2NH_2$$

式中:R 为—CH$_3$,—OCH$_3$,—OH。

氨基的引入不仅使柔软剂能与纤维形成牢固的取向、吸附作用,使纤维之间的摩擦系数减小,而且能与羧基、羟基发生化学反应。织物经其整理后,能获得优异的柔软性、回弹性,其手感柔软而丰满,滑爽而细腻,同时具有较好的耐久性。氨基的引入,也提高了聚硅氧烷的亲水性能,硅油的乳化变得容易,加上乳化技术的提高,通过选择适当的乳化剂和制备工艺条件,氨基改性聚硅氧烷可制成外观为无色透明的氨基有机硅微乳液,产品在水中分散性很好,具有优异的储藏稳定性、耐热稳定性和抗剪切稳定性。氨基聚硅氧烷的性质通常以氨值、黏度等特性参数来表示。

①氨值。氨基聚硅氧烷与织物的结合力主要来源于分子中的氨基,氨基的含量也直接影响到整理后织物的风格。氨基含量常用氨值来表示,它是指中和 1g 氨基聚硅氧烷所需 1mol/L 盐酸的毫升数,可以用 1mol/L 盐酸滴定得到。氨值与氨基聚硅氧烷中氨基含量成正比。一般,氨基聚硅氧烷的氨值在 0.3~0.9。

在聚硅氧烷聚合度一定的条件下,氨基含量越高,氨值越大,被整理织物的手感就越柔软,氨值太大,分子中氨基侧链较多,会破坏聚硅氧烷链的整体结构,影响平滑性。氨基分布均匀与否也会影响织物的性质。

②黏度。氨基聚硅氧烷的聚合度(或相对分子质量)一般用黏度来表示,聚合度越大,产品的黏度越大。一般氨基聚硅氧烷的相对分子质量都不太大,黏度为 1000~10000mPa·s,也有一些产品可达数万的。氨基聚硅氧烷的黏度越大,在织物上的成膜性越好,手感越柔软,平滑性越好。黏度太低则处理后织物不能获得足够的平滑性。黏度太高则难以制成微乳液。

氨基聚硅氧烷的结构对性能的影响较大,具有不同特性参数的氨基硅油,具有不同的手感风格,对纤维的适应性也不同,也可采用两种或两种以上不同特性参数的氨基硅油进行复配,达到满意的手感效果。

氨基改性后的聚硅氧烷乳液在柔软性、回弹性上较其他柔软剂有明显的优势,但氨基的引入同时也带来了织物的黄变现象。产生黄变的原因主要是由于氨基中含有活泼氢原子,在高温焙烘时,氨基氧化分解形成发色团引起的,特别是采用氨乙基亚氨丙基等双胺型结构更具有协同加速氧化作用,有利于形成发色团,使织物泛黄。

如果引入的氨基为仲氨基,则可大大改善整理后织物的黄变现象。获得侧链为仲氨基改性氨基硅油的途径主要有两种:一是在双胺型聚硅油的基础上对伯氨基进行酰化保护,减少活泼氢;另一途径是在合成时选用仲氨基类型的偶联剂,以减轻双胺型聚硅油的黄变,同时使亲水性、易去污性得到改善,获得最佳综合整理效果。

改变氨基取代的位置,可得到具有不同性能的有机硅柔软剂。如果仅在聚硅氧烷的两端进行氨基改性取代,而主链中的硅原子上所连接的基团全部为甲基,形成非常整齐的定向排列,则可获得优异的平滑手感。

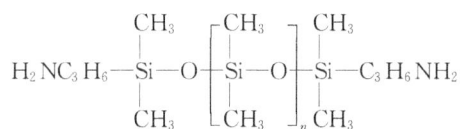

$$H_2NC_3H_6 - \underset{\underset{CH_3}{|}}{\overset{\overset{CH_3}{|}}{Si}} - O - \left[\underset{\underset{CH_3}{|}}{\overset{\overset{CH_3}{|}}{Si}} - O \right]_n \underset{\underset{CH_3}{|}}{\overset{\overset{CH_3}{|}}{Si}} - C_3H_6NH_2$$

(3)环氧改性有机硅柔软剂。环氧改性有机硅柔软剂是在聚硅氧烷的大分子上引入环氧基,其典型结构式可表示如下:

$$CH_3-\underset{\underset{CH_3}{|}}{\overset{\overset{CH_3}{|}}{Si}}-O-\left[\underset{\underset{CH_3}{|}}{\overset{\overset{CH_3}{|}}{Si}}-O\right]_x\left[\underset{\underset{R}{|}}{\overset{\overset{CH_3}{|}}{Si}}-O\right]_y\underset{\underset{CH_3}{|}}{\overset{\overset{CH_3}{|}}{Si}}-CH_3$$

$$R: \quad CH-CH_2$$

这类改性硅油由于分子结构中含有反应性的环氧基团,在催化剂和热的作用下能与纤维上的—OH、—NH$_2$等活性基团及其他助剂上的活性官能团反应形成共价键,从而起到耐久的处理效果。并且这类柔软剂不会像氨基硅油一样引起织物泛黄现象。制备环氧改性硅油最常采用的方法是用不饱和的环氧化合物与含氢硅油进行加成反应。

(4)亲水性有机硅柔软剂。聚硅氧烷的螺旋结构和甲基伸向外侧,使之具有极低的表面张力和良好的拒水性,因此,有机硅柔软剂在给予织物优良柔软手感的同时,也使整理织物呈疏水性,穿着感觉闷热且难以洗涤。为了使天然纤维织物整理后仍保持其原有的亲水风格,化纤织物整理后具有良好的手感和亲水性,克服穿着时易带静电、吸灰、起球、闷气等缺点,可以对聚硅氧烷进行亲水改性处理。

亲水性硅油一般是将聚醚链引入聚硅氧烷侧链,改善硅油的亲水性和抗静电性,赋予聚硅氧烷更佳的处理效果。聚醚改性有支链改性、端基链段改性以及两者的结合三种。其典型的结构式如下:

$$CH_3-\underset{\underset{CH_3}{|}}{\overset{\overset{CH_3}{|}}{Si}}-O-\left[\underset{\underset{CH_3}{|}}{\overset{\overset{CH_3}{|}}{Si}}-O\right]_x\left[\underset{\underset{R}{|}}{\overset{\overset{CH_3}{|}}{Si}}-O\right]_y\underset{\underset{CH_3}{|}}{\overset{\overset{CH_3}{|}}{Si}}-CH_3$$

$$R: \quad (CH_2CH_2O)_a(CH_2CHO)_bH$$
$$CH_3$$

控制聚醚大分子链中聚氧乙烯和聚氧丙烯部分的比例和位置,可达到亲水亲油平衡,其用量可根据织物吸湿、易去污和抗静电等指标来决定。支链改性的亲水性聚硅氧烷由于主链中硅原子上的甲基被部分取代,并且聚醚链相对较大,破坏了分子链的整体性,柔软效果会有所下降。采用端基改性或嵌段改性的方法可以获得亲水性和柔软效果俱佳的产品。

四、聚乙烯乳液柔软剂

聚乙烯乳液柔软剂是纺织品加工中具有特殊功能的柔软整理剂。其主要组分是低分子量的聚乙烯(相对分子质量为1000～3000),又称聚乙烯蜡。由于聚乙烯蜡分子疏水性较强,直接乳化非常困难,乳液稳定性差。如将聚乙烯蜡在一定条件下进行适当的氧化,在分子中引入一定量的羧基、羟基等含氧官能团,可提高其亲水性,制成稳定的乳状液,并可降低乳化剂的用量。经氧化改性后的聚乙烯蜡称为氧化聚乙烯蜡。选用适当的乳化剂可使氧化聚乙烯蜡转变为白色乳状液,进一步加工可制得聚乙烯乳液柔软剂。

1. 聚乙烯乳液柔软剂的特点和用途

(1)特点。聚乙烯乳液本身的柔软性能并不突出,与氨基硅类柔软剂相比,非离子型聚乙烯乳液柔软剂具有以下特性:

①与其他助剂相容性好,可与不同离子型助剂同浴使用,不产生对抗性沉淀。

②聚乙烯蜡长碳链中没有其他基团,使用过程中耐高温性好,不易产生织物泛黄,尤其适合加工纯棉特白织物;并可与增白剂同浴使用,而不影响白度。

③加工过程中不发生化学反应,不会使染料色光和色相发生变化,不影响整理后织物的色光和鲜艳度。

④聚乙烯蜡具有较高的熔点、分子的柔韧性好,在纤维上形成一层柔韧易弯曲的薄膜,能有效提高织物的撕破强力和耐磨性。

⑤能显著降低纤维表面的摩擦系数,具有良好的平滑性,改善各种纤维织物在高速缝纫时的缝纫性,减少缝纫线的断裂,有效地消除织物的针孔。

(2)用途。根据聚乙烯乳液的特点,聚乙烯柔软剂很少用于简单的柔软整理,而主要作为整理添加剂,以改善或提升织物的某些性能。利用氧化聚乙烯蜡微乳液成膜能力强,熔点高,并能显著降低纤维表面的摩擦系数,较多地用作织物平滑整理剂、高速缝纫线的柔软平滑剂;聚乙烯乳液具有良好的柔韧性,可以用作纺纱油剂或上浆剂的添加剂,大大减小纱线的断头率;聚乙烯能提高织物中纱线的滑移而改变织物的受力情况,被用作针织面料的顶破强力增强剂、纤维素纤维机织面料抗皱免烫整理的强力保护剂。

2. 聚乙烯乳液的制备

聚乙烯乳液的制备主要包括裂解、氧化和乳化三个方面。

(1)裂解。制备聚乙烯蜡的原料通常为高压低密度聚乙烯(相对分子质量为 10000～50000),高压低密度聚乙烯在裂解炉中于 300～400℃高温下,裂解 1～3h 可获得低分子量聚乙烯。生产过程中,控制裂解温度及时间长短是保证裂解蜡的性状及质量的重要因素。低分子量聚乙烯可根据需要制成块状、片状及粉末状,颜色多为白色或淡黄色。

(2)氧化。氧化过程是低分子量聚乙烯在高压反应釜中通入压缩空气或一定配比的 O_2/N_2 混合气体,在 120～145℃下进行氧化,反应进程中取样测定酸值,以酸值达到 10～20mg KOH/g 为终点,一般需要氧化 12h 以上。

氧化聚乙烯蜡也可以采用高分子量聚乙烯直接氧化得到。如将粉状的高压聚乙烯加于螺杆式混合器中,在 114～122℃下通入 90%O_2/10%N_2 的混合气体,氧化 30h 以上,得到可直接乳化的氧化聚乙烯蜡。裂解氧化一步法的优点是不会产生交联网状凝胶物,从而提高聚乙烯乳液的质量和性能,降低操作成本。

(3)乳化。氧化聚乙烯在高温熔融状态下,加入 KOH 浓缩液、乳化剂、水,经高速搅拌制成所需浓度的乳液。聚乙烯乳液的离子性,取决于所用乳化剂的离子性,一般使用非离子乳化剂,如用阳离子或阴离子乳化剂则可获得阳离子或阴离子乳液。聚乙烯乳液柔软剂还可根据需要与其他种类的柔软剂拼混,获得高效的柔软剂。

第三节　阻燃整理剂

一、阻燃整理的原理

绝大多数纺织纤维都是有机高分子材料,在热源存在条件下,热量促使纤维材料发生热裂解产生可燃性物质,这些分解物会在火焰中氧化、燃烧,并放出大量的热,进一步促进纤维材料的热裂解,使整个燃烧循环继续下去。常用纺织纤维的各项热性能和燃烧性能列于表7-1。

表 7-1　常用纺织纤维的热性能和燃烧性能

纤　　维	闪点/℃	着火点/℃	热裂解温度/℃	极限氧指数/%	燃烧性能
棉纤维	361	493	341	18.0	助燃,燃烧快,有阴燃
黏胶纤维	327	449	313	19.0	助燃,燃烧快,无阴燃
醋酯纤维	363	480	336	17.0	助燃,燃烧前熔融
腈纶	331	540	312	18.5	立即燃烧
涤纶	448	575	410	23.5	难助燃,熔融,可燃
锦纶	459	504	416	22.0	熔融,难着火,易滴落
真丝	662	600	287	23.0	可燃
羊毛	650	650	243	24.0	难助燃,可燃
玻璃纤维	—	—	—	100	不燃
氯纶	650	650	287	37~40	不助燃,难燃

织物的可燃性常用极限氧指数(LOI)来表示,LOI是指样品在氮、氧混合气的环境中,保持烛状燃烧所需氧气的最小体积分数,极限氧指数越高,织物就越不易燃烧,阻燃性就越好。由表7-1可知,除玻璃纤维和氯纶外,其他各类纤维的极限氧指数均较低(小于24.0)。因此,各类纺织品均需进行阻燃整理才能达到阻燃的要求。

阻燃整理的机理因阻燃剂的种类和待阻燃纺织品的种类而不同,这些阻燃机理有时单独出现,有时协同进行。目前有各种不同的理论来解释阻燃织物的阻燃机理。

1. 吸热反应

当织物点燃时,涂盖在织物表面的阻燃整理剂大量吸收热量,且发生分解。使织物本身温度保持在着火点以下,从而达到了阻止燃烧的目的。

2. 形成自由基

覆盖在织物表面的阻燃剂由于其特殊的化学成分改变了织物燃烧时的分解速率,或者织物表面的阻燃剂受热分解生成游离基,与织物的燃烧分解产物发生反应,从而降低了燃烧体系所具有的能量,阻止了燃烧。

3. 生成不燃烧气体

由于阻燃剂的作用,通过热分解而产生一些不燃烧气体,如 H_2O、HCl、HBr、CO_2 等。一方面稀释了织物热分解时产生的可燃性气体的浓度;另一方面隔绝了氧气和燃烧物表面的接触。

4. 熔融理论

在热和能量的作用下,阻燃剂转变成熔融状态,在织物表面形成不挥发性的保护层而隔绝空气,使空气不易与纤维表面接触,阻止从纤维表面释放可燃气体。

5. 脱水理论

对于纤维素纤维织物,阻燃剂使其发生脱水反应,促使纤维素炭化,抑制了可燃性裂解物的生成,从而达到阻燃的目的。

二、阻燃整理剂的种类

可用作阻燃整理剂的化合物种类很多,根据阻燃剂的成分、需阻燃纺织品的种类以及阻燃的效果等可以有不同的分类方法。根据阻燃整理剂的元素组成可分为磷系阻燃剂、卤素系阻燃剂、氮系阻燃剂、硼系阻燃剂以及混合阻燃剂,如磷—氮系阻燃剂、磷—硼系阻燃剂等。根据整理纤维的种类,可分为棉用阻燃剂、毛用阻燃剂、丝织物用阻燃剂、合成纤维用阻燃剂以及混纺(如涤/棉)织物用阻燃剂等。根据整理织物的耐久性能阻燃整理剂可分为非耐久性阻燃整理剂、半耐久性阻燃整理剂和耐久性阻燃整理剂三类。阻燃整理时可按不同的目的,单独或混合使用各类阻燃剂,使织物获得需要的阻燃性能。

1. 磷系阻燃整理剂

含磷化合物在加热初期就能生成挥发性的酸,这种酸具有脱水作用,使纤维炭化,而显示出阻燃效果。磷系阻燃剂是以磷为主体的化合物,也可伴有卤素和氮原子。磷和卤素共存时能生成 PBr_3、$POBr$,它们比卤化氢重,不易挥发,覆盖于织物表面以隔绝空气,能显示出很强的阻燃效果。常见的磷系阻燃剂介绍如下。

(1)无机磷类阻燃剂。磷酸盐类主要是磷酸铵盐,如磷酸二氢铵等,单独使用或与其他阻燃剂混合使用都具有较好的阻燃作用。这类阻燃剂成本较低,效果也较好,应用较广泛。利用磷酸二氢铵与硫酸氢钛处理织物,可与纤维反应,获得较耐久的阻燃效果。

聚磷酸铵类阻燃整理剂是较常用的非耐久性阻燃剂,这类阻燃剂化学性质稳定,可与大多数染化药剂和整理剂混用。阻燃剂的有效成分用量为 $5\% \sim 10\%$(owf),加入少量树脂整理剂,采用常规树脂整理剂工艺整理织物,可达到耐洗 $3 \sim 5$ 次的较好的阻燃效果,整理对织物的强力影响较小。其化学结构可表示如下:

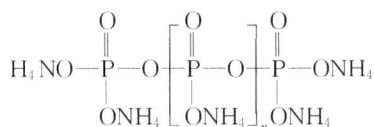

$$\text{H}_4\text{NO}-\overset{\overset{\displaystyle O}{\|}}{\underset{\underset{\displaystyle \text{ONH}_4}{|}}{P}}-O-\left[\overset{\overset{\displaystyle O}{\|}}{\underset{\underset{\displaystyle \text{ONH}_4}{|}}{P}}-O\right]_n\overset{\overset{\displaystyle O}{\|}}{\underset{\underset{\displaystyle \text{ONH}_4}{|}}{P}}-\text{ONH}_4$$

(2)膦酸酰胺的羟甲基化合物。阻燃剂 CP(N-羟甲基-二甲氧基磷酰基丙酰胺)是这类阻燃剂的代表产品。可由亚磷酸二甲酯与丙烯酰胺在醇钠作用下缩合,再经甲醛羟甲基化而成,结构式如下。

$$O=P \underset{OCH_3}{\overset{OCH_3}{-}} CH_2CH_2CONHCH_2OH$$

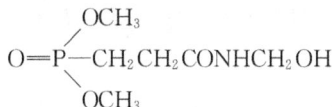

阻燃剂 CP 的结构中含有 N-羟甲基,在氯化镁等催化剂的存在下,高温焙烘时可与纤维上的活性基团发生交联反应,使织物具有耐久的阻燃效果。

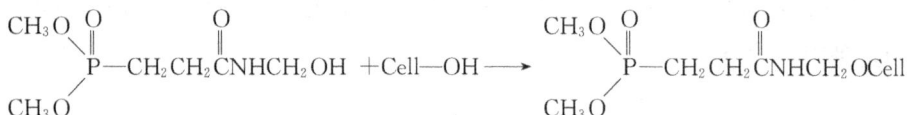

$$CH_3O \underset{CH_3O}{\overset{O}{\underset{|}{P}}}-CH_2CH_2 \overset{O}{\overset{||}{C}}NHCH_2OH + Cell-OH \longrightarrow CH_3O \underset{CH_3O}{\overset{O}{\underset{|}{P}}}-CH_2CH_2 \overset{O}{\overset{||}{C}}NHCH_2OCell$$

若在整理液中添加反应性树脂整理剂,如 N-羟甲基三聚氰胺,还可进一步提高整理织物的耐久性。这类整理剂曾经应用十分广泛,在棉织物的阻燃整理中占有很重要地位。但这类阻燃整理剂有使染色织物色变,整理织物强力损失较大的缺点,另外,整理织物会释放一定量的甲醛。

(3)四羟甲基氯化磷。四羟甲基氯化磷(THPC)是一类重要的阻燃整理剂。可由磷化氢、甲醛和盐酸反应制得,合成反应式如下:

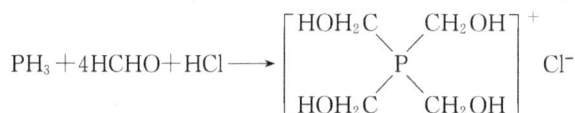

$$PH_3 + 4HCHO + HCl \longrightarrow \left[\begin{array}{cc} HOH_2C & CH_2OH \\ & P \\ HOH_2C & CH_2OH \end{array} \right]^+ Cl^-$$

THPC 可与纤维素发生交联反应,产生耐久性较强的阻燃效果,主要用于棉等纤维素纤维织物的阻燃整理。与反应性树脂整理剂混合使用可提高耐洗性,并能改变织物的抗皱性和防腐性。

如果将 THPC 与酰胺或羟甲基酰胺混合,可形成低分子预聚体,结构式如下:

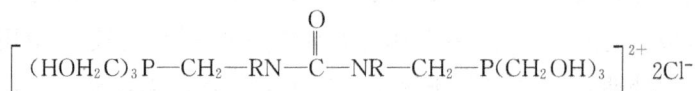

$$\left[(HOH_2C)_3P-CH_2-RN-\overset{O}{\overset{||}{C}}-NR-CH_2-P(CH_2OH)_3 \right]^{2+} 2Cl^-$$

织物浸轧阻燃剂预聚体后进行焙烘、氨熏处理,使预聚体进一步在纤维素内部形成不溶性的高分子三维缩聚体(结构式如下),从而达到优良的耐洗阻燃效果。

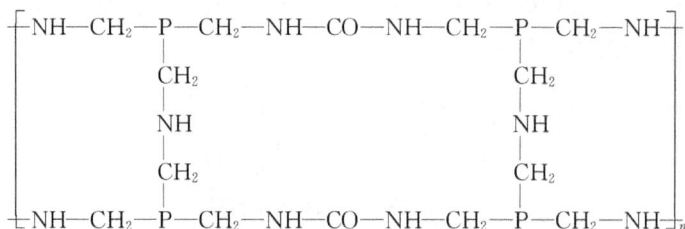

$$\left[\begin{array}{c} NH-CH_2-P-CH_2-NH-CO-NH-CH_2-P-CH_2-NH \\ | \qquad\qquad\qquad\qquad\qquad\qquad\qquad | \\ CH_2 \qquad\qquad\qquad\qquad\qquad\qquad\quad CH_2 \\ | \qquad\qquad\qquad\qquad\qquad\qquad\qquad\quad | \\ NH \qquad\qquad\qquad\qquad\qquad\qquad\quad NH \\ | \qquad\qquad\qquad\qquad\qquad\qquad\qquad\quad | \\ CH_2 \qquad\qquad\qquad\qquad\qquad\qquad\quad CH_2 \\ | \qquad\qquad\qquad\qquad\qquad\qquad\qquad\quad | \\ NH-CH_2-P-CH_2-NH-CO-NH-CH_2-P-CH_2-NH \end{array} \right]_n$$

在交联的网状结构中,P 原子呈 3 价状态,该状态不稳定,其耐光性和耐洗性都不佳。一般采用氧化措施将 3 价 P 转变为 5 价 P,提高稳定性。

由于交联后树脂和纤维素之间没有发生化学键合,所以经整理后的织物完全保持其原来的特性,对织物风格和手感影响较小,强力损失较小,可用于服装面料的阻燃整理。但采用氨熏设备投资成本较大,生产成本较高。

(4)双环亚膦酸酯。双环亚膦酸酯阻燃剂在高温时可使涤纶脱水碳化,减少可燃性气体的产生。同时在燃烧过程中产生磷酸酐,能使涤纶分解物部分氧化为 CO_2,冲淡氧气成分,阻止燃烧的进行。

这类阻燃剂的制备可采用以下方法:以三羟甲基丙烷和三氯化磷反应制得一种环亚磷酸酯中间体,再与甲基膦酸二甲酯在高温下反应制得,产品是一种混合物。反应式如下:

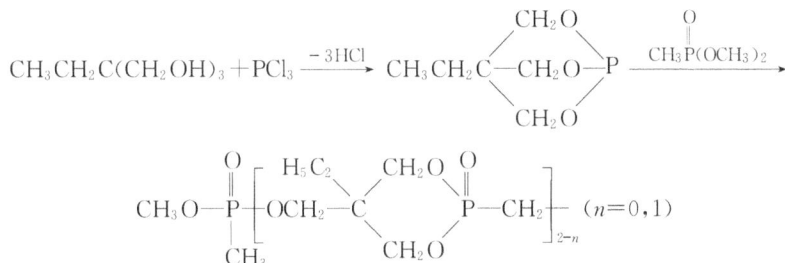

$$CH_3CH_2C(CH_2OH)_3 + PCl_3 \xrightarrow{-3HCl} CH_3CH_2C\begin{array}{c}CH_2O\\ \diagdown\\ CH_2-O\\ \diagup\\ CH_2O\end{array}P \xrightarrow{CH_3\overset{O}{\overset{\|}{P}}(OCH_3)_2}$$

$$CH_3O-\overset{O}{\overset{\|}{P}}\underset{CH_3}{\Big|}\left[OCH_2-\overset{H_5C_2}{\underset{}{C}}\overset{CH_2O}{\diagdown}\overset{O}{\underset{CH_2O}{\diagup}}\overset{\|}{P}-CH_2\right]_{2-n}(n=0,1)$$

当 $n=0$ 时,理论磷含量为 20.72%;$n=1$ 时,理论磷含量为 21.64%。这类阻燃剂主要用于涤纶、棉、醋酯纤维的阻燃整理,它对涤纶的阻燃效率很高,织物含 $1\%\sim15\%$ 的此阻燃剂即可产生明显的阻燃效果。可采用浸轧后经焙烘方法将阻燃剂固定在涤纶织物上,得到具有良好耐洗性的阻燃效果。

(5)乙烯基膦酸酯。乙烯基膦酸酯整理剂是由乙烯基膦酸酯与五价磷酸酯缩合而成的低聚物,磷含量为 $22\%\sim23\%$。其结构式如下:

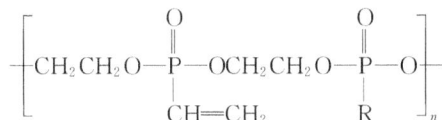

$$\left[CH_2CH_2O-\overset{O}{\overset{\|}{P}}\underset{CH=CH_2}{\Big|}-OCH_2CH_2O-\overset{O}{\overset{\|}{P}}\underset{R}{\Big|}-O\right]_n$$

该类阻燃整理剂是一种耐久性织物阻燃剂,其分子结构中含有乙烯基,在自由基型催化剂(如过硫酸钾)存在的条件下,采用常规的轧—烘—焙工艺或快速的蒸汽焙烘法,整理剂与纤维发生接枝交联反应,获得良好的耐久阻燃效果,整理后的织物还具有非常良好的手感和耐久压烫性能。乙烯基膦酸酯低聚物也可采用电子束辐照法引发接枝反应,整理效果比焙烘法的效果好得多。该整理剂由于不含 N-羟甲基,所以没有释放甲醛问题。

(6)有机聚磷腈。有机聚磷腈有高含量的磷与氮,有时还引入卤素,具有“多种阻燃机理协同效应”的特点,表现出优良的不燃性,广泛用作防火阻燃材料和自熄性材料。

直接使用环三磷腈对纤维进行阻燃处理,可取得良好的阻燃效果。但是,由于不具有活性官能团,不能与纤维材料发生化学键合,往往不具备耐久性。含氯环磷腈作为纺织用阻燃整理剂时,利用 P—Cl 与纤维材料分子结构中的活性官能团(如—OH、—NH_2 等)反应,达到与纤维以共价键结合的阻燃整理。处理过程中 P—Cl 键与—OH、—NH_2 等活性官能团反应释放出 HCl,会导致纤维材料的降解,一般做法为在整理工作液中加入缓冲剂达到保护纤维免受损伤的目的。

由六氨基环三磷腈(HACTP)在碱性溶液中于70℃下与甲醛反应制得一种含活性反应官能团的环三磷腈衍生物(HHMACP),其理论磷含量为22.59%,理论氮含量为30.66%,分子结构如下:

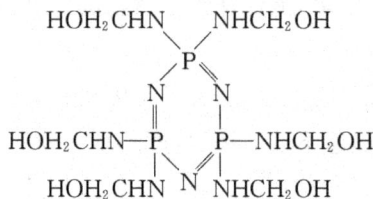

$$\text{HOH}_2\text{CHN} \quad \text{NHCH}_2\text{OH}$$
$$\text{HOH}_2\text{CHN—P} \quad \text{P—NHCH}_2\text{OH}$$
$$\text{HOH}_2\text{CHN} \quad \text{NHCH}_2\text{OH}$$

HHMACP可用于棉织物阻燃,由于该阻燃剂能溶解于水,分子中含亲核性氮,在阻燃棉织物上可与分子中的磷产生协同效应,且易于脱水炭化。

2. 卤系阻燃整理剂

卤系阻燃剂常用的是含溴化合物,主要依靠卤元素在高温下产生卤化氢气体,冲淡氧气成分,产生气体屏蔽作用,破坏了气相中的可燃性气体,达到阻燃的目的。若与氧化锑(Sb_2O_3)混配,燃烧时会产生溴化氢,生成三溴化锑存积于织物中,提高阻燃效果。这类阻燃剂具有效率高、用量少、价格低等优点。但由于溴系阻燃剂分解的产物二噁英有毒,受到世界环保组织的重视,其生产和使用也因此受到限制。由于无溴系阻燃剂的代用品发展迟缓,及一些脂肪族和脂环族溴系阻燃剂具有溴—磷协同和溴—氮协同作用,能够满足某些特殊要求(如耐高温、抗紫外线等),仍会得到重视和适度发展,溴系阻燃剂在阻燃领域仍具有举足轻重的地位。溴系阻燃剂的主要产品有十溴联苯醚、六溴环十二烷等。

十溴联苯醚一度被欧盟列入禁用产品,最后认定为对人体健康无风险,对环境无污染和危害,并列入豁免清单,不过规定商品十溴联苯醚的含量应大于97.4%,九溴联苯醚的含量小于2.5%,八溴联苯醚和五溴联苯醚等的含量不大于0.1%。十溴联苯醚是芳香族溴化合物阻燃剂中较常用的一种,含溴量达到83%,阻燃效果好,且具有良好的热稳定性及水解稳定性。这类阻燃剂主要用于合成纤维,整理主要采用丙烯酸酯类黏合剂将阻燃剂固着于织物上,提高耐洗性。也可以添加到涂层整理液中。十溴联苯醚结构如下:

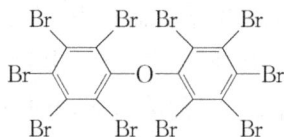

一般溴化物和锑化物要按两者的质量比约为2:1的比例混合才能发挥最大的阻燃作用。阻燃剂的颗粒必须很细,黏度越低,分散性越好,阻燃效果越能充分发挥,同时耐洗性亦能相应提高。

以六溴环十二烷为主成分的溴系阻燃剂属于脂环族溴系阻燃剂。该类阻燃剂用于涤纶织物整理,可采用轧—烘—焙工艺,也可在高温高压染色时同浴处理,再经热定形而固着。整理工艺较简便,对色泽、手感影响较小,阻燃效果优良,且具有优良的耐洗性。六溴环十二烷结构式如下：

$$
\begin{array}{c}
CH_2\!-\!CHBr \\
BrCH\!-\!CH_2 \quad CHBr\!-\!CH_2 \\
BrCH\!-\!CH_2 \quad CHBr\!-\!CH_2 \\
CH_2\!-\!CHBr
\end{array}
$$

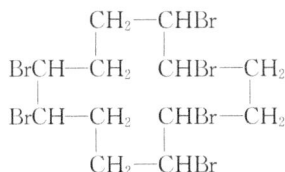

3. 硼系阻燃整理剂

无机硼酸及其盐作为阻燃剂的历史十分悠久，五硼酸铵、偏硼酸钠、硼酸锌等的水溶液作为纺织品阻燃整理剂，可大幅度降低织物的着火性能和燃烧性。作为非耐久性阻燃整理剂，处理很方便，即织物经浸渍、烘干即可使用。整理织物具有较好的阻燃效果，阻燃性各项重要指标，包括余燃、阴燃和炭化长度都可达到一定水平，而且经济、无毒。但这类阻燃剂不耐洗，主要适用于一些少洗或不洗的室内装饰品的阻燃整理。例如，采用硼砂与硼酸按 1∶1 或 7∶3 的比例混合使用是比较典型的整理方法。

有机硼化合物用作阻燃剂正逐渐引起人们的注意。比较成熟的产品，如有机硼系阻燃剂硼酸三(2,3－二溴)丙酯(阻燃剂 FR－B)用于棉织物、聚酯纤维的阻燃整理，具有良好的阻燃作用，并且还具有良好的消烟作用。硼酸三(2,3－二溴)丙酯可与 2,3－二溴丙醇与三氧化二硼进行酯化脱水而成，反应式如下：

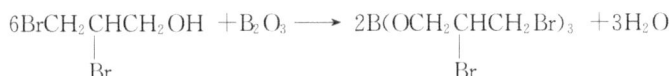

$$
6BrCH_2\underset{\underset{Br}{|}}{CH}CH_2OH + B_2O_3 \longrightarrow 2B(OCH_2\underset{\underset{Br}{|}}{CH}CH_2Br)_3 + 3H_2O
$$

有机硼化合物作为阻燃剂也存在着与氮和卤素化合物的协同作用，一些具有硼—氮配位键类，环硼氮烷类，含卤芳基硼酸类的有机硼化合物被认为具有较好的水解稳定性，具有极好的开发前景。阻燃剂 BAP 即符合这方面的要求，其合成反应式如下：

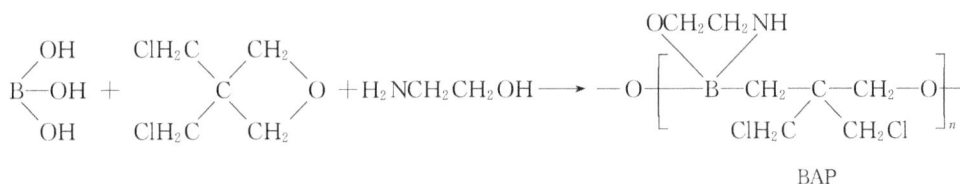

$$
\begin{array}{c}
\underset{\overset{|}{OH}}{\overset{OH}{B}}\!-\!OH + \cdots + H_2NCH_2CH_2OH \longrightarrow \cdots \\
BAP
\end{array}
$$

聚己内酰胺经过 BAP 处理后，通过极限氧指数法测定的阻燃特性显示：改变 BAP 分子结构中 Cl∶B，N∶B 的比例，可增加阻燃剂的阻燃作用。这说明分子中卤素、氯、硼元素的协同作用对阻燃性的显著影响。

4. 膨胀型阻燃整理剂

膨胀型阻燃剂是一类依据新的阻燃机理开发的阻燃剂，这类阻燃剂是以氮、磷、碳为主要成分的复合阻燃剂，不含卤素，其体系自身具有协同作用。

(1)膨胀型阻燃剂的阻燃机理。膨胀型阻燃剂是通过膨胀过程实现阻燃作用的，一般由三部分组成：一是酸源，又称脱水剂或炭化促进剂，通常为无机酸及其盐，如磷酸、硼酸、磷酸铵、聚磷酸铵等,它们可与纤维发生相互作用,促进碳化物的生成;二是炭源,又称成炭剂,主要为一些含碳量较高的多羟基化合物或碳水化合物,如纤维本身、淀粉、季戊四醇及其二聚体、三聚体等;三是气源,又称发泡源,可释放出惰性气体,为含氮类化合物,如尿素、双氰胺等。

经由以上三部分组成的阻燃剂整理后的织物,在受热时,酸源将分解产生脱水剂,与成炭剂生成酯类化合物,随后酯脱水交联形成炭,同时发泡剂释放大量的气体,从而形成蓬松多孔的泡沫炭层,织物表面与炭层表面存在一定的温度梯度,使纤维表面温度较火焰温度低得多,减少了纤维进一步降解并进一步释放可燃气体的可能性,同时隔绝了外界氧的进入,从而在相当长的时间内对纤维具有阻燃作用。

(2)膨胀型阻燃剂的种类。膨胀型阻燃剂通常可分为氮—磷膨胀型阻燃剂和膨胀型石墨阻燃剂两大类。

①氮—磷膨胀型阻燃剂。磷氰低聚物、含氮的多磷酸酯等化合物稳定性好,集炭源、酸源、气源于一体,燃烧时发烟量少,膨胀炭层均匀而致密,阻燃效果显著。可作为单组分的氮—磷膨胀型阻燃剂。例如,磷酸酯三聚氰胺盐、二新戊二醇间苯二胺双磷酸酯、淀粉磷酸酯蜜胺盐、山梨醇磷酸酯蜜胺盐等。

氮—磷膨胀型阻燃剂也可由几种化合物组合在一起,组成混合型膨胀阻燃剂。例如,以聚磷酸铵为酸源、三聚氰胺为气源、季戊四醇为炭源按一定比例即可组成一类膨胀型阻燃剂。

②膨胀型石墨阻燃剂。膨胀型石墨是一种新型的无机膨胀型阻燃剂。天然石墨具有平面大分子结构,将其通过特殊化处理,可形成特殊层间化合物。当其被加热至300℃以上时,可沿C—C轴方向膨胀数百倍。膨胀型石墨作为一种电气性能好的阻燃剂加入到织物中,还具有屏蔽电磁波的功能。石墨的资源丰富,制造简单,价格低廉,无毒,低烟,不会对环境造成污染,是一种具有良好发展前景的膨胀型阻燃剂,但它一般需要和其他物质,如红磷、聚磷酸铵以及三聚氰胺磷酸盐等一起使用,作用效果才能充分发挥出来。

第四节　防水防油整理剂

一、防水防油整理的基本原理

根据固体表面的润湿性能,若要使液体(包括水、油等)不能润湿固体(纤维)表面,固体的润湿临界表面张力必须小于液体的表面张力,这使液体与固体的接触角 θ 大于90°。常见固体表面的润湿临界表面张力 γ_c 和液体的表面张力 γ_L 列于表7—2。

表7-2　常见固体表面的 γ_c 和液体的 γ_L

固　　体	$\gamma_c/mN \cdot m^{-1}$	液　　体	$\gamma_L/mN \cdot m^{-1}$
纤维素纤维	200	水	72.8
锦纶	46	雨水	53

固　　体	$\gamma_c/\text{mN} \cdot \text{m}^{-1}$	液　　体	$\gamma_L/\text{mN} \cdot \text{m}^{-1}$
羊毛	45	葡萄酒	45
涤纶	43	牛奶	43
丙纶	29	液体石蜡	33
石蜡加工品	26	橄榄油	32
聚硅酮加工品	24	重油	29
脂肪酸单分子层	22	氯仿	27
全氟树脂整理	16.5	汽油	22
氟化脂肪酸单分子层	6	正庚烷	20

　　根据表7-2可知,若纤维表面的润湿临界表面张力小于水溶液的表面张力,则具有拒水作用;若纤维表面的润湿临界表面张力小于油类的表面张力,则具有拒油作用。通过采用石蜡、聚硅酮、全氟树脂等的处理,可降低纤维表面的 γ_c,达到拒水或拒油效果。

　　织物的防水整理主要分为两类,一类是在织物表面涂上一层不溶于水、不透水的连续薄膜,从而阻止水的浸透,这类整理称为涂层整理,所用的整理剂称为涂层整理剂。另一类整理是将疏水性物质固着于织物的表面或内部,改变纤维的表面性能,并以物理、化学或物理化学的方式与纤维结合,使纤维表面疏水性增加,不再被水润湿,这类整理又被称为拒水整理。若整理织物表面的表面张力下降到一定值,油类物质也不能在表面上润湿,则具有拒油性能,称为拒油整理。所用的整理剂分别称为拒水整理剂或拒水拒油整理剂。

二、防水防油整理剂的种类

1.烃类防水防油整理剂

　　烃类化合物具有疏水性,将其整理到织物上将产生拒水作用。将石蜡浸于纤维或织物内部可使表面具有拒水性,铝皂固着于织物上也可产生优良的拒水性。早期的方法是采用肥皂作为乳化剂,明胶、聚乙烯醇等作为保护胶体,将铝皂、石蜡等制成30%～40%的乳液,将织物浸渍于含有此乳液1%～5%的整理液中,即可得到具有优良拒水性的织物。这类防水剂价格便宜,应用简便,因此具有广泛的应用。其缺点为耐洗性差,手感较粗硬。若采用锆盐代替铝盐,则整理效果的耐久性会有所提高,但成本也高。

　　将羟甲基三聚氰胺与不同比例的高级脂肪酸、高级醇、三乙醇胺等反应的产物,在一定条件下,通过未反应的羟甲基与纤维素反应或自身进行缩聚反应,使纤维表面布满了整理剂分子,从而使织物达到既防水又透气、耐洗牢度好而又穿着舒适的目的。

　　例如,织物防水整理剂HPC为乙醚化六羟甲基三聚氰胺与硬脂酸、十八醇、三乙醇胺反应的混合物与适量石蜡、乳化剂复配而成,其化学结构式可表示如下:

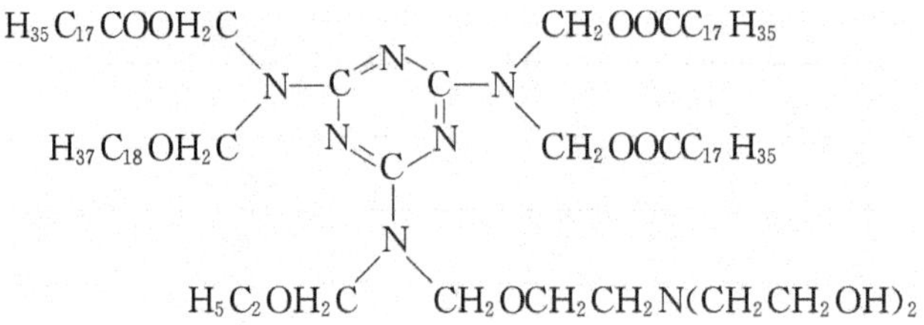

$$H_{35}C_{17}COOH_2C-N \quad CH_2OOCC_{17}H_{35}$$

$$H_{37}C_{18}OH_2C \quad N \quad CH_2OOCC_{17}H_{35}$$

$$H_5C_2OH_2C \quad CH_2OCH_2CH_2N(CH_2CH_2OH)_2$$

这类防水整理剂的耐洗涤性很好,并且具有较好的柔软性能。既可作为防水整理剂单独使用,也可与树脂整理剂合用以改善手感。下面以织物防水整理剂 HPC 为例介绍这类防水剂的制备方法。

2. 有机硅类防水防油整理剂

聚硅氧烷类化合物在高温和催化剂作用下,硅氧主链发生极化,极性部分向纤维上的极性基团靠拢。硅氧主链上的氧原子可与纤维上的某些原子形成氢键,羟基硅油上的羟基则可与纤维上的某些基团发生缩合反应形成共价键,这样便将有机硅化合物固定在纤维的表面。极性基团发生定位的同时,迫使非极性部分的甲基定向旋转,连续整齐地排列在纤维的最外层。这些疏水性的甲基使纤维疏水化,从而改变了织物的表面性能,产生了拒水效果。

当有机硅带有活性基团,如 Si—H、Si—OH 或 Si—OR 时,在催化剂存在下,能在较低温度下交联成弹性膜,在织物表面形成防水层。这些活性基团还可与织物表面的羟基反应,使形成的弹性膜与基布结合得更为牢固。

有机硅类化合物中,甲基含氢聚硅氧烷(HMPS)较多用于拒水整理,硅氢键具有较大的活性,在织物表面匀轧含氢硅油乳液后,在催化剂作用下,易发生水解反应,水解后形成的 Si—OH 键可自身脱水缩合、交联成弹性膜,或与纤维素纤维上的羟基反应形成醚键结合,产生交联,形成网状结构。固化后的有机硅弹性膜覆盖于织物表面,从而赋予织物耐洗涤的优良拒水性能。反应式如下:

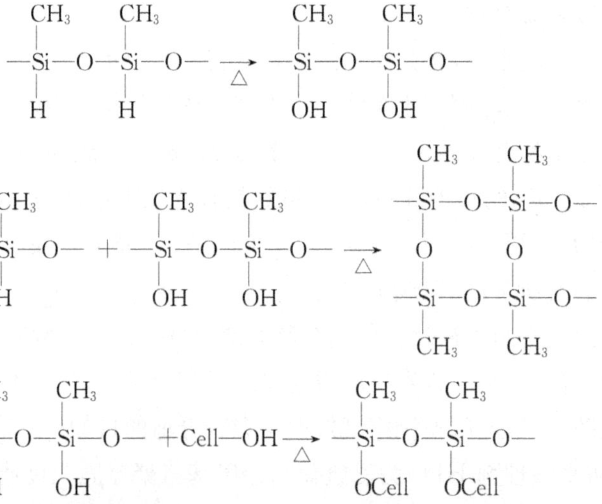

金属羧酸盐是硅氢键(Si—H)水解和硅醇键(Si—OH)缩合的有效催化剂,在金属盐类催化剂的作用下,可使交联在低温条件下发生,例如,处理织物在 100℃ 左右干燥,再在 150~

160℃焙烘固着,在织物表面形成防水膜。

将含氢硅油与羟基硅油乳液共用,既能防水又可保持织物原有的透气性和柔软性。并能提高织物的撕裂强度、耐磨性,改善织物的手感和缝合性能。

3. 含氟类防水防油整理剂

氟是元素周期表中电负性最强的元素,碳氢键上的氢被氟取代以后,键能就可以从 C—H 键的 40.2kJ/mol 增加到 C—F 键的 485.3kJ/mol。因此,含有大量 C—F 键的化合物分子间凝聚力小,使化合物的表面自由能显著降低,从而形成了很难被各种液体润湿、附着的特有性质,表现出优异的疏水疏油性。

与氢原子相比,氟原子更容易将 C—F 键屏蔽起来,保持高度的稳定性,因此含氟整理剂在强酸、强碱、高温和高辐射等各种环境下均显示出稳定性。含氟整理剂有低浓高效的特点,使其处理后的织物可保持良好的手感,优异的透气性、透湿性。和有机硅、烃类整理剂相比,含氟整理剂在拒水拒油性、防污性、耐洗性、耐摩擦性、耐腐蚀性等各方面都有着不可比拟的优势,因此其在纺织品加工中的应用日趋广泛。

含氟防水防油整理剂一般是由一种或几种含氟单体和一种或几种非氟单体共聚而成。含氟单体一般为含氟丙烯酸酯单体,提供整理剂拒水拒油性;非氟单体一般情况下为乙烯基系单体,可赋予整理剂成膜性及与底材的黏合性。还可在分子中引入一些改性基团,这样可以使被整理织物具有某些特殊性能。典型含氟拒水拒油整理剂的结构如下:

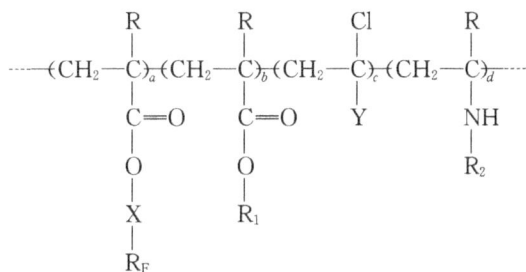

$$\cdots(CH_2-\underset{\underset{\underset{\underset{R_F}{X}}{O}}{\overset{R}{\overset{|}{\underset{|}{C}}}})_a(CH_2-\underset{\underset{\underset{R_1}{O}}{\overset{R}{\overset{|}{\underset{|}{C}}}})_b(CH_2-\underset{\underset{Y}{\overset{Cl}{\overset{|}{C}}}})_c(CH_2-\underset{\underset{\underset{R_2}{NH}}{\overset{R}{C}}})_d\cdots$$

(1)含氟单体。含氟单体是含氟防水防油剂的主体,分子中含有碳氟链,是降低纤维表面张力,起到防水、防油作用的关键部分,由于氟碳链的强极性,容易使分子内部发生强力极化,造成分子的稳定性减弱,为了增加分子内的稳定性,常常在分子中增加缓冲链节(X),主要有 —CH$_2$—、—CH$_2$CH$_2$—、—SO$_2$NHCH$_2$CH$_2$— 等。根据结构的不同,用于含氟整理剂的含氟单体举例如下:

①全氟烷基醇的(甲基)丙烯酸酯类:

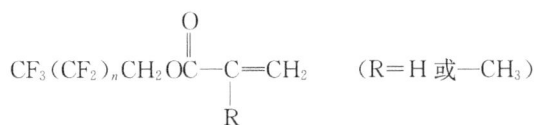

$$CF_3(CF_2)_nCH_2OC\overset{O}{\overset{\|}{\underset{\underset{R}{|}}{C}}}-C=CH_2 \qquad (R=H\ 或—CH_3)$$

②全氟烷基磺酰胺衍生物的(甲基)丙烯酸酯类:

$$CF_3(CF_2)_n SO_2 NCH_2 CH_2 OCC = CH_2 \qquad (R=H \ 或—CH_3)$$
$$\underset{CH_2 CH_2 OH}{|} \qquad \underset{R}{|}$$

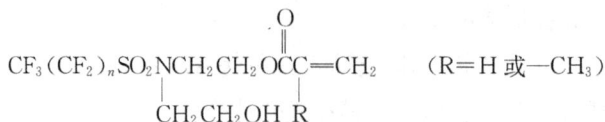

由于这类单体在分子结构中含有磺酰氨基、羟基等亲水性基团，因此，采用该单体聚合制得的整理剂在干态时具有防水、防油性，而在洗涤时又具有亲水性，被称为易去污型含氟整理剂。

③全氟含氨胺基的(甲基)丙烯酸酯类：

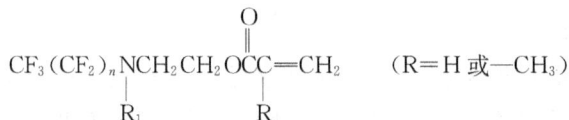

$$CF_3(CF_2)_n NCH_2 CH_2 OCC = CH_2 \qquad (R=H \ 或—CH_3)$$
$$\underset{R_1}{|} \qquad \underset{R}{|}$$

④全氟含芳环的丙烯酸酯类：

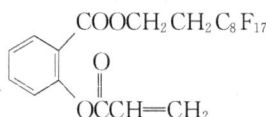

$$COOCH_2 CH_2 C_8 F_{17}$$
$$OCCH = CH_2$$

（2）非氟共聚单体。在含氟防水防油整理剂的制备过程中，经常通过加入多种非氟共聚单体，提供整理剂与纤维织物之间的相互作用，包括赋予整理剂成膜性、柔软性，赋予整理剂与纤维的黏合性、耐磨性、耐洗涤性，或发生自交联及与纤维的交联，形成强韧的皮膜，赋予整理织物耐久性。非氟共聚单体共包括以下四大类。

①长链丙烯酸脂肪醇酯单体。如丙烯酸丁酯、丙烯酸月桂酸酯、丙烯酸硬脂酸酯等。它们与含氮单体共聚，能产生协同效应，提高拒水性而不降低拒油性。

②含氯不饱和单体。如氯丙烯、偏氯丙烯、氯丁二烯等。它们可以改变聚合物的一些性质，使应用更方便，性能更完善，并可使防水防油整理剂的价格大为降低。

③含反应性基团的不饱和单体。它能自身交联或与纤维起交联反应，从而提高在纤维上的附着牢度，改善耐洗性。它们通常是丙烯酰胺及其羟甲基化合物、甲基丙烯酸羟乙酯和二丙酮丙烯酰胺及其羧甲基化合物。

④功能性单体。为了使含氟整理剂增加一些新功能，往往要加入各种功能性单体。引入诸如$[CH_2=C(CH_3)COOCH_2 CH_2 N^+ (CH_3)_3]Cl^-$或$[CH_2=CHCOOC_{14} H_{29} N^+ (CH_3)_3]Cl^-$等含有亲水性基团的单体，可达到易去污的目的。在分子中引入聚氧乙烯醚链节，可增加抗静电、易去污的功能。

（3）含氟整理剂的生态问题。全氟辛烷磺酰基化合物（PFOS）是用于纺织品拒水拒油整理的主要活性成分。凡是含有 PFOS 结构中主体部分全氟辛烷磺酰基（$C_8 F_{17} SO_2$—）的物质都称为 PFOS 相关物质。经研究表明，全氟有机化合物系列产品经过化学或生物降解最终都可以形成 PFOS。

欧盟经济合作与发展组织（OECD）于 2002 年发起的一项危险评估，该评估报告将 PFOS 列为一种难分解的可在生物体内积累的物质（PBT 物质）。大量实验证明，PFOS 具有肝脏毒性、神经毒性、心血管毒性、生殖毒性、免疫毒性、遗传毒性及致癌性等,且在生物体内具有持久性和高度累积性。生物体摄入 PFOS 会分布在血液和肝脏中,由于其稳定性强,因而很难通过生物的新陈代谢而分解。美国环境食品和农业部门(DEFRA)对 PFOS 进行了 PBT 的评估,和 OECD 得出的结论一致。健康与环境风险科学委员会(SCHER)对他们的评估进行了考核,于 2005 年 3 月 18 日确认 PFOS 为非常持久的,生物累积和有毒的化学品。

根据以上的评估,欧盟委员会在 2005 年 12 月,提交了关于限制 PFOS 销售和使用的最终文本,进入立法审批。欧洲议会于 2006 年 10 月 25 日,通过对 PFOS 的销售和使用的提议,对 PFOS 的限量规定如下:

①其含量达到或超过 0.005% 不能用作生产原料及制剂组分(欧盟委员会建议限量为 0.1%,欧洲议会及政府下调为 0.005%)。

②半制品的限量为 0.1%。

③纺织品及其他涂层材料限量为 1 mg/m²。

欧盟议会于 2006 年 12 月 12 日,正式发布限制 PFOS 的 2006/122/ECOF 官方法令,欧盟各成员国将于 12 个月内将该法令纳入他们的国家法律,过渡期 18 个月,即 2008 年 6 月 27 日起正式实施。

近年来,新型含氟整理剂和无氟拒水拒油整理剂的开发十分活跃。例如,采用末端为—CH₃的树状大分子聚合物整理织物,在织物表层形成拒水层,具有良好的耐洗性能和良好的手感。如利用纳米粒子在织物表面构造一定的粗糙度,获得类似荷叶表面结构的效果,产生拒水拒油作用。

三、涂层整理剂

纺织品涂层整理剂是一种均匀涂布于织物表面的高分子类化合物。它通过黏合作用,在织物表面形成一层或多层薄膜,使织物改善外观和风格,使织物增加许多新的功能。早期的涂层整理主要以防水为目的,目前的功能性涂层可赋予织物更多的功能,如防污、防霉、防静电、防红外线、防钻绒、耐磨、防油、反光、阻燃、挺括、柔软等。这样就使织物的用途大为拓宽,大幅度提高了产品的附加价值。

涂层胶的分类方法很多,按化学结构分类主要有:聚丙烯酸酯类(PA)、聚氨酯类(PU)、聚氯乙烯类(PVC)、有机硅类、合成橡胶类等。按使用的介质分为溶剂型和水基型两种,溶剂型具有耐水压高,成膜性好,烘燥快,含固量低等优点,但有渗透性强,手感粗硬,毒性大,易着火,溶剂回收费用高等不足。水基型无毒,不燃,安全,成本低,不需回收溶剂,可制造厚涂产品,有利于有色涂层产品的生产,涂层亲水性好;其缺点是耐水压低,烘燥慢,在长丝织物上黏着较难。

1. 聚丙烯酸酯类涂层剂

聚丙烯酸酯类织物涂层胶是目前常用的涂层胶之一,这类涂层剂的特点是透明度和共容性好,有利于添加颜料生产有色涂层产品;耐日光、耐气候牢度好,不易泛黄;黏着力强,耐洗性好;成本较低。其缺点是弹性和手感差,易皱,表面光洁度差。

聚丙烯酸酯类涂层剂一般由丙烯酸、丙烯酸甲酯、丙烯酸乙酯、丙烯酸丁酯单体共聚而成，聚合引发剂一般用过氧化物。调节各组分的比例，可改变其性能。为了提高其防水性能，必要时可加入丙烯酰胺和丙烯腈。

聚丙烯酸酯类涂层整理剂分为溶剂型和水基型两类。溶剂型一般是将丙烯酸树脂溶于苯、甲苯等有机溶剂中，或将丙烯酸酯及其他活性单体在有机溶剂中聚合得到。经该类涂层剂整理的织物具有良好的防水性、耐久性等。但使用时容易污染环境或发生火灾，且溶剂回收费用高。

水基型聚丙烯酸酯类涂层整理分为乳液类、非皂乳液类和水溶类：乳液类是采用乳液聚合法制备的丙烯酸酯类乳液，相对分子质量为 $(10×10^4)\sim(500×10^4)$。这类涂层剂的不足是在熔结成膜过程中，聚合时加入的乳化剂一部分被挤至膜与织物之间的界面，从而削弱了与织物的黏结强度，使产品的耐水压受到一定的影响；另一部分被挤至膜的外表面，引起膜表面的涩滞感，造成涂层织物的手感不爽。非皂乳液类涂层剂不含乳化剂，整理后的织物能保持原有的风格，具有柔软滑爽的手感和很高的牢度，有较高的机械性能和良好的防水效果。水溶类的相对分子质量一般在 $(10×10^4)\sim(20×10^4)$，是在高聚物中引入亲水性官能团的胶体分散液，能在水中呈澄清状态。

若将含有羧基、羟基、氰基等亲水性基团的丙烯酸酯类共聚物溶解于与水能混溶的有机溶剂中制成涂层胶，采用这类涂层剂处理后的织物经温水处理，去除溶剂并使共聚物凝固，干燥去水，则涂层剂在织物上形成微孔薄膜，这种涂层织物具有良好的通气透湿性。微孔法防水透湿涂层织物的原理在于气态水分子和液态水滴（各种雨雾）的大小有着巨大的差异。气态水分子的直径约为 $0.0004\mu m$，液态水滴的直径为 $100\sim6000\mu m$，两者相差 25 万倍以上，如果把织物涂层的膜做成有微孔的结构，微孔直径控制在 $0.2\sim20\mu m$，则涂层膜只让气态分子通过而不让液态水滴通过，从而达到防水透湿的功能。

2. 聚氨酯涂层剂

聚氨酯涂层剂具有涂层柔软，有弹性，强度高，透湿性和通气性良好以及耐磨、耐湿、耐干洗等优点。聚氨酯涂层剂分为溶剂型涂层剂和水性涂层剂。

（1）溶剂型聚氨酯涂层剂。溶剂型聚氨酯涂层剂还分为双组分类和单组分类，双组分产品由预聚物和交联剂组成，预聚物是将异氰酸酯与低聚多元醇反应生成的末端为羟基的预聚物，交联剂则是含有多个（三个以上）异氰酸酯基的化合物。在涂层整理时，预聚物与交联剂反应，形成热固性网状薄膜，赋予织物优良的防水性能。单组分产品由端异氰酸酯基的预聚体经扩链而成。

溶剂型聚氨酯涂层剂大多使用 DMF，或甲苯与异丙醇的混合物作为溶剂。若采用湿法涂层，将聚氨酯的 DMF 溶液涂于织物上，然后浸渍于水中。利用 DMF 和水之间的相互作用，在织物上形成多孔薄膜，得到的涂层织物将具有防水透湿的功能。

（2）水性聚氨酯涂层剂。水性聚氨酯涂层剂又分为水溶性和水分散型。水分散型聚氨酯可制成非离子、阴离子和阳离子分散液，最初采用转相乳化法制造，但产品中含有乳化剂，对黏着性、强韧性和耐水性产生不良影响。若在聚合物链上引入适量的亲水基团，在一定条件下自发分散形成乳液，即为自乳化型水性涂层剂。水性聚氨酯涂层剂也可获得防水透湿的效果。其原理是聚氨酯大分子中含有大量的极性基团,分子间力很强,导致其具有优良的成膜性,能够在织物上形成坚韧而耐久的薄膜,获得良好的拒水性。同时,聚氨酯由软链段和硬链段组成,分别形成结构中的无定形区和结晶区,由于无定形区分子链比较松散,结构不紧密,水分子容易进入,并迁移和扩散。另外,聚氨酯分子中含有—OH、—NHCOO—、—SO$_3$H、—COOH等极性基团或亲水性基团,气态水分子透过无定形区,借助亲水基团或氢键对气态水分子的传导作用从高浓度的一面扩散至低浓度的一面,从而达到透湿的目的。

3. 有机硅类涂层剂

有机硅类涂层整理剂主要由具有活性基团的聚硅氧烷弹性体组成,在金属盐或有机酸盐的作用下可以进行交联反应。以聚二甲基硅氧烷类为代表的聚硅氧烷类化合物不易发生结晶。因此,其容易透过氧气、氮气甚至水蒸气分子。有机硅类涂层整理剂处理后的织物获得良好拒水性的同时,具有良好的通气透湿性和柔软滑爽的手感。采用不同的聚硅氧烷弹性体和不同催化剂能使涂层纺织品具有不同的性能和风格。将有机硅弹性体与涂层高聚物混合使用,改善涂层胶的手感、透气性和耐磨损等性能。选用聚硅氧烷系涂层剂和聚氨酯涂层剂按一定的比例混合后涂布于织物上,可得到令人满意的防水、透湿效果。

第五节　抗静电整理剂

以涤纶为主的合成纤维属于疏水性物质,吸水性很差,由此使合成纤维织物具有一些不足之处。首先是织物的穿着舒适性差,穿着过程中会有闷热等不适。其次,织物的疏水性决定其导电性较差,织物表面容易产生静电。其三是静电的产生又使织物在服用过程中易吸附污垢,在洗涤过程中又由于疏水性纤维对油污的亲和力,污垢不易去除,且有再沾污现象。为了改变合成纤维织物的不足,提高其服用舒适性能,常对织物进行亲水、抗静电、易去污整理。

从整理机理看,亲水整理是改变纤维表面层的性质,使之易于吸湿,提高织物的穿着舒适性。合成纤维织物的耐久性抗静电整理是通过在纤维上形成含有离子性和/或吸湿性基团的网状聚合物,提高纤维导电性,达到消除或防止静电产生的目的。而易去污整理主要是通过提高纤维表面的亲水性,减少静电吸附,使油污易于洗除,且不易再沾污。由上述可知,三种整理的途径在一定程度上存在着共同之处,即均是通过纤维表面的亲水化来达到整理的目的。

一、暂时性抗静电剂

暂时性抗静电剂主要为各类表面活性剂。表面活性剂可在织物表面进行定向吸附,亲水基团朝向空气,亲水基团与大气中的水分子缔合,可在纤维表面生成一连续的湿膜,从而降低纤维的表面电阻,加快了静电荷的逸散;由碳氢链构成的疏水基分子朝向纤维表面,可增加纤维表面的柔软平滑性,降低纤维表面的摩擦系数、也就减少了摩擦所产生的静电荷。离子型抗静电剂在纤维表面的吸附除有上述作用外,其阳离子或阴离子能在湿膜表面移动,有利于静电荷的逸散,因此,离子型抗静电剂的抗静电效果优于非离子型抗静电剂。

1. 阳离子表面活性剂

由于大多数高分子材料都带负电荷,阳离子表面活性剂被带负电荷的纤维吸附而增加纤维的吸湿能力,随空气中相对湿度的增大,其抗静电作用明显增大。阳离子表面活性剂所带的正电荷还能抵消一部分纤维表面的负电荷。阳离子表面活性剂还具有优良的柔软性、平滑性,能抑制静电的产生。因此最有效的抗静电剂是阳离子表面活性剂。

对合成纤维来说,季铵盐是较好的抗静电剂,如抗静电剂 TM 及抗静电剂 SN,它们的结构式如下。

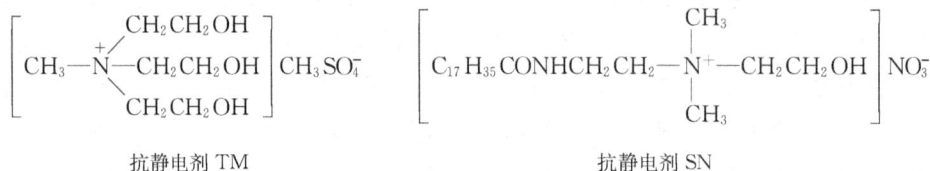

$$\left[\begin{array}{c} CH_2CH_2OH \\ | \\ CH_3-\overset{+}{N}-CH_2CH_2OH \\ | \\ CH_2CH_2OH \end{array} \right] CH_3SO_4^- \qquad \left[\begin{array}{c} CH_3 \\ | \\ C_{17}H_{35}CONHCH_2CH_2-\overset{+}{N}-CH_2CH_2OH \\ | \\ CH_3 \end{array} \right] NO_3^-$$

抗静电剂 TM   抗静电剂 SN

由于与纤维的离子性吸附,阳离子抗静电剂在纤维上的耐洗性比阴离子表面活性剂的好,但不能与阴离子助剂、染料、增白剂同浴使用。

2. 阴离子表面活性剂

阴离子表面活性剂的抗静电作用是由于它在纤维表面上的定向吸附,它的亲油性基团朝向纤维表面,而亲水性基团朝向空气,后者能与水缔合,从而能改善表面的电导率,迅速泄漏电荷,达到抗静电的效果。阴离子表面活性剂中烷基磺酸钠、烷基苯磺酸钠、烷基硫酸酯和烷基磷酸酯都有抗静电作用,烷基磷酸酯类表面活性剂常用在合纤纺丝油剂中,它在浓度低时就有很好的抗静电作用。国产的抗静电剂 P 即为磷酸酯的二乙醇胺盐,结构式如下:

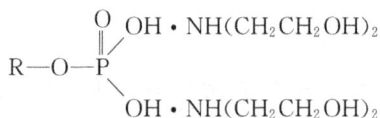

$$R-O-\overset{\displaystyle O}{\underset{\displaystyle OH \cdot NH(CH_2CH_2OH)_2}{\overset{\displaystyle \|}{P}}}-OH \cdot NH(CH_2CH_2OH)_2$$

3. 两性表面活性剂

两性表面活性剂是一类优良的抗静电剂。其中氨基酸型、甜菜碱型、咪唑啉型两性表面活性剂都可作为抗静电剂。

两性表面活性剂的抗静电作用是因为它能在纤维表面形成定向吸附层,提高表面电导率。与阳离子表面活性剂一样,两性表面活性剂上的取代基,如烷基的碳原子数、阴离子基团及其碳原子数都会影响抗静电性能。同样,两性表面活性剂的抗静电性能也与相对湿度有关,相对湿度提高,抗静电性好。

4. 非离子表面活性剂

非离子表面活性剂的抗静电作用是由于其吸附在纤维表面形成一吸附层,使纤维与摩擦物体的表面距离增大,减少了纤维表面的摩擦,使起电量降低。另外,非离子表面活性剂中的羟基或氧乙烯基能与水形成氢键,增加了纤维表面的吸湿,因含水量的提高,而降低纤维表面的电阻,从而使静电荷易于逸散。同样,非离子抗静电剂的效果与相对湿度关系很大,湿度大时,效果增强。

二、抗静电多功能整理剂

适用于亲水、抗静电、易去污多功能整理的整理剂,主要是通过对纤维表面亲水化,提高纤维吸湿性,从而产生抗静电、易去污效果,并使织物穿着舒适性得到改善。常用的有以下几类。

1. 聚酯类环氧乙烷缩合物

聚酯类亲水、抗静电整理剂主要是聚乙二醇与对苯二甲酸乙二醇酯的嵌段共聚物,其分子结构中含有聚酯链段和聚醚链段。其化学结构式如下:

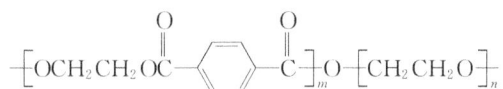

$$\left[OCH_2CH_2O\overset{O}{\underset{}{C}}\right]-\overset{}{\bigcirc}-\overset{O}{\underset{}{C}}-O\right]_m\left[CH_2CH_2O\right]_n$$

聚合物结构中,聚醚链段可赋予织物吸水性,主要为相对分子质量在 1500~4000 的聚乙二醇结构。聚酯链段与涤纶大分子结构相同,在高温下,可进入聚酯的微软化纤维表面而与聚酯大分子产生共结晶,使整理剂固着在涤纶上获得耐久性。这种整理剂能使涤纶织物具有耐久的吸湿性、抗静电性,并具有易去污和防止再沾污性,同时,织物的服用舒适性得到改善。

聚酯型亲水整理剂中,两种链段比例的大小直接影响整理剂的亲水性、耐久性和后分散性。若亲水链段的比例增大,则亲水性和后分散性有所提高,但整理织物的耐洗性降低。反之,聚酯链段的比例增大,亲水性和后分散性变差,耐洗性提高。但是如果共晶链段的比例过大,则整个聚合物的熔点上升,织物焙烘温度难以达到聚合物的黏流温度,共晶链段与涤纶织物之间难以产生很好的共结晶作用,耐洗性同样不理想。所以,聚酯链段和聚醚链段的比例要适当,此外两种链段的排列亦要合理,只有这样,才能使整理剂的亲水性、耐洗性和后分散性之间达到平衡。

若采用磺化单体,如 5-磺酸钠间苯二甲酸、磺酸钠邻苯二甲酸等在聚酯部分中引入磺酸基芳香族二羧酸,则能增加整理剂的亲水性,更重要的是可提高整理剂的水溶性,使其后分散处理变得容易进行。若采用含有亲水基的脂肪族多元醇,如 2-磺酸基-1,4-丁二醇,则可大幅度提高整理剂的亲水性。

2. 丙烯酸酯类聚合物

丙烯酸或甲基丙烯酸与丙烯酸酯类的共聚物,可作为涤纶等合成纤维的亲水、抗静电、易去污多功能整理剂。化学结构如下:

$$\left[\begin{array}{c}CH_2-CH\\|\\COOH\end{array}\right]_m\left[\begin{array}{c}CH_2-CH\\|\\COOCH_3\end{array}\right]_n$$

其分子结构中具有与涤纶相同的酯基结构,与涤纶有较强的亲和力,使整理效果具有耐久性。分子中的羧基在织物表面定向排列,形成阴离子性亲水性薄膜,提供织物良好的亲水性、抗静电性和易去污性。这类整理剂特别适用于涤纶,但不足之处是经其加工的织物在亲水性和手感之间难于取得平衡,综合效果不理想。

3. 聚胺类化合物

聚胺类亲水整理剂可由聚乙二醇缩水甘油醚与多乙烯多胺反应制取,结构式如下:

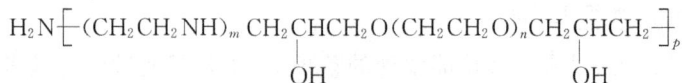

$$H_2N\left[(CH_2CH_2NH)_m CH_2\underset{OH}{CHCH_2}O(CH_2CH_2O)_n CH_2\underset{OH}{CHCH_2}\right]_p$$

这类化合物可通过成膜作用和渗透作用固着在纤维织物表面,由于引入了亲水性的聚乙二醇结构,使织物具有良好的导电性和易去污性。这类结构的亲水整理剂主要用于腈纶及其混纺织物的亲水整理。

一般要求其相对分子质量分布要宽:相对分子质量大者利于成膜,相对分子质量小者则利于渗透,都能提高整理织物的耐洗性。还可在分子两端接上环氧基以增加其反应性。分子结构中的—OH、—NH$_2$还能与多功能团交联剂反应形成线型或三维空间的网状结构,提高其耐洗性。在酸性介质中交联剂可以使用六羟甲基三聚氰胺(HMM)树脂或2D树脂,在碱性介质中则宜用三甲氧基丙酰三嗪为交联剂。但交联密度不宜过高,否则会使织物抗静电性下降,手感变硬。

第六节　抗菌整理剂

抗菌纺织品起源于第二次世界大战,1935年,由G. Domak使用季铵盐阳离子抗菌整理剂经间歇式浸渍法加工处理军队服装和战地医院的纺织用品,以防止负伤士兵的二次感染,对控制伤病员的细菌感染起到了一定的作用。1947年,美国市场上出现了由季铵盐处理的尿布、绷带和毛巾等商品,可预防婴儿得氨性皮炎症。1952年,英国Engel等用十六烷基三甲基溴化铵处理毛毯、床垫、坐垫面料。20世纪70年代中期,日本推出了抗菌、防臭袜子等产品,使抗菌纺织品进入了开发的高潮,各种各样的抗菌整理剂相继推出,除了季铵盐类、苯酚类、有机氮类、二苯醚类外,还有金属化合物、脲类化合物等。最近十多年来,无机化合物、纤维配位结合的金属化合物和天然化合物三方面的抗菌防臭整理剂的开发研究及其进展令人瞩目。

一、抗菌整理的原理

纺织品在穿着过程中,皮肤表面排出的汗液、皮脂、油垢等代谢废物和来自外部的食品残迹将附着于纺织品上,成为微生物的营养源。寄生于皮肤上的细菌和外来附着的微生物(细菌类),将这些陈旧废物和污染物质作为营养源,伴随着人体皮肤给予的温度、水分、氧气而进行繁殖,繁殖速度非常快。代谢后,就产生挥发性的恶臭物质。抑制这种纺织品上微生物的繁殖,防止恶臭发生的方法,即对纺织品进行必要的抗菌整理。

抗菌纺织品所采用的抗菌剂根据其种类不同具有不同的抗菌机理,总括而言,抗菌剂的抗菌机理主要有以下几种。

(1)使细菌细胞内的各种代谢酶失活,从而达到杀灭细菌的效果。

（2）与细菌细胞内的蛋白酶发生化学反应,破坏其机能,达到抗菌效果。

（3）抑制孢子的生成,阻断 DNA 的合成,从而抑制细菌的生长。

（4）极大地加快磷酸氧化还原体系,打乱细胞的正常生长体系。

（5）破坏细胞内的能量释放体系。

（6）阻碍电子转移系统及氨基酸酯的生成。

（7）通过静电场的吸附作用,使细菌细胞破壁而杀灭细菌。

各种抗菌剂的抗菌方式主要有溶出型和非溶出型两种;溶出型抗菌剂在培养基上向周围扩散并形成抑菌环,在抑菌环内的细菌均会被杀灭并不再生长,达到抗菌效果;非溶出型抗菌剂其周围不会形成抑菌环,它主要靠抗菌剂直接与细菌接触,凡是能与抗菌剂接触到的细菌都会被吸附杀灭,使其无法存活繁殖,这种方式亦称吸附灭菌。

二、抗菌整理剂的种类

抗菌防臭整理剂按其化学结构可分为:醇类、酚类、酯类、醛类、醚类、腈类、卤素类、吡啶类、喹啉类、噻唑类、双胍类、二硫化合物类、硫代氨基甲酸酯类、表面活性剂类、无机化合物以及天然化合物等。但有些抗菌防臭整理剂有不良的副作用,已禁止在服装面料方面使用。用于纺织品的抗菌防臭剂除了具有安全性、高效广谱的抗菌性和耐久性外,它需对染料色光、牢度以及纺织品的风格无负面影响,同时应与常用的纺织助剂有良好的配伍性。下面主要介绍用于纺织品加工的常用抗菌整理剂。

1. 季铵盐类抗菌整理剂

季铵化合物是最常用的抗菌剂,季铵盐抗菌剂主要有烷基二甲基苄基氯化铵、聚氧乙烯三甲基氯化铵、聚氧烷基三烷基氯化铵、十八烷基三甲基氯化铵、3-氯-2-羟丙基三甲基氯化铵、N,N-二甲基-N-十六烷基-3-（2-硫酸钠乙基磺酰）丙基溴化铵等。这类抗菌剂的抗菌机理是季铵盐分子中,阳离子通过静电吸附微生物细胞表面的阴离子部分,以疏水性相互作用,破坏了细胞表层结构,使细胞内物质泄漏出来,使微生物呼吸机能停止而将其杀灭。

为了提高季铵盐在织物上的耐久性,可以引入反应性基团,这类抗菌剂的代表性制品是采用反应性树脂将聚氧乙烯三烷基氯化铵（化学结构式如下）固着在纤维表面,产生抗菌作用。这类抗菌剂主要用于涤纶织物上,对人的皮肤贴敷试验呈准阴性,故安全性很高。

$$[H(CH_2CH_2O)_n N^+ (R)_3] Cl^-$$

有机硅季铵盐类抗菌剂的代表产品是美国道康宁公司的 DC-5700,其活性成分为 3-（三甲氧基硅烷基）丙基二甲基十八烷基氯化铵,其结构式如下:

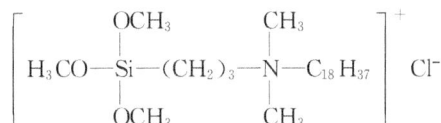

$$\left[\begin{array}{c} \quad OCH_3 \qquad\qquad CH_3 \\ \quad | \qquad\qquad\qquad | \\ H_3CO-Si-(CH_2)_3-N-C_{18}H_{37} \\ \quad | \qquad\qquad\qquad | \\ \quad OCH_3 \qquad\qquad CH_3 \end{array} \right]^+ \quad Cl^-$$

从结构上看,三个甲氧基在一定条件下能与纤维上的羟基进行脱甲醇反应,生成共价键而使抗菌剂牢固地附着在纤维表面。反应式如下:

$$\left[\begin{array}{c} OCH_3 \quad\quad CH_3 \\ H_3CO—Si—(CH_2)_3—N—C_{18}H_{37} \\ OCH_3 \quad\quad CH_3 \end{array}\right]^+ Cl^- + Cell—OH \xrightarrow{\triangle}$$

$$\left[\begin{array}{c} O—Cell \quad\quad CH_3 \\ Cell—O—Si—(CH_2)_3—N—C_{18}H_{37} \\ O—Cell \quad\quad CH_3 \end{array}\right]^+ Cl^- + CH_3OH$$

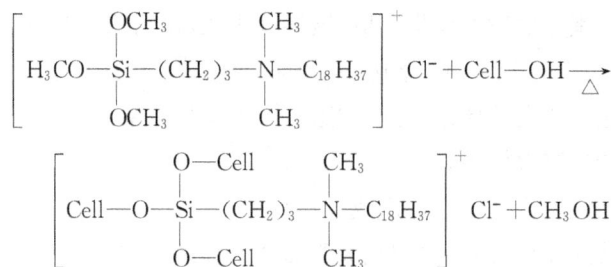

同时,高温条件下三个甲氧基还能水解聚合,在纤维表面上形成聚硅氧烷薄膜而坚牢地附着在纤维表面;阳离子部分能与纤维表面上的负电荷产生相互吸引,形成离子键结合,使其自身脱水缩合形成的薄膜与纤维具有坚牢的附着力,从而产生良好的耐久性。既适用于纤维素纤维,又适用于合成纤维。

2. 无机化合物类抗菌整理剂

银、钛、铜和锌有抗菌作用,针对其抗菌机理有较多的说法,一般认为是银离子和活性氧缓慢溶出,扩散到细胞内,破坏细胞的蛋白质结构,产生代谢障碍。

无机抗菌剂的载体主要是硅、磷灰石、泡沸石、磷酸铬、氧化铁等无机化合物。例如,将涂有氧化钛的磷灰石用三聚氰胺树脂固定在织物上,得到具有良好杀菌、除臭和防污性能的织物。

以沉淀二氧化硅为载体,基于以下反应式反应得到金属银作为抗菌有效成分,通过负载金属银于沉淀二氧化硅的表面上,研制出沉淀二氧化硅载银抗菌剂,可用于抗菌塑料、抗菌食品包装、抗菌纺织制品、抗菌卫生纸等领域。沉淀二氧化硅载银抗菌剂制备的工艺流程如图 7-3 所示。

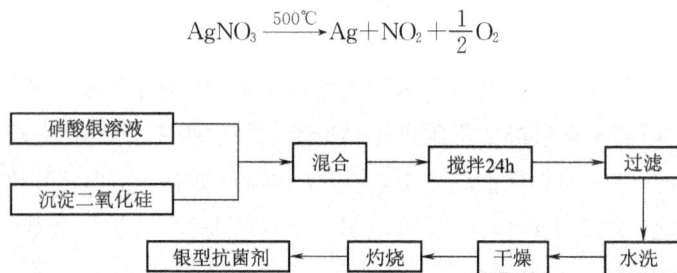

$$AgNO_3 \xrightarrow{500℃} Ag + NO_2 + \frac{1}{2}O_2$$

图 7-3 抗菌剂制备的工艺流程图

纳米技术的应用使无机化合物类抗菌整理的生产和应用技术有了新的发展。纳米级超微粒子的锌氧粉(粒径为 5~20nm)除可作熔融纺丝原液的添加剂外,也可加入涂层浆中,使涂层织物具有紫外线屏蔽功能和抗菌防臭功能。

3. 与纤维配位的金属化合物类抗菌整理剂

与纤维能形成配位的金属化合物抗菌剂,其代表性产品是磺酸银。将含有磺酸基的阳离子可染涤纶织物,在浴比 1:5 下浸渍在 0.002% 硝酸银溶液中,处理后在搅拌的同时,使溶液升温至沸腾。搅拌 20min 后,将织物取出、冷却,在流水中充分洗净,经过干燥过程,使银和涤纶中的可染性残基(SO_3^-)产生离子键结合(结构式如下)而固定。采用这种后加工法可赋予纤维抗菌性能。

$$\underbrace{[OOC-\bigcirc-COOCH_2CH_2]_n}OOC-\bigcirc-COOCH_2CH_2-$$
$$\underset{SO_3^-Ag^+}{|}$$

这种金属配位形成的抗菌性机理,是利用银离子阻碍电子传导系统以及与DNA反应,破坏细胞内蛋白质构造而产生代谢阻碍。

铜化合物也可作为抗菌剂,将聚丙烯腈纤维浸渍于含有铵及羟胺硫酸盐的硫酸铜溶液中(浓度为2%~3%),于100℃加热还原处理2h。聚丙烯腈上的氰基与硫化亚铜产生络合反应,生成稳定的含铜配位高分子化合物。经上述处理后,对细菌和真菌具有强大的杀灭效果。除抗菌性外,还具有导电性。该产品耐洗性能卓越,产品的安全性良好。引入铜化合物的纤维织物,其抗菌机理是借铜离子破坏微生物的细胞膜,并渗透到微生物的细胞中,与细胞内酶的巯基结合,使酶活性降低,阻碍其代谢机能,抑制生长从而将其杀灭。

4. 胍类抗菌整理剂

一些在水中溶解度小而对纤维吸附能力高的双胍类品种,就可用于开发纤维抗菌防臭整理的抗菌剂。例如,1,1-六亚甲基双[5-(-4-氯苯基)双胍]葡萄糖酸盐具有很高的杀菌效力,可赋予纤维抗菌性能。其抗菌机理与季铵盐相似,通过阻碍细胞的溶菌酶作用,使细胞表层结构变性或破坏。但对真菌的杀伤作用不强,其耐热稳定性好,而耐光性较差。葡萄糖酸盐变为盐酸盐后,溶解度可降低,从而可改善其抗菌效果的耐洗持续性。

聚六亚甲基双胍盐酸盐(简称PHMB)是用于棉及其混纺织物的抗菌剂,其化学结构式如下:

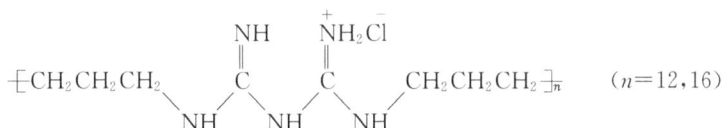

$$\underbrace{[CH_2CH_2CH_2}_{}\underset{\underset{NH}{\|}}{\overset{NH}{\underset{\|}{C}}}\underset{NH}{\overset{NH_2Cl}{\overset{+}{\underset{\|}{C}}}}CH_2CH_2CH_2]_n} \quad (n=12,16)$$

PHMB广谱抗菌,对革兰氏阳性菌、革兰氏阴性菌、真菌和酵母菌等均有杀伤能力。PHMB毒性很低,可长期使用。此外,PHMB良好的耐热稳定性,可将其添加于涤纶和锦纶等熔融纺丝液中制成抗菌合成纤维。

5. 天然抗菌成分

近年来,随着人们环保意识的增强和绿色纺织品的流行、天然抗菌剂越来越引起人们的关注。已被研究的天然抗菌剂中属于动物类的主要有壳聚糖及其衍生物,属植物类的有桧柏油、艾蒿、芦荟、蕺菜等。

(1)壳聚糖及其衍生物。壳聚糖及其衍生物的抗菌机理为分子中的氨基可吸附细菌,和细胞壁表面的阴离子成分结合,阻碍细胞壁的生物合成,阻止细胞壁内外物质的输送。实验表明,壳聚糖对大肠杆菌、绿脓杆菌、枯草杆菌、金黄色葡萄球菌具有明显的抑制作用。表7-3列出了壳聚糖的最低抑菌浓度(MIC)。表7-4显示了壳聚糖对植物病原菌尖镰菌生长的抑制作用。

表 7－3　壳聚糖的最低抑菌浓度

菌　　种	MIC/%	菌　　种	MIC/%
大肠杆菌	0.02	金黄色葡萄球菌	0.05
枯草杆菌	0.05	绿脓杆菌	0.02

表 7－4　脱乙酰化度 99% 的壳聚糖对尖镰菌生长的影响

壳聚糖浓度/%	尖镰菌生长情况/%		
	3 天	4 天	6 天
对照样	100	100	100
0.025	84	87	92
0.050	17	35	54
0.100	0	0	0

　　壳聚糖用作纺织品的抗菌整理剂,可用于纤维的纺丝加工中,制备抗菌纤维。壳聚糖及其衍生物也用于织物的后整理加工中,用壳聚糖醋酸溶液整理的纺织品,有良好的抗菌性。壳聚糖还被用作非织造布的抗菌黏合剂,用此黏合剂制备的非织造布,被用于婴儿尿布,可防止细菌引起的湿疹。

　　采用壳聚糖整理的织物经碱性溶液处理后,其抗菌性会逐渐消失。这是因为壳聚糖醋酸盐被中和所致。提高壳聚糖抗菌效果稳定性的途径是使其季铵化。包括两种方法:一是对壳聚糖分子链上的氨基进行季铵化;二是把低分子的季铵化合物接到氨基上,如用缩水甘油三甲基氯化铵对壳聚糖进行改性。反应式如下:

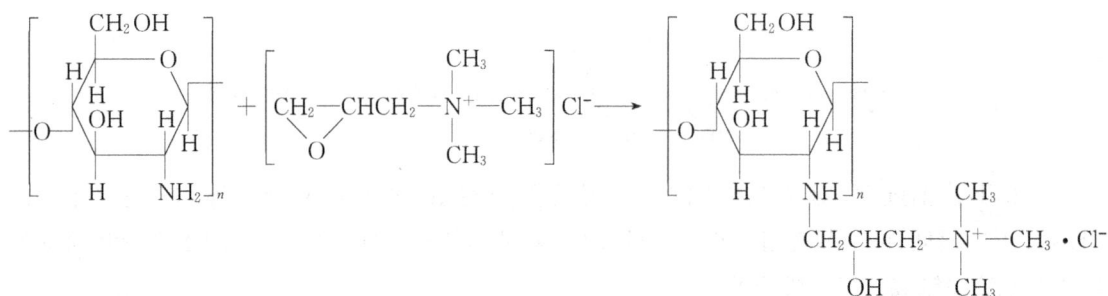

　　上述反应的季铵化程度与抗菌效果有关,季铵化程度高,抗菌性能好,且其耐洗性可通过添加聚乙二醇缩水甘油醚交联剂得以改进。

　　(2)植物类天然抗菌剂。

　　①桧柏油。桧柏油可由桧柏蒸馏而制得,为浅黄色透明油状物质,由两种组分组成,即作为香精原料的倍半萜烯类化合物的中性油和具有抗菌活性的酚类酸性油,它是一种环状化合物,学名为 4-异丙基-2-羟基-2,4,6-环庚三烯-1-酮,分子结构如下:

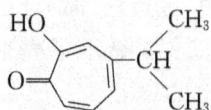

桧柏油的抗菌机理是其分子结构上有两个可供配位络合的氧原子,它与微生物体内的蛋白质作用而使之变性。桧柏油抗菌面广,对革兰氏阳性菌、革兰氏阴性菌均有杀灭效果,对真菌有较强的杀灭效果。桧醇的安全性很好,其急性毒性 LD_{50} 为 1119mg/kg(小鼠口服),皮肤刺激性为准阴性。

②艾蒿。艾蒿为一种菊科多年生草本植物。艾蒿的气味有稳定情绪、松弛身心的镇定作用。艾蒿的主要成有 1,8-氨树脑、α-守酮、乙酰胆碱、胆碱等,它们具有抗菌消炎、抗过敏和促进血液循环的作用。

③芦荟。芦荟的药效成分主要包括多糖类成分和酚类成分两种。其中起主要作用的芦荟素具有抗菌、消炎和抗过敏等作用。研究结果表明,芦荟提取液对革兰氏阳性菌和革兰氏阴性菌都有明显的抑制生长作用,热稳定性强。芦荟提取物中的芦荟大黄素和大黄酚等有抑菌和泻下作用;芦荟中香豆酸对金黄色葡萄球菌、大肠杆菌等均有不同程度的抑制作用。

④茶叶。茶叶中含有多种化学成分,主要有多酚类化合物、生物碱(多为咖啡碱)、氨基酸、芳香物质等,其中的多酚类化合物具有抗菌、消炎的作用,将茶叶干馏得到无色透明液体,可以用来制备抗菌剂。

第七节　抗紫外线整理剂

紫外线是一种电磁波,国际照明委员会(CIE)将紫外线分为三类,近紫外线(UV-A,$\lambda=$ 315~400nm),远紫外线(UV-B,$\lambda=$ 280~315nm)和超紫外线(UV-C,$\lambda=$ 100~280nm)。人体受过量的紫外线照射不仅容易引起角膜炎、结膜炎,还容易诱发皮肤癌。近年来,随着臭氧层不断遭到破坏,紫外线的辐射强度剧增,对人类健康已构成较严重的威胁。有资料显示,臭氧层每减少 1%,紫外线辐射强度就增大 2%,患皮肤癌的可能性就提高 3%。纺织品的抗紫外线整理引起了人们的重视。研究表明,阳光中波长在 300nm 以下的电磁波几乎都被大气层中的二氧化碳吸收,很难达到地面。因此,需要防护的紫外线主要是近紫外线和远紫外线。

根据光学原理,光线与物质的作用有透射、反射和吸收三种情况,紫外线照射到织物上一部分被反射,一部分被吸收,其余部分透过织物。织物反射率和吸收率增大,透过率就减小,对紫外线的防护性就越好。抗紫外线整理剂(紫外线遮蔽剂)是一种反射和吸收功能之和远大于透射功能的物质,包括对紫外线有吸收能力的紫外线吸收剂,能增强织物对紫外线反射能力和散射能力的物质以及两种功能兼有的物质。抗紫外线整理剂主要分为有机物和无机物两类。

一、有机类抗紫外线整理剂

1. 水杨酸酯类化合物

水杨酸酯类紫外线吸收剂主要有水杨酸苯酯、水杨酸-4-叔基苯酯、4,4′-异亚丙基双酚双水杨酸酯等。如 4,4′-异亚丙基双酚双水杨酸酯有以下的反应合成:

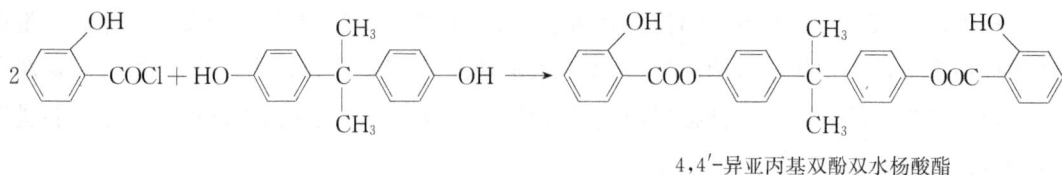

4,4′-异亚丙基双酚双水杨酸酯

这类紫外线吸收剂能吸收 280～330nm 波长的紫外线,但这类化合物熔点较低、易升华、吸收系数较低,并在强烈光照下会引起色变,故应用较少。

2. 羟基二苯甲酮类化合物

这类紫外线吸收剂中,常见的有以下产品:

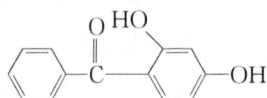

2,4-二羟基二苯甲酮

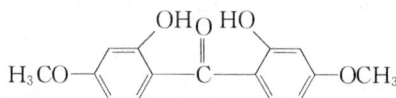

2,2′-二羟基-4,4′-二甲氧基二苯甲酮

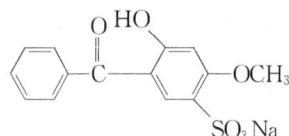

2-羟基-4-甲氧基-5-磺酸钠基二苯甲酮

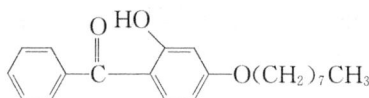

2-羟基-4-正辛氧基二苯甲酮

这类化合物分子结构中具有共轭结构和氢键结构,吸收紫外线后能转化成热能、荧光、磷光,同时产生氢键互变异构,此结构能够吸收光能而不导致链的断裂,且能使光能转变成热能,在一定程度上是很稳定的;具有多个羟基,对纤维有较好的吸附能力,是棉纤维良好的抗紫外线整理剂。吸收紫外线后结构变化如下所示:

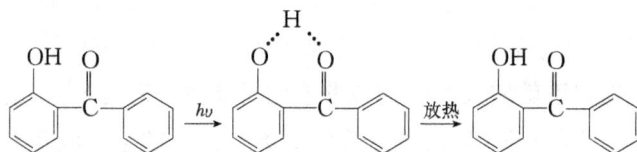

3. 苯并三唑类化合物

这类化合物的分子结构和分散染料很近似,因此可采用高温高压法处理,故对涤纶有较高的吸收系数。产品有 2-(2′-羟基-5′-甲基苯基)苯并三唑、2-(2′-羟基-3′-特丁基-5′-甲基苯基)-5-氯苯并三唑、2-(3′,5′-二特丁基-2′-羟基苯基)苯并三唑等。

此外,还有 2-(2-羟基苯基)-1,3,5-三嗪类化合物也有较多的应用,如以下结构的化合物被用作紫外线吸收剂:

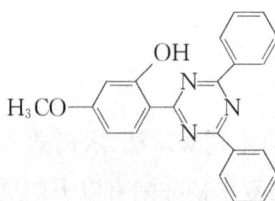

这类化合物一般可制成分散液的形式,将紫外线吸收剂按一定组分进行研磨,使所含的紫外线吸收剂磨细至粒径小于 $5\mu m$ 的微粒,然后除去石英砂,加入 1% 的增稠剂水溶液和水,形成稳定的紫外线吸收剂分散液。所用的增稠剂可以是聚丙烯酸、羧甲基纤维素、甲基纤维素、海藻酸钠、聚乙烯醇等。

二、无机抗紫外线整理剂

无机抗紫外线整理剂具有安全有效、性能稳定等优点。品种主要有氧化锌、二氧化钛、氧化铁、硫酸钡、二氧化硅、氧化铝等。近年来,纳米技术被用于无机类紫外线遮蔽剂的生产,利用纳米粉体的量子尺寸效应,使其对某种波长的光吸收带有"蓝移现象"和对各种波长的吸收带有"宽化现象",导致对紫外光的吸收效果显著增强,提高产品的紫外线屏蔽效果。目前,最常用的几种吸收紫外线的纳米材料有:$30\sim40nm$ 的 TiO_2,它对 $400nm$ 以下的紫外线有极强的吸收能力;Fe_2O_3 对波长 $400nm$ 以下的紫外线有良好的吸收能力;SiO_2 对波长 $400nm$ 以下的紫外线反射率高达 95%。有资料报道,粒径为 $1\times10^{-3}\mu m$ 的超微细氧化锌粒子既能吸收紫外线,又能反射紫外线,但不吸收可见光,且折射率小,光散射少,以单分散状态附于纺织品上或分散在纤维之中,显示出很好的透明性。

☞ 复习指导

1. 内容概览

本章介绍纺织品后整理加工所用助剂的种类、作用机理、结构和组成以及影响性能的因素。包括织物抗皱整理剂、柔软整理剂、阻燃整理剂、防水防油整理剂、抗静电整理剂、抗菌整理剂、抗紫外线整理剂等。

2. 学习要求

(1)掌握抗皱整理剂的作用机理,熟悉常用抗皱整理剂的结构和性能。

(2)掌握柔软整理剂的作用机理,熟悉常用柔软整理剂的种类、结构和性能。

(3)掌握阻燃整理剂的作用机理,熟悉常用阻燃整理剂的种类、结构和阻燃机理。

(4)掌握防水防油整理剂的作用机理,熟悉常用防水防油整理剂的结构和性能。熟悉涂层整理剂的种类和性能。

(5)掌握抗静电整理剂的作用机理,熟悉常用抗静电整理剂的结构和性能。

(6)掌握抗菌整理剂的作用机理,熟悉抗菌整理剂的种类、结构和性能及灭菌机理。

(7)熟悉抗紫外线整理剂的作用机理、种类和性能。

☞ 思考题

1. 说明防皱整理剂的作用机理,根据机理分析什么结构的化合物可作为防皱整理剂。

2. 说明柔软剂的作用机理,分析表面活性剂类柔软剂结构与性能的关系。

3. 从有机硅的结构特点分析有机硅类柔软剂的性能,说明有机硅类柔软剂的种类。

4.从亲水、抗静电整理剂的作用机理,分析抗静电剂的结构特点。

5.分析防水防油整理剂的结构及作用机理。

6.分析防水透湿涂层整理剂的作用机理。

7.说明阻燃整理剂的作用机理,举例说明常用阻燃整理剂的种类和特点。

8.说明常用抗菌整理剂的种类和作用机理。

9.说明抗紫外线整理剂的作用机理,分析抗紫外线整理剂的结构特点。

参考文献

[1] 赵国玺,朱步瑶. 表面活性剂作用原理[M]. 北京:中国轻工业出版社,2003.

[2] 徐燕莉. 表面活性剂的功能[M]. 北京:化学工业出版社,2000.

[3] 朱步瑶,赵振国. 界面化学基础[M]. 北京:化学工业出版社,1996.

[4] 颜肖慈,罗明道. 界面化学[M]. 北京:化学工业出版社,2005.

[5] 郑忠,胡纪华. 表面活性剂的物理化学原理[M]. 广州:华南理工大学出版社,1995.

[6] 赵国玺. 表面活性剂物理化学(修订版)[M]. 北京:北京大学出版社,1991.

[7] 近藤保. 界面化学[M]. 3版. 东京:三共出版株式会社,1997.

[8] 焦学瞬,张琼,安家驹. 消泡剂制备与应用[M]. 北京:中国轻工业出版社,1996.

[9] 陈荣圻,王建平. 生态纺织品与环保染化料[M]. 北京:中国纺织出版社,2002.

[10] 梁治齐,李金华. 功能性乳化剂与乳状液[M]. 北京:中国轻工业出版社,2000.

[11] 蒋挺大. 壳聚糖[M]. 北京:化学工业出版社,2001.

[12] キチン、キトサン研究会. キチン、キトサンの応用[M]. 东京:技报堂出版,1994.

[13] 严瑞瑄. 水溶性高分子[M]. 北京:化学工业出版社,1998.

[14] 中国纺织信息中心. 中国纺织染料助剂实用指南[M]. 上海:东华大学出版社,2001.

[15] 王军. 烷基多苷及衍生物[M]. 北京:中国轻工业出版社,2001.

[16] A. Datyner. 表面活性剂在纺织染加工中的应用[M]. 施长予,译. 北京:纺织工业出版社,1988.

[17] 陈荣圻. 表面活性剂化学与应用[M]. 北京:纺织工业出版社,1990.

[18] 沈一丁. 轻化工助剂[M]. 北京:中国轻工业出版社,2004.

[19] 朱友益,韩冬,沈平平. 表面活性剂结构与性能的关系[M]. 沈平平,编译. 北京:石油工业出版社,2003.

[20] 王国建. 高分子合成新技术[M]. 北京:化学工业出版社,2004.

[21] 幸松民,王一璐. 有机硅合成工艺及产品应用[M]. 北京:化学工业出版社,2000.

[22] 耿耀宗,曹同玉. 合成聚合物乳液制造与应用技术[M]. 北京:中国轻工业出版社,1999.

[23] 张立德,牟季美. 纳米材料和纳米结构[M]. 北京:科学出版社,2001.

[24] 宋心远,沈煜如. 新型染整技术. 北京:中国纺织出版社,1999,69-129.

[25] 黎四芳,石称华. 聚乙烯吡咯烷酮的制备研究[J]. 化学世界,1999(4):201-204.

[26] 秦勇,张高勇,康保安. 表面活性剂的结构与生物降解性的关系[J]. 日用化学品科学,2002,25(5):20-23.

[27] 王祥荣. 阳离子Gemini型表面活性剂的合成及其应用性能的研究[J]. 印染助剂,2002,19(1):12-15.

[28] 陈荣圻. 前处理助剂的生态问题探讨(一)[J]. 印染,2001,27(3):43-46.

[29] 王祥荣. 新型染色助剂的开发与应用研究[J]. 印染助剂,1999,16(3):6-9.

[30] 黄茂福,杨玉琴. 无甲醛固色剂的发展与目前情况[J]. 印染助剂,2002,19(4):1-4.

[31] 王蕾,陈克宁. 多元羧酸防皱机理的探讨[J]. 印染,2002,28(9):44-47.

［32］陈国强.壳多糖用于真丝绸防皱整理的研究［J］.纺织学报,1998,19(4):13－15.

［33］周向东.封端型水系聚氨酯抗静电剂的合成及作用机理［J］.纺织科学研究,2002(4):24－29.

［34］谭娴.抗紫外线辐射效果与纺织品特性的关系［J］.纺织科学研究,2002(1):23－26.

［35］迟广俊.沉淀二氧化硅载银抗菌剂的制备及其抗菌性能［J］.天津大学学报,2002,35(2):247－249.

［36］张晓琴,章杰.我国纺织化学品工业现状和发展［J］.现代化工,2002,22(12):1－5.

［37］杨栋樑.纳米技术在染整生产中的应用探讨［J］.印染,2002,28(2):40－44.

［38］陈荣圻.季铵盐类柔软剂的应用和性能［J］.上海染料,1999,27(2)1－7,21.

［39］Tae－Soo Choi,Yoshio Shimizu,Hirofusa Shirai,et al. Disperse dyeing of nylon 6 fiber using gemini surfactants containing ammonium cations as auxiliaries［J］. dyes and pigments,2001(48):217－226.

［40］贾丽霞,程志斌,宋心远.双联表面活性剂 Gemini－1 对羊毛染色性能的影响［J］.纺织学报,2004,25(1):92－94.

［41］莫小刚,刘尚营.非离子表面活性剂浊点的研究进展［J］.化学通报,2001(8):483－487.

［42］徐旭凡,周小红,蒋跃兴,等.聚氨酯涂层织物防水、透湿性能的研究［J］.东华大学学报(自然科学版),2005,31(5):1－4.

［43］章杰.活性染料固色剂的新进展［J］.印染,2008(11):42－45.

［44］黄建洪,林桂凤,王铁群,等.树状大分子化合物的防水整理［J］.印染,2006(10):34－36.

［45］权衡,贺江平,刘庆艳,等.聚氨酯织物防水透湿涂层剂的结构与性能［J］.上海纺织科技,2008,36(10):13－17.

［46］杨锦宗,张淑芬.表面活性剂的复配及其工业应用［J］.日用化学工业,1999(2):26－32.

［47］谢孔良.功能性纺织品新型后整理技术研究动向［J］.纺织导报,2003(6):25－29.

［48］Dr. Keith, R. Millington. UV technology: applications in the textile industry［J］. Textile and Fibre Technology,2001(2):1－3.

［49］杨辉,毛志平,曹万里,等.不同分子质量的壳聚糖对棉织物染色性能的影响［J］.印染助剂,2001,19(1):41－43.

［50］叶磊,何立千,高天洲,等.壳聚糖的抑菌作用及其稳定性研究［J］.北京联合大学学报(自然科学版),2004,18(1):79－81.

［51］陈凌云,杜予民,刘义.羧甲基壳聚糖的结构与抗菌性能研究［J］.武汉大学学报(自然科学版),2000,46(2):191－194.

［52］袁国强.直链烷基苯磺酸盐对环境与人类的安全问题［J］.日用化学与科学,2002,25(2):29－32.

［53］闵洁.烷基多糖苷的合成及应用性能研究［J］.印染,2002(5):1－3.

［54］杨东杰,邱学青,陈焕钦.木素磺酸盐系表面活性剂［J］.化学通报,2001(7):416－420.

［55］杨栋樑.纤维抗菌防臭整理剂［J］.印染,2001,27(3):47－51.

［56］姜志刚,冯圣玉,王秀霞,等.含氟织物整理剂的发展方向［J］.化工中间体,2003,5,10－12.